化学工业出版社“十四五”职业教育规划教材

数据中心 基础设备运行与维护

SHUJU ZHONGXIN
JICHU SHEBEI YUNXING YU WEIHU

闫秀芳　马文龙　王文婷　主编
彭　芳　李　扬　副主编

化学工业出版社
·北京·

内容简介

本书分为五个模块，分别从基础设备、暖通设备运维、电气设备运维、消防设备运维及安防设备运维介绍了数据中心的基本概况及知识，包括设备功能作用、系统间的配合、数据中心设计思维方式及一些运维经验，并配有相应的任务工单以巩固所学知识。全书内容紧密结合工程法规、标准，既具有先进的理论知识，又具有丰富的工程实际运维经验总结。

本书既可以作为开设了“数据中心基础设备运行与维护”课程的职业院校相关专业的教材，又可以作为培训工程技术人员的参考书。

图书在版编目（CIP）数据

数据中心基础设备运行与维护 / 闫秀芳, 马文龙, 王文婷主编. -- 北京 : 化学工业出版社, 2025. 6.（化学工业出版社“十四五”职业教育规划教材）.

ISBN 978-7-122-47787-3

Ⅰ. TP308

中国国家版本馆 CIP 数据核字第 202599T2P0 号

责任编辑：韩庆利　　文字编辑：吴开亮
责任校对：张茜越　　装帧设计：刘丽华

出版发行：化学工业出版社
（北京市东城区青年湖南街 13 号　邮政编码 100011）
印　　装：河北延风印务有限公司
787mm×1092mm　1/16　印张 18¼　字数 463 千字
2025 年 6 月北京第 1 版第 1 次印刷

购书咨询：010-64518888　　售后服务：010-64518899
网　　址：http://www.cip.com.cn
凡购买本书，如有缺损质量问题，本社销售中心负责调换。

定　　价：55.00 元

前言

在云计算、大数据、人工智能快速发展的智能时代，数据中心也迎来了蓬勃发展的契机。大型绿色数据中心及智能化数据中心如雨后春笋般涌现于全国各地。在数据中心快速发展的同时，各类数据中心的共性问题也日益凸显，其中比较突出的一点就是数据中心人力资源匮乏。通过大量的企业调研和跟踪，发现对数据中心基础设备运维从业人员进行系统、专业的基础培训是非常必要的。也是基于这个目的，特编写了理实一体化教材《数据中心基础设备运行与维护》。本书以数据中心基础设备运维工作的性质进行分类，分别从基础设备、暖通设备运维、电气设备运维、消防设备运维及安防设备运维五个模块介绍了数据中心的基本概况及知识，包括设备功能作用、系统间的配合、数据中心设计思维方式及一些运维经验，并配有相应的作业任务工单。本书通过优化的结构和布局，使内容更清晰、简洁和易于理解，同时加入了评估和反馈机制，帮助学生及时了解自己的学习情况，大大提升了教材的实用性、灵活性和整合性。

本书在编写过程中多次深入企业——北京中航信柏润科技有限公司调研收集资料，并组织技术专家多次讨论，梳理了数据中心基础设备运维与管理人员应掌握的基本知识和职业技能，并结合数据中心的实际场景和职业教育场景，提炼了新技术、新方法及前沿成果，对数据中心各专业设备系统的组成、原理、安全运行、维护方法、应急处置和专业管理都进行了详细的阐述，旨在为建设数据中心基础设备运维与管理人才队伍提供基本依据。我们本着融合、创新的理念，以开放的心态与读者分享在数据中心领域所做的人员培训探索，希望为行业发展提供助力。

本书模块三　数据中心电气设备运维（单元三 高压变配电系统接线典型方案三、四、五；单元四 低压配电系统常见故障分析）、模块五 数据中心安防设备运维由闫秀芳编写；模块三 数据中心电气设备运维（单元三 高压变配电系统接线典型方案一、二）由马文龙编写；模块一 数据中心基础设备简介、模块二 数据中心暖通设备运维（单元一 认识暖通设备系统结构、单元二 板式换热器的运行管理及维护、单元三　循环水处理系统的设计与水质分析）由王文婷编写；模块二 数据中心暖通设备运维（单元四 管道上的阀门常见故障分析、单元五 通风及空调设备及维护）、模块三 数据中心电气设备运维（单元一 认识电气设备系统结构一、二）、

模块四 数据中心消防设备运维由彭芳编写；模块三 数据中心电气设备运维（单元一 认识电气设备系统结构三、四，单元五 UPS 输出列头柜配电系统运维，单元六 柴油发电机系统运维）由郑艳楠编写；模块三 数据中心电气设备运维（单元二 数据中心对供配电系统的要求）由路宏编写；任务工单由李扬、郇磊、闫秀芬、马文龙、彭芳编写；全书由内蒙古化工职业学院闫秀芳、马文龙、王文婷担任主编；由内蒙古化工职业学院彭芳、北京中航信柏润科技有限公司李扬担任副主编；内蒙古化工职业学院郑艳楠、包头轻工职业技术学院路宏、北京中航信柏润科技有限公司郇磊参编。

由于编者水平有限以及相关技术在不断变化，书中难免存在不足之处，恳请各位专家和读者批评指正。

编 者

目录

模块一

数据中心基础设备简介

单元一　认识基础设备场地

一、新基建背景下的数据中心及发展趋势

随着数字化时代的到来，数据中心作为信息技术基础设备的核心，扮演着重要的角色。它不仅具有存储和处理大量数据的能力，而且能支撑云计算、人工智能、物联网等新兴技术的发展。5G、云计算、人工智能等新一代信息技术的快速发展，促进了信息技术与传统产业的加速融合，带动了数字经济的蓬勃发展，数据中心作为各行业信息系统运行的物理载体，已成为经济社会运行不可或缺的关键基础设备。

1. 数据中心的定义

数据中心是由计算机场地、其他基础设备、信息系统软硬件、信息资源（数据）、人员及相应的规章制度组成的实体。计算机场地是指放置计算机系统主要设备（服务器、网络设备、数据存储器等）的场所，也称机房。一个数据中心可以由一个或多个机房组成。数据中心机房如图 1-1-1 所示。

图 1-1-1　数据中心机房

2. 数据中心的发展历程及现状

从 20 世纪 40 年代第一台计算机诞生以来，数据中心已经从单纯的政企、科研用计算机机房，经历了业务、数据集中化的信息系统机房发展阶段，向规模化、分布式多活的云计算数据中心演进，并逐步升级为集大型运算、信息存储、数据互联、云端控管、智能应用于一体的实体。在信息时代，人们的衣食住行均离不开数据中心所提供的信息化服务。

当前，国家提出新型基础设备建设（简称新基建）发展策略，主要包括 5G 基站建设、特高压、城际高速铁路和城市轨道交通、新能源汽车充电桩、大数据中心、人工智能、工业互联网七大领域。而新型基础设备主要包括三方面内容：一是信息基础设备，主要是指基于新一代信息技术演化生成的基础设备，例如，以 5G、物联网、工业互联网、卫星互联网为代表的通信网络基础设备，以人工智能、云计算、区块链等为代表的新技术基础设备，以数据中心、智能计算中心为代表的算力基础设备等；二是融合基础设备，主要是指深度应用互联网、大数据、人工智能等技术，支撑传统基础设备转型升级，进而形成的融合基础设备，例如，智能交通基础设备、智慧能源基础设备等；三是创新基础设备，主要是指支撑科学研究、技术开发、产品研制的具有公益属性的基础设备，如重大科技基础设备、科教基础设备、产业技术创新基础设备等。

数据中心作为新基建的重要组成部分，也作为信息基础设备中的算力基础设备，它承载着国家新基建所涉及的技术发展与产业变革，将成为融合基础设备和创新基础设备、支撑“新基建”发展的重要底座。数据中心的发展现状如下所述。

（1）建设规模不断扩大

数据是数字经济发展的关键要素，在数据转化为数字经济发展动能的过程中，需要数据中心作为承载枢纽和应用载体，进行数据资源集中存储管理、处理、传输、分析计算等。在“新基建”“东数西算”（构建数据中心、云计算、大数据一体化的新型算力网络体系，将东部算力需求有序引导到西部，优化数据中心布局，促进东西部协同联动）等战略的推进下，数据中心的建设需求不断扩大。国家网信办发布的《数字中国发展报告（2022 年）》显示：截至 2022 年底，我国数据中心在用机架总数量超过 650 万，年均增速超过 30%，算力规模位列全球第二。自 2023 年以来，我国“东数西算”工程的 8 个国家算力枢纽节点已全部开工建设，从系统布局阶段进入到全面建设阶段，国家算力网络体系架构初步形成，数字基础设备建设不断取得新突破。

（2）算力发展逐渐显现

随着我国高性能算力、人工智能算力的需求不断提升，超算、智算、边缘等各类数据中心的规模也将进一步扩大，呈现出算力多样性的发展趋势。中国信息通信研究院发布的《数据中心白皮书（2022 年）》显示：我国数据中心大部分是通用算力中心，机架数量占比高于 90%。超算中心应用场景较少，主要应用于重大工程、科研等领域；智算中心伴随着人工智能应用的深入而不断商业化；边缘数据中心可以更加贴近用户，为其提供存储、计算、网络等服务。随着 5G、人工智能、物联网等技术的发展，各类数据中心的应用及数量将快速增长。

（3）算力赋能日渐凸显

随着我国数字化转型持续深入，算力需求场景不断涌现，对数据中心定位提出了更高要求，数据中心不仅要承载大数据、物联网、云计算、人工智能及区块链等技术，还要向社会提供泛在算力服务，全面赋能经济社会各个领域的发展。清华大学全球产业研究院、浪潮信息和国际数据公司联合推出的评估报告中指出，算力指数与 GDP（国内生产总值）走势呈现出显著的正相关。数据中心承载的算力投入越大，GDP 增长幅度就越大，对能源、交通、健康医疗、农业等领域经济效益的拉动效应也更加显著。

（4）全产业链快速发展

随着云计算、大数据、物联网、人工智能等技术的持续推进，以及数字政府、智慧城市、工业互联网、5G 场景化等应用的迅速发展，数据中心行业正在从专业化行业发展为高度发达的多元化行业，数据中心产业链全面、快速发展。

数据中心产业链上游是网络、电力、制冷、IT（信息技术）等设备，以及软件系统、机房等基础设备的提供者；中游主要是整合上游资源，建设数据中心并提供服务，包括电信运营商和第三方服务商；下游主要是需要使用数据中心提供的服务的互联网企业、云服务商、金融机构、政府机关等。

目前，我国数据中心市场主要以电信运营商数据中心为主，下游主要是需要使用数据中心提供的服务的互联网企业、云服务商、金融机构、政府机关等。“东数西算”工程的推进将进一步拉动数据中心产业链上下游的投资，逐渐呈现计算智算化、绿电要素化、设备国产化、液冷产业化、产业垂直一体化发展趋势。

3. 数据中心发展面临的问题

（1）区域发展不平衡，存在供需矛盾

国网能源研究院发布的《能源数字化转型白皮书（2021）》显示，我国 32 个省（区、市）均建设有各类数据中心，东部发达地区机架数量占比约为 65%，而中部、西部及东北地区机架数量占比约为 35%。这说明虽然我国数据中心规模当前大致供需平衡，但“东热西凉”问题依然存在，主要表现为西部供给过剩和东部供给不足的结构性矛盾。东部发达地区对数据中心的业务需求比较旺盛，但是能耗、土地指标紧张，用电成本较高，难以支撑大型数据中心落地。中西部地区可再生资源、土地资源丰富，气候环境适宜，但市场需求不足，算力利用效率急需提高。

（2）高能耗需要绿色转型提速

数据中心作为数字经济的“底座”，绿色低碳已经成为其发展的重要趋势。根据国家有关要求，2023 年年底，新建大型及以上数据中心 PUE（电能利用效率）指标降到了 1.3 以下。而数据中心工作组（CDCC）发布的市场报告显示，2021 年全国数据中心平均 PUE 还为 1.49，数据中心正在加快推进节能降耗，实现绿色低碳、高质量发展。然而数据中心要想支撑起强大的算力，就需要 24h 不间断运转，它有着较大的能耗压力，所以如何降低数据中心的能耗、加快数据中心绿色发展进程将成为急需解决的问题。

（3）利用效能不高，产业拉动效应不足

随着数字产业迅猛发展，算力市场需求日趋旺盛，三大电信运营商、IT 头部企业、地方政府等纷纷投入建设数据中心，导致数据中心建设出现投资过热和过快、重建轻用的问题。科智咨询发布的《2022—2023 年中国 IDC 行业发展研究报告》显示，目前，我国数据中心整体上架率（衡量数据中心利用率高低的指标）仅为 58%左右。分析其原因，主要有两个方面：一是数据中心建设定位不够明确，一些地方数据中心的运营模式以出租为主，数据增值服务较少，数据要素潜能未得到充分释放，产业链应用未能充分融合，部分数据中心难以满足 AIGC（人工智能生成内容）、大模型等新型算力的需要，算力利用率不高；二是数据中心产业生态不够完善，有的数据中心的配套产业和设备未能同步匹配，靠数据中心“单打独斗”只能承接低层次存储和管理业务。这些使数据中心算力供给定位不清晰，算力类型与当地经济、产业匹配不精准，无法满足市场需求，在拉动数据中心上下游产业链的发展上显示出不足。

（4）规模优势不明显，运维管理能力滞后

当前，数据中心呈现蓬勃的发展态势，但很多企业大多独立运营自己的数据中心，没有统一的标准规范，特别是在运营和资源共享方面兼容性较差，很难实现协同，规模优势不明显。数据中心联动不足带来算力资源的低效配置，出现了算力碎片化和资源浪费。同时，随着数据中心规模和数量的快速增长，数据中心的运维管理能力滞后问题凸出，运维管理技术落后、信息资源配置滞后、建设运营经验缺乏、专业运维人才匮乏等都会导致数据中心运营效率和服务质量问题。

4. 数据中心的发展趋势

在信息技术进一步发展及新基建快速推进的背景下，国内数据中心将从以下几个方面继续发展。

（1）建设布局渐趋合理

目前，在国家新基建背景下，国内数据中心正从北上广深等一线城市逐渐向周边、内陆及中西部气候寒冷、能源充足的地区及城市扩散部署。各省市政府也加大了引入数据中心的力度，通过出台优惠政策吸引数据中心项目落地，从而使全国数据中心总体布局渐趋合理。数据中心单体规模在变大，未来大型、超大型互联网数据中心将成为行业主流，以云计算为业务形态，发挥规模化、集约化优势。鲁南大数据中心采用 2*N*+1 冗余配置，PUE 小于 1.3，是按照T3+标准建设的绿色、柔性、智能、现代大数据中心，可面向全国范围提供 IDC（互联网数据中心）、互联网游戏、移动互联网、智慧城市、物联网、大型数据灾备中心等多功能数据服务，建设规划鸟瞰图如图 1-1-2 所示。

图 1-1-2　鲁南大数据中心鸟瞰图

（2）拉动产业蓬勃发展

当前国内数据中心市场仍以企业数据中心（EDC）占比最大，体现了大型、超大型企业对数据计算的需求，这也凸显了在高度信息化的市场环境中，数据计算已成为各行各业的刚 性需求，并且更广阔的应用场景也推动着互联网数据中心朝着能效比更高、个性化定制等方向发展。近年来，数据中心建设需求的持续走高，使国内涌现出众多的数据中心工程建设、设备供应、检测评估及第三方运维服务等企业，在未来，以建设和运维为核心的数据中心上下游产业将不断发展壮大。

（3）“云-边-端”式架构分布

伴随着 5G、物联网、AI 技术的发展，用户将更便捷地获得云端的数据处理能力，从而使云数据中心的规模越来越大。为了避免核心业务系统不堪重负，数据中心逐渐向分布式架构发展，通过本地化的运算、存储和数据分析来提升应用性能和服务响应能力。为此，具备边缘计算能力的小型、微型数据中心将大量涌现，进而形成众星拱月的数据中心布局及业务系统架构。

在 5G 时代，并非所有数据都需要在云数据中心进行计算和存储，对于需要大量带宽、快速响应的应用，数据的生成和处理将发生在边缘数据中心而非架构中央的云端。边缘数据中心可将数据与业务以更接近用户的方式进行覆盖，提高业务运算与数据交互的实时性，获得降低云-端间的大带宽消耗的效果，从而进一步扩大云计算业务的使用场景。根据业务需求，大至中小型数据中心、计算机机房，小至一个微模块、一个基站，都可以作为边缘数据中心使用。随着模块化程度的提高，一个单柜箱体就可以承载边缘计算所需的配电、散热、安防、网络、

IT 设备等数据中心该有的全部因素。“云-边-端”架构如图 1-1-3 所示。

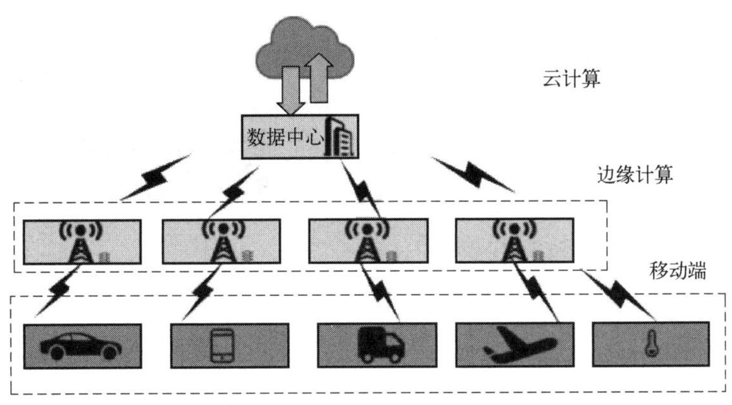

图 1-1-3 “云-边-端”架构图

（4）基础设备模块化整合

传统数据中心建设周期较长，基础设备系统之间有着清晰的界限，各专业分别建设部署，分部、分项进行验收交付。为了尽量缩短数据中心的建设周期，近年来新建数据中心逐渐采用模块化预制的方式进行规划建设，将数据中心的各项基础设备进行重新整合，以实现快速部署、按需购买、即付即用的目标。

① 模块化数据中心。模块化数据中心是由模块化机房发展而来的，即由多个部署了机房微模块、具备独立运作功能的模块化机房组合形成的完整数据中心。模块化数据中心如图 1-1-4 所示。

微模块是数据中心基础设备的集合体，在一个微模块内集成了数据中心所涵盖的大部分基础设备，如不间断电源（UPS）系统、IT 设备供配电系统、空调末端、环境和设备监控系统、安全防范系统、网络与布线系统、消防系统等（图 1-1-5），通过封闭冷通道（或热通道），达到高能效与服务器高密度部署的效果。模块化数据中心的每个微模块都具有统一标准的输入/输出接口，且互不干扰。由于微模块的标准化及易扩展性，规划部署灵活性高，目前新建数据中心大部分为模块化数据中心，现存大量中小型计算机机房也有进行模块化改造的趋势。

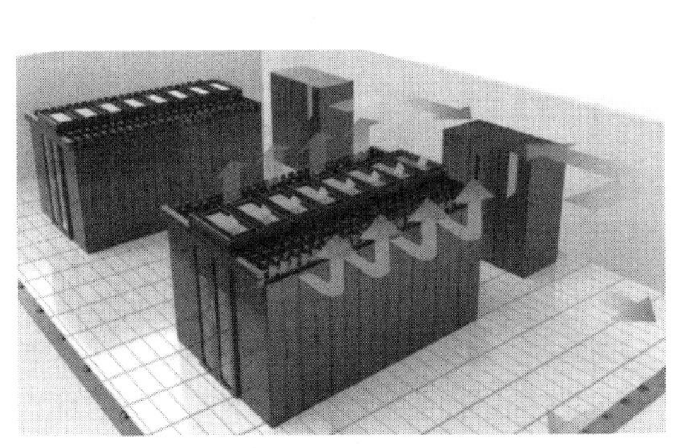

图 1-1-4 模块化数据中心机房

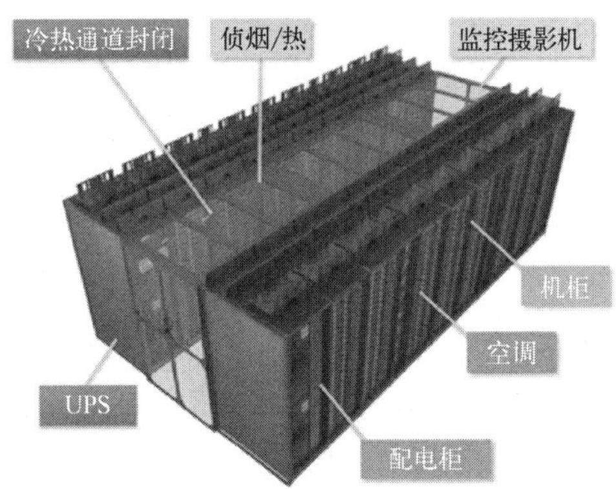

图 1-1-5 模块化数据中心微模块基础设备示意

② 集装箱式数据中心。基于模块化数据中心，衍生出了集装箱式数据中心，其在应急指挥、紧急扩容、恶劣环境等应用场景中具有充分的适用性。与一般模块化数据中心相比，集装

箱式数据中心是在一个或几个集装箱内集成了数据中心所需要的全部基础设备，甚至还包括了备用柴油发电机组，从而形成一个完整的数据中心。集装箱式数据中心内部结构如图 1-1-6 所示。

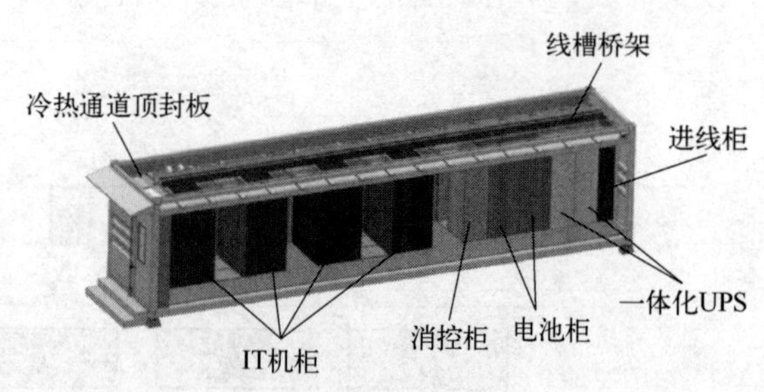

图 1-1-6　集装箱式数据中心内部结构

这种一体化的集装箱式数据中心只需要将其接入市电、水和运营商网络，即可投入使用。其还具有单体/分体组合、独立运行、快速部署、运抵即用的特点。

③ 预制钢结构数据中心。目前，数据中心在楼宇建筑方面同样也取得了突破性发展，在部分行业的领先企业中已有预制钢结构数据中心等成功案例。通过将数据中心的整体施工（包括构成数据中心物理主体的钢结构）转移到工厂进行预先定制，随后将各功能模块运输到现场，以“搭积木”方式配合用户投资和业务发展需求进行搭建，从而灵活地实现了分期建设，大大提高了数据中心投产速度。预制钢结构数据中心如图 1-1-7 所示。

图 1-1-7　预制钢结构数据中心

（5）绿色发展已成共识

随着数据中心行业对能源需求的急剧飙升，数据中心的绿色发展已经成为社会共识。绿色数据中心是指在全生命期内，在确保信息系统及其支撑设备安全、稳定、可靠运行的情况下，取得最大化的资源效率和最小化的环境影响的数据中心。相比传统的数据中心，绿色数据中心在安全、节能、环保方面具有更有效的控制措施，同时数据中心电能消耗的大幅度降低也更符合数据中心运营的经济性要求。

二、数据中心基础设备

我国数据中心历经多年的发展，建设规模持续扩大，特别是在大数据、人工智能等高新技术快速发展的背景下，数据中心的新一轮发展已经拉开了帷幕。其中，至关重要的就是数据中心的基础设备，它为数据中心内的电子信息设备提供运行保障，也为关键IT设备的运行提供所需要的物理支持。数据中心基础设备的优劣直接关系到信息系统的运行是否稳定、可靠，各类信息的通信是否畅通无阻。这就要求数据中心应具有功能完备、安全可靠、节能高效的基础设备。

1. 数据中心的等级

国家标准《数据中心设计规范》（GB 50174—2017）将数据中心的等级分为A级、B级和C级，具体介绍如下。

（1）A级为容错型

A级的数据中心应符合以下情况：电子信息系统运行中断将造成重大的经济损失，或者电子信息系统运行中断将造成公共场所秩序严重混乱。A级数据中心的基础设备应按容错系统配置。其要求支撑系统有足够的容量和能力规避任何计划性动作导致的重要负荷停机风险，同时容错功能要求支撑系统有能力避免至少1次非计划性的故障或事件导致的重要负荷停机风险，这要求至少有两个实时有效的配送路由，$N+N$是典型的系统架构。电气系统一定要设置两个独立的（$N+1$）UPS，但根据消防电气规范的规定，火灾时允许消防电力系统强切。机房要求所有的设备双路容错供电，同时应注意机房支撑设备的特性必须与机房IT设备的特性相匹配。

（2）B级为冗余型

B级的数据中心应符合以下情况：电子信息系统运行中断将造成较大的经济损失，或者电子信息系统运行中断将造成公共场所秩序混乱。B级数据中心的基础设备应按冗余要求配置。B级的数据中心允许支撑系统任何计划性的动作（包括规划好的定期的维护、保养，元器件更换，设备扩容或减容，系统或设备测试等）不会导致机房设备的任何服务中断。当其他路由执行维护或测试动作时，它必须保证工作路由具有足够的容量和能力支撑系统的正常运行。大型数据中心会安装冷冻水系统，要求双路或环路供水。非计划性动作如设备自身故障、操作错误等导致的数据中心的服务中断是可以接受的。

（3）C级为基本型

不属于A级或B级的数据中心应为C级数据中心，它的基础设备应按基本需求配置。C级的数据中心可以接受数据业务的非计划性和计划性中断。其要求提供计算机供配电系统和冷却系统，但不一定要求高架地板、UPS或发电机组。如果没有UPS或发电机组，那么这将是一个单回路系统并可能产生多处单点故障。在按期检修和维护时，系统将完全宕机；遇到紧急状态时，宕机的频率会更高，同时设备自身故障或操作故障也会导致系统中断。

典型的数据中心基础设备包括电气设备系统（供配电系统）、精密空调系统（暖通设备系统）、智能化系统及IT基础设备（安防设备系统）、消防设备系统、基建配套等其他基础设备等。数据中心基础设备架构如图1-1-8所示。

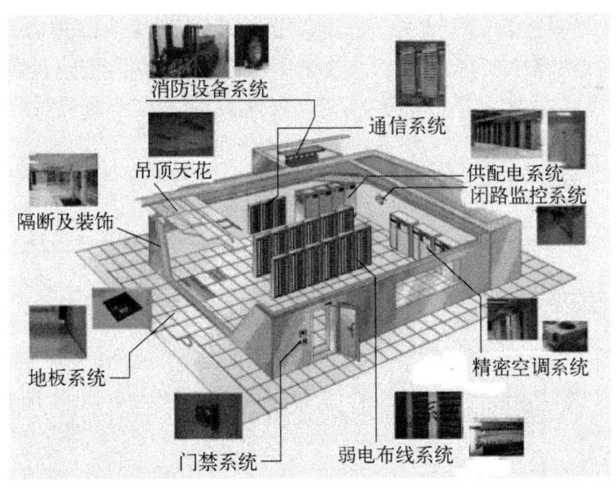

图 1-1-8　典型的数据中心基础设备架构

2. 数据中心的组成

（1）电气设备系统

数据中心电气设备系统由变电站系统、高压配电系统、变配电系统、柴油发电机系统、不间断电源系统及IT设备供配电系统组成（如图1-1-9所示），它为数据中心基础设备及IT设备提供高可靠性的电力供应。

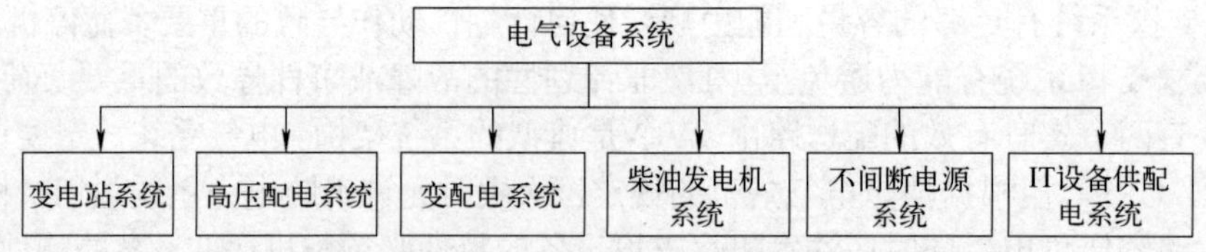

图 1-1-9　数据中心电气设备系统的组成

数据中心对供电的要求比较高，综合各方面考虑，数据中心的供电一般选用双路市电，而且取自当地供电部门不同区域变电站或同一区域变电站的不同母线段。除此之外，数据中心还需要自备柴油发电机组，以满足双路市电掉电或其他情况下数据中心的电力安全。数据中心也设计有不间断电源（如UPS、DPS），放电时间应大于或等于柴油发电机组启动、并机、送电等过程所消耗的时间。高等级数据中心对供电有着严格的安全性、稳定性要求，主电源至少要有两路冗余，并行运行，并且由两个不同供电回路的上级变电站引入110kV或10kV市电。一旦双路市电供电中断，柴油发电机系统自动启动，可在数分钟内接管负载。在电源切换过程中，不间断电源设备与毫秒级的备用电源转换供电能力可以保障IT设备不受市电中断的影响。

当前，很多新建的数据中心引入了高压直流输电（HVDC）系统，负责给IT设备供电，它相比传统的不间断电源（UPS）系统，具有拓扑简单、可靠性高、易于维护等优点，而且由于减少了能源变换的次数，电能效率显著提高。还有部分数据中心在不间断电源方面以锂电池作为后备电源，它与传统的铅酸电池相比，在能量密度、使用寿命、故障率方面具有一定的优势，但锂电池事故危害程度要比铅酸电池大，所以在运行维护过程中需要做好安全管理与风险管理工作。

（2）暖通设备系统

数据中心暖通设备系统的主要作用是为机房的服务器提供恒温、恒湿的运行环境，因为服务器属于高散热设备，所以要想保证服务器的安全运行，必须及时排走服务器工作时产生的热量，并为其提供持续、足量的冷源。此外，它还需要协调管理各设备的运行状态，在保证安全、稳定运行的前提下，达到绿色节能的目的。数据中心暖通设备系统应具备高效节能性、稳定性和环境适用性。暖通设备系统包括冷源系统（冷却水系统、水冷氟系统、空调系统、补水系统等）、应急系统、新风系统、排风/排烟系统，具体组成如图1-1-10所示。

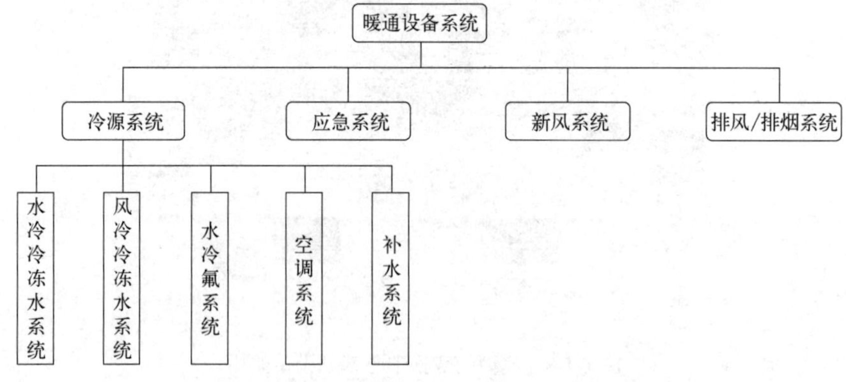

图 1-1-10　数据中心暖通设备系统的组成

冷源系统主要承担数据中心机房能量的输送，包括制冷功能、输送热量与冷量功能、散热功能等。主要由冷水机组、水泵、冷却塔、板式换热器、蓄冷罐、末端精密空调，以及定压补水排气装置、加药装置、微晶旁流、蓄水池等构成，各设备协调配合共同保证机房恒温、恒湿的状态，满足服务器工作需求。

新风系统由新风机组组成，主要作用是保障机房区域的舒适性，并且满足机房正压的要求（保证机房区域洁净度），特殊条件下也可用于机房除湿工作（不推荐）。

排风/排烟系统用于日常对机房区域排风，或者事故时排风/排烟。

大型数据中心暖通设备系统普遍采用水冷系统与空调末端系统相配套的方式为数据中心基础设备与IT基础设备提供冷源，以保障稳定可靠的工作温度、湿度和空气洁净度。高效能的数据中心通常利用水泵节能、水蓄冷、冷热通道隔离、自然冷源利用等技术，并结合空调群控系统进行运行优化，使暖通设备系统的设备达到低能耗的最佳运行工况。同时，应根据当地政府节能政策及自然环境状况，选用与当地气候环境相适应的高效能暖通设备系统。

目前，在气候寒冷的地区，数据中心逐渐采用间接蒸发冷却技术，即通过室外较低温度的空气与机房室内空气的循环换热，以极低能耗的方式达到数据中心IT设备散热冷却的效果。随着计算密度的提高，数据中心的机柜单位面积热负荷也在持续增大，若采用导热性能更好、安全稳定性更高、用电耗能更低的液冷系统为IT设备进行末端散热，可以更有效地满足未来数据中心对IT设备高密高热部署的需求。

（3）安防设备系统

数据中心安防设备系统主要利用现代通信与信息技术、计算机网络技术、智能控制技术、大数据分析技术等，通过系统平台对终端设备进行“监”与“控”，达到终端设备显示、自动运行、报警、数据记录、预警分析、能耗分析、提示等目的。某数据中心安防设备系统中的环境动力监控系统功能展示如图1-1-11所示。数据中心安防设备系统应具备集成性、稳定性、开放性、可扩展性、对外互联性。

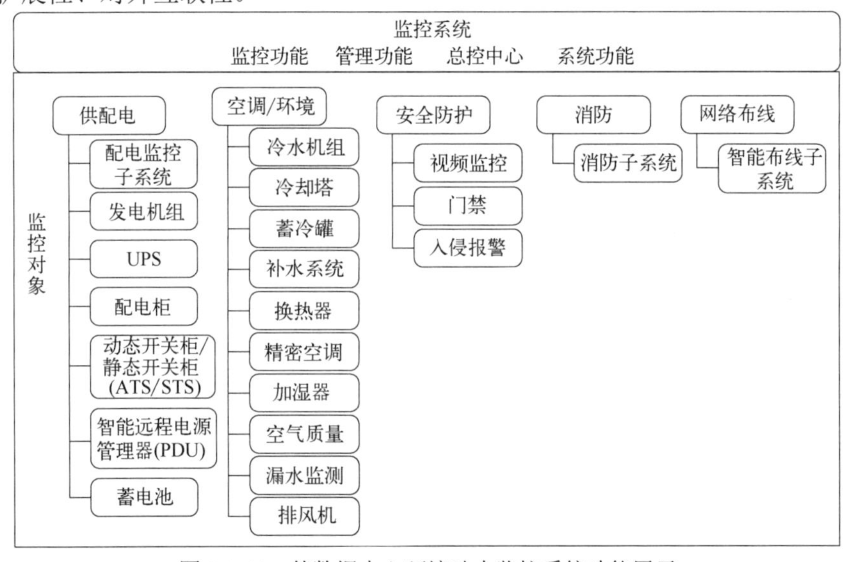

图 1-1-11　某数据中心环境动力监控系统功能展示

数据中心安防设备系统多采用集散式或分布式网络结构及现场总线控制技术，配备多种类终端设备通信协议接口，适用于各类传输网络协议，兼容国内外主流操作系统、数据库。随着云计算、大数据、AI等新技术在数据中心上的应用，传统的数据中心安防设备系统将进一步智能化，实现数据中心基础设备与IT业务的联动，达到单位算力能耗最低的节能效果。

（4）消防设备系统

数据中心的运行与维护极其重要，如若发生火灾，将造成严重的后果。消防设备系统的主要作用就是保证数据中心的整体消防设备有效、安全、稳定地运行，并且能够排除一切火灾隐患。所以，数据中心需要建立长效管理机制，以确保数据中心的安全运行。

由于计算机信息系统设备运行对环境的特殊要求，以及磁介质储存的特殊要求，在选择消防设备时，应综合考虑机房内人员的活动情况、受灾后的数据和设备恢复要求及时间等。针对机房内火灾特点等因素，根据不同机房的特征合理选择消防设备，以实现机房自身在火灾初起阶段的防护能力。

数据中心消防设备系统包括火灾探测器、消火栓、火灾报警控制器（联动型）、气体灭火系统、自动喷水灭火系统、多线控制盘、图形显示装置、消防疏散广播、消防电话、防火卷帘门等。最终要达到监测、报警、防火、联动灭火等消防控制效果。还应注意的是数据中心消防系统应符合国家制定的消防标准的相关要求，并定期做好消防安全检测工作。

（5）基建配套等其他基础设备

数据中心其他基础设备包括基建配套设备、电梯等。数据中心在基建配套设备方面与一般民用、工业建筑相似，包括土建（楼宇建筑）、装修装饰、给水排水等部分，相关要求可参见国家有关建筑标准。数据中心所使用的电梯应符合《电梯制造与安装安全规范》《电梯工程施工质量验收规范》要求，在使用安全方面应选择客货分离的方式，充分保障人员安全和设备运送的安全。

三、数据中心常用工具及仪表

在智能时代云计算、大数据、人工智能的快速发展背景下，数据中心建设规模不断扩大，大型绿色数据中心及智能化数据中心也在全国各地涌现。数据中心需要技能全面、工作素养合格且维护规范的运维团队来实现数据中心基础设备系统与设备运行维护的规范性、安全性和及时性，确保电子信息设备运行的稳定、可靠。而运维团队成员也要了解运维过程中常用的工具、仪器及仪表的使用要求，不断提升自身的专业知识和操作技能，以提高自身的工作效率，确保数据中心安全、稳定、高效地运行。

1. 常用工具

数据中心的运行维护工作一般需要使用钳工工具、电工工具、管工工具及其他常用工具等，具体见表1-1-1。

表1-1-1　数据中心运行维护工作常用工具

类别	序号	名称	作用	序号	名称	作用
钳工工具	1	可调式锯弓	分割各种材料	9	铜管焊接工具	铜管焊接、补漏
	2	冲击电钻及钻头	松紧螺钉、自攻螺钉、钻孔	10	游标卡尺	管道壁厚测量、精细测量
	3	活动扳手	松紧螺母、螺栓	11	卷尺	管材、导线等测量
	4	呆扳手	松紧螺母、螺栓	12	锤子	锤击作业
	5	套筒扳手	松紧螺母、螺栓	13	电葫芦	重型设备部件检修、起吊
	6	梅花扳手	松紧螺母、螺栓	14	黄油枪	轴承等注入黄油
	7	管钳	管道安装、阀门安装等	15	油壶	润滑油滴注
	8	手动套螺纹扳手	管道套螺纹	16	皮老虎	积灰吹扫

续表

类别	序号	名称	作用	序号	名称	作用
电工工具	1	螺钉旋具	紧固或拆卸螺钉	7	紧线器	收紧室外导线
	2	钢丝钳	弯、铰、钳夹导线，紧或松螺母	8	压接钳	铜鼻子、套管等与导线压接
	3	尖嘴钳	剪细小导线，小空间钳夹导线	9	电烙铁	焊接电子元器件
	4	断线钳	剪断较粗导线，剥离绝缘皮	10	涮锡锅	导线接头、端头涮锡
	5	电工刀	剖剥导线绝缘皮	11	开关柜检修小车	高、低压配电柜开关检修
	6	剥线钳	剥离小导线绝缘皮	12	电容表	测量电容和电感
管工工具	1	扩管器	铜管维修	6	液位管	观察水箱、油箱、蓄水池等液位高度
	2	真空泵	管道抽真空	7	TDS 检测仪	检测水质中可溶性固体含量
	3	卤素检漏仪	制冷剂检漏	8	pH 试纸	检测水质的酸碱度
	4	通炮刷	冷凝器管道内壁清洗	9	风压测试仪	管道、静压箱等风压测量
	5	管路探伤仪	空调主管路缺陷检查	10	气体检测仪	SO_2、NO、NO_2、H_2S 等酸性气体检测
其他常用工具	1	工业用吸尘器	干湿两用，遗撒吸扫	10	电子式转速仪	水泵、风机轴承等转速测量
	2	高压清洗机	冷塔、室外机、过滤网清洗	11	弱电工程宝	视频就地检测与网线测试等
	3	移动式拖线盘	移动电动设备供电	12	标签机	标签打印
	4	量杯	柴油或水样量取	13	消磁机	报废硬盘消磁
	5	强光手电筒	夜间或暗室照明	14	网线压线钳	水晶头压接
	6	地板吸盘	防静电地板安装	15	硬盘粉碎机	报废硬盘粉碎
	7	对讲机（含耳机）	应急处理及日常维护沟通中使用	16	负载仪	蓄电池离线放电
	8	噪声计	柴油发电机、冷机噪声测量	17	工具箱	工具存储
	9	皮带张力计	风扇皮带张力测量	18	平板小车	材料、工具运输

2. 安全用具

数据中心运行维护工作很多涉及特种作业。要求特种作业人员取得相应特种作业资格证书后，在有效期内正确使用安全用具，遵守相应的操作规程，方可实施操作。数据中心一般需要配备的安全用具见表1-1-2。

表 1-1-2 数据中心运行维护需要配备的安全用具

序号	名称	规格型号	应用场景	注意事项
1	安全帽	用后箍自行调节	日常作业	帽衬与帽壳应有间隙，系好下颌带

续表

序号	名称	规格型号	应用场景	注意事项
2	工作服	根据体型定制	日常作业	应为纯棉长袖且袖口有收口设计
3	绝缘手套	6kV/12kV	电气作业，根据电压等级选择	使用前需要进行气密性检查
4	绝缘鞋	5kV	电气作业，是1kV以下的辅助绝缘工具	因橡胶不同，不可用防雨胶靴代替
5	绝缘靴	20kV/6kV	电气作业，防止跨步电压	因橡胶不同，不可用防雨胶靴代替
6	绝缘台	0.8m×0.8m×高	设于高、低压配电柜前	高度根据操作高度确定
7	绝缘垫/毯	特种橡胶	铺设于高、低压配电柜前后	厚度根据电压等级确定
8	绝缘杆/棒	绝缘材料	分合高压隔离开关等	使用时干燥、干净，绝缘表皮良好
9	绝缘夹钳	—	用于35kV以下设备装拆熔断器等	使用时干燥、干净，绝缘表皮良好
10	携带型接地线	截面≥$25mm^2$	配电检修	先接接地端，后接导体端，专用线夹固定，严禁缠绕
11	防冻手套	—	检修制冷系统压缩机，使用二氧化碳灭火器	切忌液态制冷剂、二氧化碳接触皮肤，特别是手和眼睛，以免被冻伤
12	护目镜	—	电气作业、检修制冷系统压缩机、切割作业、除尘作业等	防止电气拉弧灼伤，电池酸液灼伤，制冷剂引起的冻伤，切削碎屑、尘土等飞溅入眼
13	防护手套	—	一般作业	—
14	安全带	锦纶、维纶、涤纶	登高作业	高挂低用，行走时需防止钩挂
15	安全绳	锦纶、维纶、涤纶	登高作业、临边作业	两端均需牢靠，余量适当，随走随放
16	标示牌	绝缘材料	检修作业或空间警示	按规定使用，正确标示
17	绝缘栏	绝缘材料	检修作业或空间警示	防护意外触碰与过分接近带电体
18	警示带	绝缘材料	检修作业或空间警示	防止非相关人员进入危险区域
19	耳塞	—	用于冷站、柴油发电机机房等噪声较大区域	—
20	耳罩	—	用于冷站、柴油发电机机房等噪声较大区域	—
21	梯子	直梯或人字梯	登高作业	架设牢靠， 一人作业， 一人扶梯与监护
22	急救包	外伤处理等药品、药具	外伤应急处理	正确使用止血带、三角巾、创可贴等

表格中部分安全用具如图1-1-12所示。

3. 常用仪表

（1）计量仪表

在数据中心运维过程中，为了确认设备的运行状态，需要进行实时监测、计量、记录与分析，故会使用到电压表、电流表、电度表、三相多功能电力智能仪表、水表等常用计量仪表，具体见表1-1-3。

(a) 安全帽

(b) 工作服

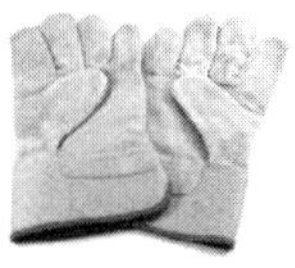

(c) 绝缘手套

(d) 绝缘鞋

(e) 绝缘夹钳

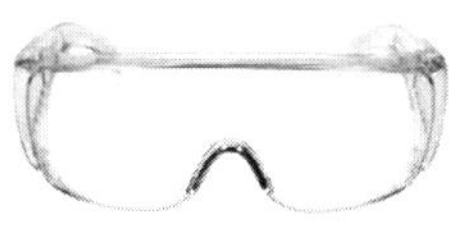

(f) 护目镜

(g) 耳塞

(h) 耳罩

图 1-1-12 数据中心运行与维护配备的部分安全用具示意

表 1-1-3 数据中心运行维护常用计量仪表

序号	名称	作用	图示	备注
1	电压表	用来计量交、直流电路中的电压		由永磁体和线圈组成
2	电流表	用来计量交、直流电路中的电流		由永磁体和线圈组成
3	电度表	用来计量电能或电度		一般配合电压互感器和电流互感器使用，常用的有感应式和电子式两类
4	三相多功能电力智能仪表	用来实时监测电压、电流、频率、用电量及其他电能参数		智能仪表需要配合电压互感器、电流互感器使用，内置软件系统，可对数据进行记录并导出，并且可以通过网络接入监控平台
5	水表	用来计量水流量		可以进行流量统计

（2）检修用品和仪表

电气系统常用的检修用品和仪表有验电器、万用表、兆欧表、钳形电流表、相序表、接地电阻测试仪、内阻仪、电能质量分析仪、柴油检测试剂（试水膏）、红外热成像仪等。

① 验电器。它是电工维护作业前检验设备和导线、母线等是否带电的检修用品，可分为低压验电器（图1-1-13）与高压验电器（图1-1-14）两种。

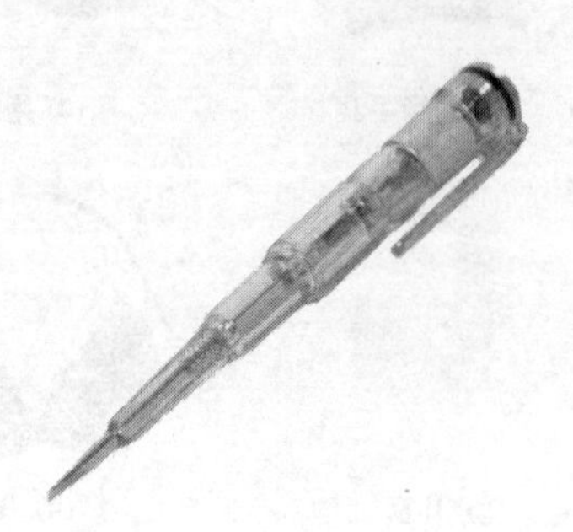

图 1-1-13 低压验电器

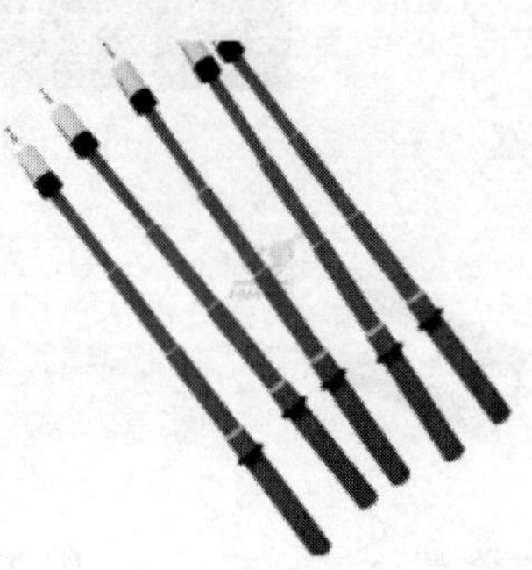

图 1-1-14 声光报警高压验电器

低压验电器俗称验电笔，是电工常用的一种辅助安全用品，用于检查500V以下导体或各种用电设备的外壳是否带电。它主要由绝缘外壳、导电笔尖、电阻、氖管、弹簧、旋钮组成。低压验电器可以帮助运维人员区分相线与零线（氖管发光的是相线，不发光的是零线）、检查设备或电缆是否具有电压（电压≥60V时，氖管发光）。使用注意事项：需要检查验电笔外观有无损坏、受潮或进水，笔内电阻是否丢失；验电前需要在带电电源处测试氖管是否正常发光；验电过程中，需要按照正确握法进行检测（图1-1-15），即要裸手接触验电笔尾部金属旋钮或挂钩，确保所测物体、电笔、人体、大地形成通路，此时若物体带电，则氖管发光，注意防止误判：由于电笔中电阻的原因，电笔通过电流较小，氖管发光微弱，可遮光确认，防止误判。

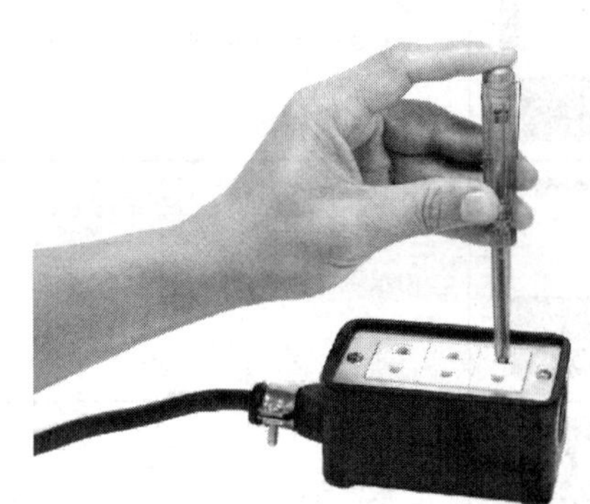

图 1-1-15 低压验电器检测时的正确握法

高压验电器主要分为发光型高压验电器和声光型高压验电器两种，它主要由握柄、护环、绝缘伸缩操作杆、集成电路板、电池、ABS（丙烯腈-苯乙烯-丁二烯）塑料外壳、金属探针组成。使用时需根据电压等级将绝缘伸缩操作杆拉伸至相应的长度，戴上相应等级的绝缘手套，手握握柄，且不得超出护环，一人操作，一人从旁监护，人员与测试物体按电压等级保持足够的安全距离，使用金属探针逐渐靠近待测物体，直至触及物体导电部位。若验电器无声光报警，则可判定该物体不带电；若在靠近过程中突然发光或发声，则可确认该物体带电，验电结束。使用过程中的注意事项：验电器应按所测设备或线路的电压等级选取；验电前需要确认验电器外观完好，有自检功能的验电器应先按自检按钮自检，确认报警功能正常，然后在带电设备上测试，确认验电器正常后方可使用；验电时需要逐相验电，不可漏验，也需要防止邻近带电物体的影响，同时防止发生相间或对地短路事故。

② 万用表。它又叫多用表、三用表、复用表，是一种多功能、多量程的测量仪表。一般万用表可以测量直流电流、直流电压、交流电压、电阻和音频电平等，有的还可以测量交流电

流、电容量、电感量及半导体的一些参数。它按照显示方式不同，可分为指针万用表（图1-1-16）和数字万用表(图1-1-17)，目前一般使用三位半或四位半数字万用表，其准确度为±0.03%～±0.5%，可满足大多数测量需要。

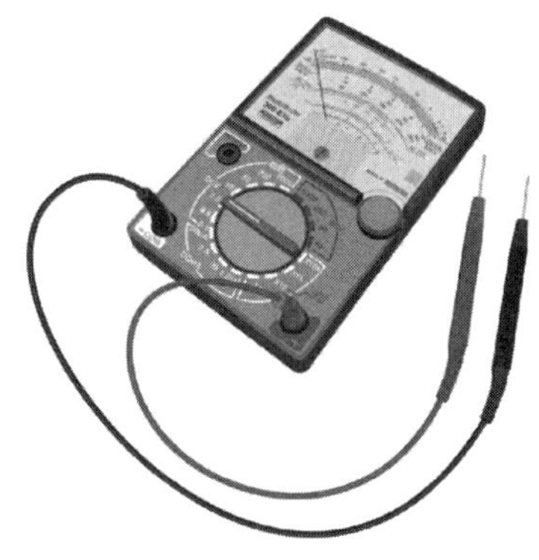

图 1-1-16　指针万用表

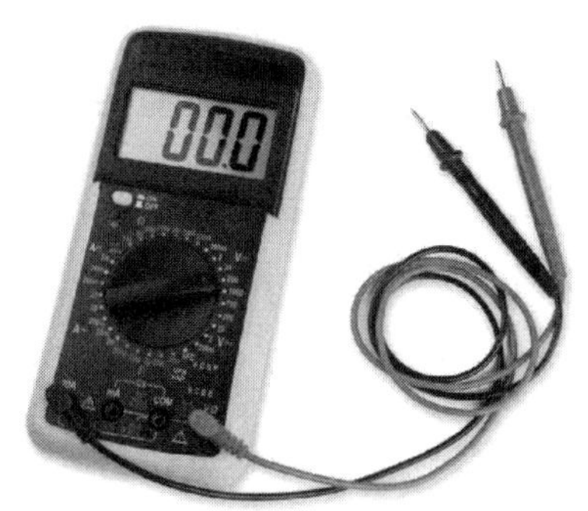

图 1-1-17　数字万用表

一般情况下，万用表由表头、测量电路及转换开关三个主要部分组成。在使用时，先将万用表转换开关调至对应的测量物理量（如电压、电流、电阻）所在的挡位，并选择合适的量程，再将表笔的插接端插入万用表上对应的插孔，然后将表笔金属部分按压在被测量导体、导线两端的裸露处，保证接触良好，即可完成测量。使用注意事项：测量前一定要正确选择挡位和量程，并且在测量时禁止调整转换开关，以免造成万用表损坏；不要在设备带电时测量其内阻。

③ 兆欧表。它是用来检测电气设备、电气线路对地及相间绝缘电阻的仪表，在数据中心电气系统验收、校验、检修等工作中使用。通过兆欧表的检测，可以帮助运维人员验证电气设备和线路绝缘是否满足要求、是否正常，以避免发生安全事故。目前常用的有数字兆欧表（图1-1-18）和绝缘电阻表（图1-1-19）。数字兆欧表由大规模集成电路组成，而绝缘电阻表主要由手摇发电机和表头组成。另外，两者都配备了三个接线柱，都具有输出电压等级多、输出功率大、短路电流大三个重要特点。

图 1-1-18　数字兆欧表

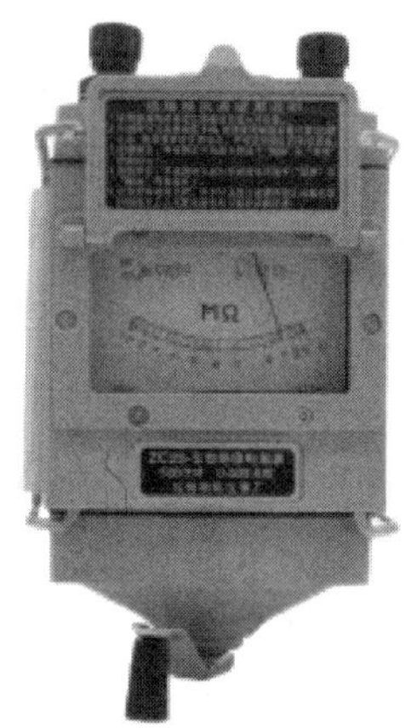

图 1-1-19　绝缘电阻表

兆欧表在使用之前先要进行开路和短路测试，以保证仪器完好、功能正常。然后将三个接线柱L、E、G分别接至被测物对地绝缘的导体部、被测物的外壳或大地、被测物的屏蔽层或外壳，一般只使用L和E端。线路接好后将数字兆欧表的测试挡从“OFF”调至合适的电压挡位，按下测试按钮并旋转至“LOCK”挡位，读出屏幕中的数据即可；绝缘电阻表需要按顺时针方向由慢而快地转动摇把并保持匀速转动，1min后可读数，读数完成后方可停止转动摇把，即完成测量。使用注意事项：兆欧表测量的设备必须断电且没有感应电压；兆欧表工作时，人与被测物必须保持安全距离且不允许接触；测量结束时，应对被测设备进行放电处理，尤其是大电容设备；兆欧表的软线要绝缘良好，测量时要相互间保持距离，尽量不要交叉、缠绕。

④ 钳形电流表。它是用来测量通过导线或导体的电流的仪表。钳形电流表（图1-1-20）由电流互感器和电流表组合而成，一般用来临时测量工作中的电气链路电流，以判断设备运行状态是否正常，从而避免切断正常电源影响工作中的设备。

在使用钳形电流表时，用手握紧其上的扳手，钳形铁芯就会打开，此时将被测量的导线夹入钳形圈内并松开扳手使钳形铁芯闭合，即可测量流过该导线的电流。使用注意事项：测量前应先评估目标电流的大小，选择合适的量程，若无法评估，则先选用最大的量程，然后根据测量情况缩小量程以提高测量精度；测量过程中，应尽量将导线置于钳形铁芯形成的钳形圈中心，以减小误差；禁止测量裸露的导线或导体，以避免造成触电事故；在线缆压接点附近进行测量时，尽量避免触碰导线，防止导线压接处松动或脱落，也可采取临时固定导线的相关措施；不能同时测量异相或电流方向不一致的导线，建议每次仅测量单根导线。

⑤ 相序表。它是用来测量三相电源的相序是否正确的仪表。目前使用的相序表采用阻容移相电路，用不同的信号指示灯来显示不同的相序。在数据中心电气系统验收检测过程中，使用三相电相序表（图1-1-21）进行相序检测极为重要。在使用、操作相序表时，应将其三个接线柱按照标识分别接入被测电源的A、B、C三相，根据其显示情况即可检测出相序是否正常。注意，不同品牌的仪表显示不同，要参照说明书进行操作。使用注意事项：接线柱接入电源一般使用接触、线夹或压接等方式，测量都是带电进行的，所以在接线柱接入电源时注意保证其接触良好；操作人员须做好自身的安全防护并规范操作，以避免触电的发生。

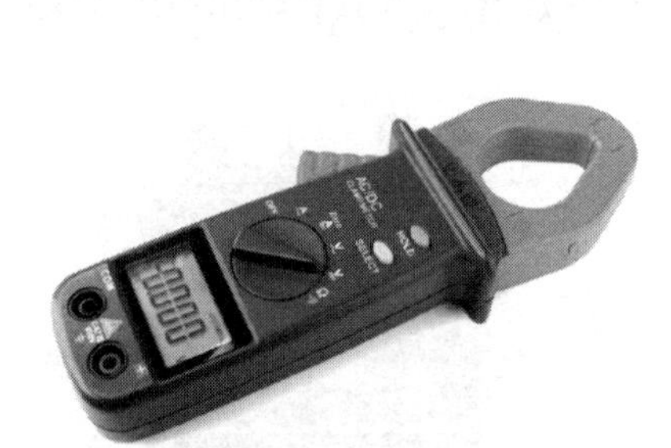

图 1-1-20　钳形电流表

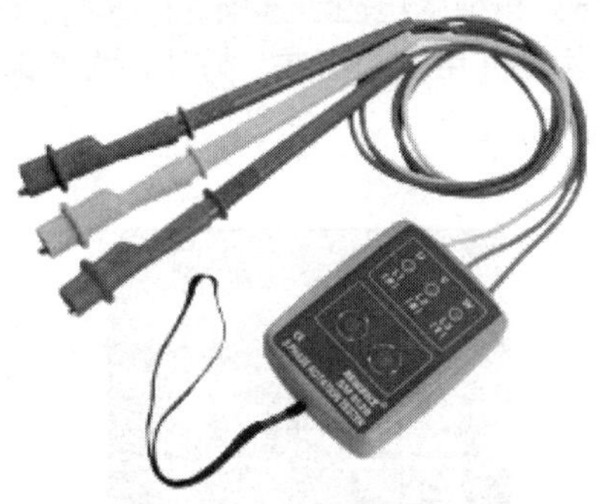

图 1-1-21　三相电相序表

⑥ 接地电阻测试仪。它是用来检测电阻的仪器，一般由大规模集成电路制成，使用DC/AC变换、交流放大和检波等技术来检测接地电阻。目前，常用的接地电阻测试仪有数字接地电阻测试仪（图1-1-22）和钳形接地电阻测试仪（图1-1-23）两种。数字接地电阻测试仪的特点是测量精准，但是操作复杂，限制因素多；钳形接地电阻测试仪无须使用辅助探针，使用方便、快捷。钳形接地电阻测试仪使用时仅需将被测接地线缆夹入钳形探头中间，即可测量接地电阻。

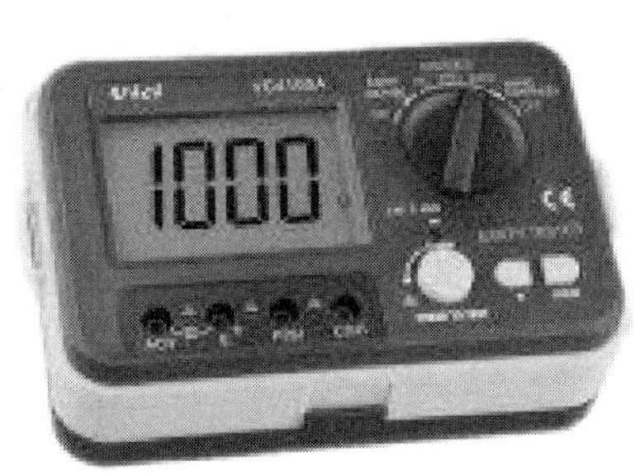

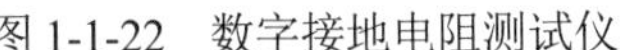

图 1-1-22　数字接地电阻测试仪

图 1-1-23　钳形接地电阻测试仪

数字接地电阻测试仪使用注意事项：测量接地电阻时，建议反复多次测量取平均值；必须使用仪表自带的专用铜线测量，尽量不要使用其他线缆代替，尤其禁止使用裸露线缆；测量之前要保证被测点与电源电路完全隔离，以确保读数准确和人身安全；测量时端子间会产生交流电压，请勿接触端子裸露部分。

⑦ 内阻仪。它是用来测量蓄电池两端电压和内阻的测量仪器，又称电池内阻测试仪。其主要通过内部交流放电电路来精确检测蓄电池的电压和内阻。内阻仪（图 1-1-24）在使用时应先开机，然后选择电阻“Ω”键并调整量程，借助随机配件进行校准，再将其接线柱上表笔的金属探头分别压在蓄电池的两端（正/负极柱），即可读出被测蓄电池内阻的数值，还可以使用“HOLD”键保存数据记录。使用时注意事项：若是伸缩式的表笔探头，需要保证其接触极柱时按压到位，注意不可用力过猛；用内阻仪测试蓄电池的内阻不宜频次过高，一般每季度 1～2 次即可。

⑧ 电能质量分析仪。它是对电网运行质量进行检测和分析的专用仪器，如图 1-1-25 所示，可对电网中的电压、电流、频率、谐波及其他电能质量参数进行长时间监测、数据采集和数据分析。电能质量分析仪主要由测量变换模块、模/数转换模块、数据处理模块、数据管理模块和外围模块五个部分组成。将电压互感器、电流互感器按要求安装在被测量电源的线路上，然后就可以通过电能质量分析仪来检查与电能质量相关的各种参数。使用注意事项：在进行互感器安装时，宜在断电情况下进行，不具备断电条件时需要做好安全防护工作；电能质量分析仪工作在带电情况下，操作人员需要做好防护措施。电能质量分析仪在数据中心日常运维中使用的频次不是太高。

图 1-1-24　蓄电池内阻仪

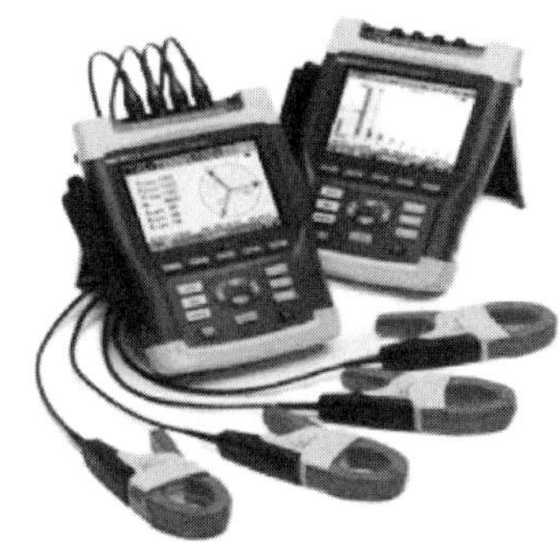

图 1-1-25　电能质量分析仪

⑨ 柴油检测试剂（试水膏）。它是用来检测水分的一种显色试剂，遇水变紫红色后颜色分明、分界线清晰（图 1-1-26），适用于一般溶液的含水量测量。因为柴油是数据中心十分重要的备用燃料，所以为了保护柴油发电机，需要定期检查因管道、罐体渗漏或其他原因导致的日用油箱和储油罐中的柴油含水量。因柴油不溶于水，油水分层明显，故可以使用柴油检测试剂很好地检测容器底部的含水量。建议采用从日用油箱底部放油和从储油罐底部抽油的方式取样检测，以免直接使用柴油检测试剂导致油液污染。取样后宜静置 5～10min 再进行检测。

⑩ 红外热成像仪。它是一种利用红外热成像技术将物体表面的温度分布以可视图像呈现出来的仪器。其主要由光机组件、调焦/变倍组件、内校正组件、成像电路组件和红外探测器组成，如图 1-1-27 所示。其在数据中心主要用于因电气装置接触不良、过载等造成的过热故障检查和设备散热情况分布检查，为非接触式检测手段。

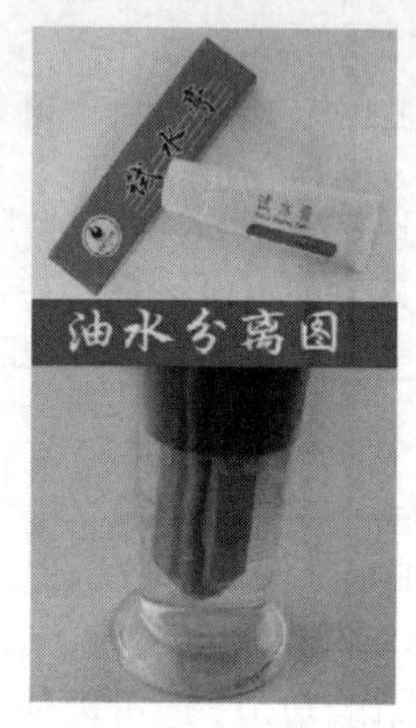

图 1-1-26　柴油检测试剂（试水膏）及其试验

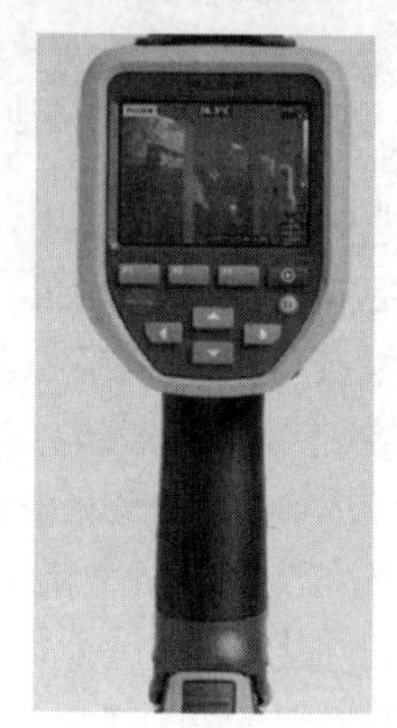

图 1-1-27　红外热成像仪

暖通系统常用的检修仪表有温湿度计、红外线测温仪、风速计、风量仪、压力表、水流量计、尘埃粒子计数器。

① 温湿度计。数据中心运维工作中常用的温湿度计主要有指针式温湿度计（图 1-1-28）和电子温湿度计（图 1-1-29）两种。指针式温湿度计主要由温度表和湿度表两部分组成，其经济实惠，一般可以悬挂或摆放在测试区域，进行温湿度的就地显示，为巡检人员提供直观的温湿度数据支持，但其需静置较长时间，并且无远传与记录功能，故应用场景不广泛。电子温湿度计主要由热电阻温度传感器和电容式湿度传感器进行温湿度的测定，并通过变送器对温湿度电信号进行处理后由液晶显示屏显示。它可以作为手持工具，进行局部温湿度的测量，使用时需要将传感器尽量接近测量点，静置 3～5min 再读取数据。一些电子温湿度计还具有数据记录、导出，单位切换，屏幕锁定等功能，有利于对狭小空间数据的采集和监测。

图 1-1-28　指针式温湿度计

图 1-1-29　电子温湿度计

② 红外线测温仪。它由光学系统、光电探测器、信号放大器及信号处理器、显示输出等部分组成。物体处在绝对零度以上时，红外线测温仪（图 1-1-30）将物体发射的红外线具有的辐射能转变成电信号，红外线辐射能的大小与物体本身的温度相对应，根据转变成电信号的大小，可以确定物体的温度。为了确保辐射能量收集的准确性，一般建议被测物体大于光学视场面积 50%以上；同时要考虑测量环境，例如，测量路径上的粉尘、烟雾的阻挡对辐射能量的衰减，以及背景辐射能量是否进入光学视场对测量进行干扰等，需要根据干扰因素对设备进行及时修正。

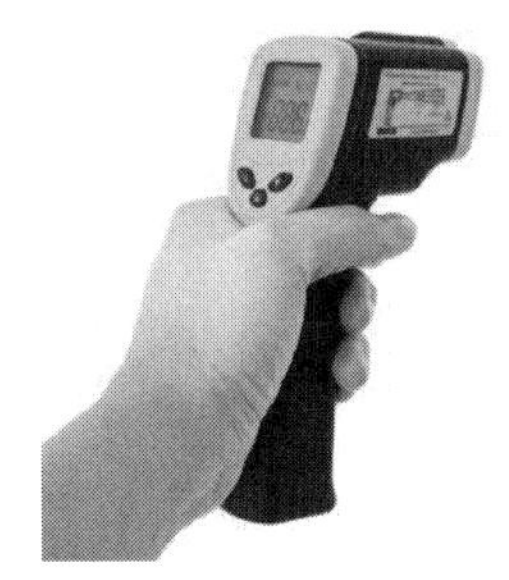

图 1-1-30 红外线测温仪

③ 风速计。它是测量空气流速的仪器。风速计根据工作原理不同，分为叶轮式风速计、热线式风速计和压差式风速计三类，如图 1-1-31 所示。热线式风速计原理是将一根通电加热的细金属丝（称热线）置于气流中，热线在气流中的散热量与流速有关，而散热导致热线温度变化从而引起电阻变化，流速信号即转变成电信号。

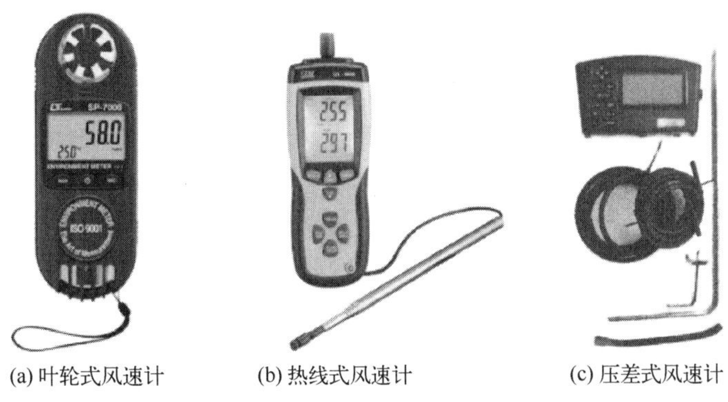

(a) 叶轮式风速计　(b) 热线式风速计　(c) 压差式风速计

图 1-1-31 不同类型的风速计

叶轮式风速计在 5～40m/s 的风速范围内使用效果较好，使用过程中一定要注意叶轮探头与流速方向垂直，确保测量的准确性。热线式风速计在 0～5m/s 的风速范围内进行精确测量，反应灵敏、使用方便，可以同时测量风速与温度，但是其探头容易老化、性能不稳定，需要定期校验。压差式风速计在 40～100m/s 的风速范围内测量效果最佳，使用时需注意：毕托管只可测量洁净空气；感测头需要与流体的来向相对，不能有夹角；使用前需要检查，使用后需要使用保护套进行保护。

流体在管道中流动时，同一截面的流速各不相同，需要计算平均流速作为数据分析的依据，而且对于圆形和矩形管道，需要采用不同的方式选择合适的测点。

④ 风量仪。它是一种通过测量空气流动速度和面积计算体积流量的仪器（图 1-1-32）。即风量可以根据风速仪的测量结果和管道截面积进行计算得出，但是在对大量的地板风量进行调节和分析时，存在计算烦琐、费时、费力的问题，所以一般采用带有风量罩的风量仪进行测量，可以使测量更快速、更准确，同时具有数据记录和导出功能，便于数据的统计与分析。

⑤ 压力表。它是测量并指示高于环境压力的仪表，如图 1-1-33 所示。现在常用的就地压力表主要为单圈弹簧管压力表，以弹性元件为敏感元件，当弹簧管内接收压力时，弹簧管产生向外挺直的扩张形变，从而带动指针偏转进行压力指示。压力表安装时，取压口应与所测流体流速方向垂直，管道内壁平整，并且在足够长的直管段位置；取压口与压力表应加装隔离阀以

备检修；在泵附近的压力表应加装环形圈，进行减振和稳压；市场上一些抗震压力表在外壳内填充了阻尼液（一般为硅油或甘油），以对抗工作环境的振动和减小介质的压力脉动对测量结果的影响。

图 1-1-32　带有风量罩的风量仪

图 1-1-33　压力表

⑥ 水流量计。它是一种用来测量水的体积流量的仪表。暖通水系统中，在进行监测水泵流量、调整水力平衡、按需分配水流量等工作时需要使用水流量计进行流量测量。常用的水流量计有电磁水流量计（图 1-1-34）和超声波水流量计（图 1-1-35）两种。

图 1-1-34　电磁水流量计

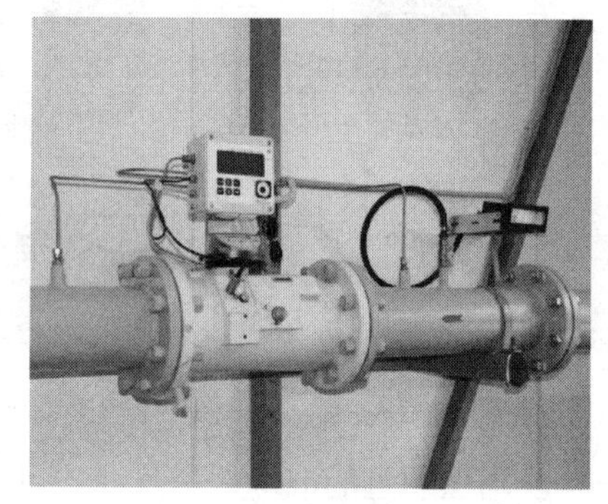

图 1-1-35　超声波水流量计

电磁水流量计是根据法拉第电磁感应定理制成的测量水流量的仪表；超声波水流量计由超声波换能器、电子线路、流量显示和累积系统等组成。超声波水流量计可以进行非接触式测量和无阻挠测量，并且无压力损失，广泛应用于暖通水系统的流量分析和故障排查中。流量计应安装在直管段上，安装点的上游直管段长度必须>10*D*（*D* 为管道直径）、下游直管段长度>5*D*，同时上游距水泵应≥30*D*，还要远离水泵、大功率电台、变频器，即在无强磁场和振动干扰处安装。

⑦ 尘埃粒子计数器。它是用于测量洁净环境中单位体积内尘埃粒子数和粒径分布的仪器，如图 1-1-36 所示。尘埃粒子计数器利用尘埃粒子对光的散射原理，使用光电转换器对光脉冲信号进行放大并将其转换为电信号，通过甄别光脉冲的强度和次数从而达到测量单位体积空气中尘埃粒子的大小和数量的目的。

因为空气中的悬浮颗粒聚集后容易造成电子设备短路，故为了保证运行安全，数据中心机房在运维过程中需要对环境中的尘埃粒子进行监测。可在静态或动态条件下测试，每立方米空气中粒径大于或等于 0.5μm 的悬浮粒子应小于 17600000 颗。

安防系统常用的检修仪表有寻线仪、光功率计和光时域反射仪。

① 寻线仪。它主要用于追踪视频线、金属电缆，以判断线路状态，识别线路故障，并且能够寻找单根导线，是安防系统等综合布线和维护的实用性仪器，一般由信号振荡发声器、寻线器及相应的适配线组成，如图 1-1-37 所示。工作原理：将网线或通信线使用 RJ45 或 RJ11 接口接入信号振荡发声器（发射器），可以使线缆回路周围产生环绕的声音信号场，在使用接收器接近该线缆时会发出声音，距离越近，声音越清晰、越响亮（噪声越小），从而找出对应的线缆。使用注意事项：使用前请确保线缆之间无连接，否则会影响测试结果；被测线缆在检测时不宜插在设备上，以免造成设备端口损坏；寻线完成后最好再使用测线功能检测一遍，确保寻线结果正确。

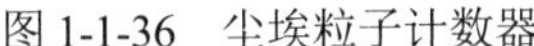

图 1-1-36　尘埃粒子计数器

图 1-1-37　寻线仪

② 光功率计。它是用于测量绝对光功率或通过一段光纤的光功率的相对损耗的仪器，如图 1-1-38 所示。在光纤系统中，测量光功率是最基本的工作，将光功率计与稳定光源组合使用，则能够测量连接损耗，检验连续性，并帮助评估光纤链路的传输质量。光功率计广泛应用于单模/多模光纤领域的施工、维修、检测，既可用于光功率的直接测量，也可用于光链路损耗的相对测量，还可用于光信号的监测等。光功率计使用注意事项：禁止用眼睛直视光功率计的激光数据口，这样会烧伤眼睛；光功率计的接口瓷头要定期使用酒精棉清洁，可根据实际使用情况增加清洁频率；跳纤接口瓷头接入光功率计“OUT”或“IN”口时要与光功率计的接口瓷头保持垂直吻合，不宜有偏差（尤其是 FC/ST 类接口），否则测试结果会出现较大的误差。

③ 光时域反射仪。它是通过对测量曲线的分析来了解光纤的均匀性、缺陷、断裂、接头耦合等若干性能的仪器，如图 1-1-39 所示。它根据光的后向散射光与菲涅耳反向原理制作，利用光在光纤中传播时产生的后向散射光来获取衰减的信息，可用于测量光纤衰减、接头损耗，进行光纤故障点定位，以及了解光纤沿长度的损耗分布情况等，是光缆施工、维护及监测必不可少的工具。它可进行光纤长度，光纤的传输衰减、接头衰减和故障定位等测量。光时域反射仪使用注意事项：简单判别光纤质量时，测试的光纤曲线主体斜率基本一致，若某一段斜率较大，则表明此段衰减较大，若曲线主体为不规则形状，斜率起伏较大，弯曲或呈弧状，则表明光纤质量严重劣化，不符合行业要求；在实际的光缆维护工作中，一般对 1550mm 与 1310mm 两种波长的光线进行测试、比较，对于正增益现象和超过距离线路均须进行双向测试、分析、计算，才能获得良好的测试结论；光纤活接头接入前，必须认真清洗，否则插入损耗太

大、测量不可靠、曲线多噪声，甚至使测量不能进行，也有可能损坏光时域反射仪，切记避免用酒精以外的其他清洁剂清洗；折射系数每 0.01 的偏差会引起 7m/km 之多的误差，所以对于较长的光纤段，应采用光缆制造商提供的折射率值；在光时域反射仪曲线上的尖峰有时是由离入射端较近且强的反射引起的回声，这种尖峰被称为“鬼影”，曲线上“鬼影”处会有明显的损耗，且沿曲线“鬼影”与始端的距离呈对称状，可通过选择短脉冲宽度、在强反射前端（如 OTDR 输出端）中增加衰减来消除“鬼影”；在光时域反射仪曲线上可能会产生正增益现象，在实际的光缆维护中，也可以采用≤0.08dB 即为合格的简单原则进行评定；用附加光纤（长 300～2000m 的光纤）连接光时域反射仪（OTDR）与待测光纤，其主要作用为前端盲区处理和终端连接器插入测量。

图 1-1-38　光功率计

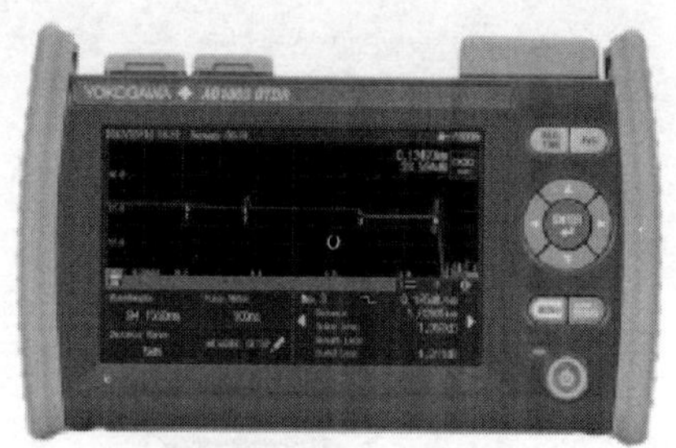

图 1-1-39　光时域反射仪

4. 数智工具

目前行业内还未对数智工具（数字智能工具）有一个比较确切和充分的定义，在本书中，将其定义为一种计算机技术在工业领域中的应用。它可以根据工业应用的需求，通过收集工业生产中的数据信息，再设计一些规则和算法，以编程的手段实现人与设备及设备之间的交互。数智工具主要有硬件和软件两个重要组成部分，硬件部分包括各类服务器、网关、客户端 PC，基础设备系统中应用的设备、设备智能接口及其控制器，用于系统监测的仪器、仪表（如温湿度传感器、电子压力计）等；软件部分包括数据采集、数据存储、数据分析、数据展示、数据推送等相关程序模块。

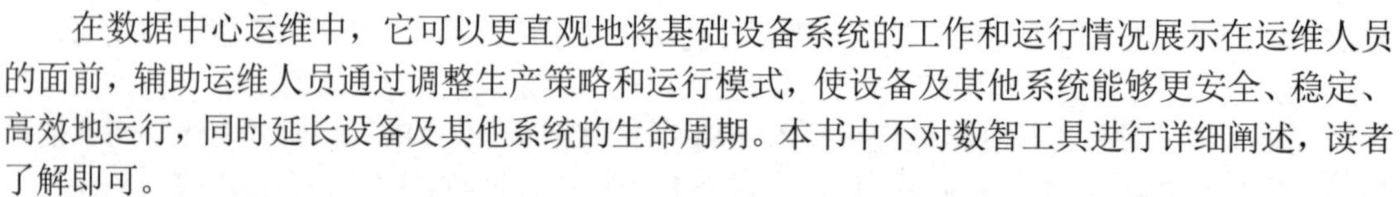

在数据中心运维中，它可以更直观地将基础设备系统的工作和运行情况展示在运维人员的面前，辅助运维人员通过调整生产策略和运行模式，使设备及其他系统能够更安全、稳定、高效地运行，同时延长设备及其他系统的生命周期。本书中不对数智工具进行详细阐述，读者了解即可。

以上就是对数据中心运维常用的工具、仪器、仪表等的介绍，在使用过程中一定要注意：它们自身是否在有效的检验周期内且合格，它们的测量数值是否在有效量程内，是否符合精度要求，使用方法是否正确，作业环境是否安全。由于各厂家产品特点各异，本书不能一一列举，所以用户仍需认真阅读说明书，按说明书要求正确使用，这样才能保证测量数值的准确，为数据中心运维提供精准数据，为排除异常情况提供正确的方向。

单元二　认识基础设备的工作岗位

一、数据中心运维工作及职业前景

数据中心运维工作要实现数据中心基础设备系统与设备运行维护的规范性、安全性和及时性，确保电子信息设备运行的稳定、可靠。

1. 工作内容及要求

数据中心运维工作主要包括运行、维护、应急与演练、运维管理体系建设等。

（1）运行

运行是指对数据中心基础设备系统和设备进行的日常巡检、启停控制、参数设置、状态监控和优化调节。

（2）维护

维护是指为保证数据中心基础设备系统和设备具备良好的运行工况，达到提高可靠性、排除隐患、延长寿命期的目的所进行的工作，主要包括预防性维护、预测性维护和维修等。

（3）应急与演练

应急与演练要制订应急预案及应急操作流程，建立安全责任制及联动机制，提高应对数据中心突发事件的快速反应能力和应急处置能力，确保能够快速调度资源排除故障，最大限度地预防和减少突发事件所造成的影响，保障数据中心的正常运行。数据中心应急与演练应结合应急预案及应急操作流程每年定期开展。应急与演练应尽量接近真实情况，在条件允许的情况下尽可能真实地处理基础系统和设备的设备故障，确保应急预案的可行性和可靠性，保证运维人员掌握应急操作流程及技术措施。

（4）运维管理体系建设

数据中心运维管理体系包括组织管理、人员管理、设备管理、事件管理、故障管理、问题管理、变更管理、配置管理、安全管理、风险管理、应急管理、容量管理、能效管理、资产管理、供应商管理及文档管理等。运维管理体系建设的目的是建立完整、可持续运营的管理体系。本书所讲的数据中心运维与管理的对象主要指电气系统、暖通系统、安防系统和消防系统等。

2. 职业前景

近年来，随着云计算、大数据、人工智能、5G 、物联网等高新技术的快速发展，新基建的浪潮席卷而来，国内数据中心保有量及建设数量呈指数型增长，对数据中心运维与管理等高技术综合型人才需求量巨大。

数据中心运维工作涉及的知识面广泛，包括电气、通风空调、智能化、消防、IT 等不同的专业领域。数据中心运维职业前景良好，主要涉及以下几类岗位。

（1）运维值班岗

本岗位主要负责数据中心 7×24h 运维值班，开展基础设备监控巡检和应急处置工作。

（2）运维技术岗

本岗位主要开展各基础设备系统的维护、维修、应急处置及技术支持工作。

（3）运维管理岗

本岗位主要开展数据中心运维管理体系化工作，对接内、外部用户需求。

（4）运营管理岗

本岗位主要负责带领运维团队保障数据中心稳定运行，开展各项运营、规划工作。

数据中心运维人员的职业发展主要有两条路径：一是管理路径，从运维值班员，经值班长、运维主管到运维经理，乃至成为数据中心经理、区域运营经理；二是专业技能路径，从初级职业技能、中级职业技能到高级职业技能，乃至达到专家层次的职业技能。虽然不同企业的岗位、职位设置不一，但数据中心完善且丰富的业务领域具有大量岗位晋升、技能提升的机会，职业前景随着数据中心行业的蓬勃发展将会越来越好。

二、数据中心运维管理

数据中心运维人员不仅要了解专业技术知识，还要了解数据中心运维管理工作的基本架构，对数据中心的运维管理工作建立认知，形成良好的“管理思维”，从而更好地匹配和发掘专业技术工作的效能。建立数据中心运维管理体系是实现运维管理目标的关键一环。

1. 组织管理

数据中心运行需要一个高效的组织，在合理的组织架构下，制订组织职能、规定组织流程是组织管理的关键要素。

（1）组织架构

负责各项工作的部门明确分工，形成内部的组织架构。不同的数据中心具有自身的特点，组织架构也会有所不同，但基本包含以下内容介绍的主要职能及工作。典型数据中心运维管理组织架构如图 1-2-1 所示。

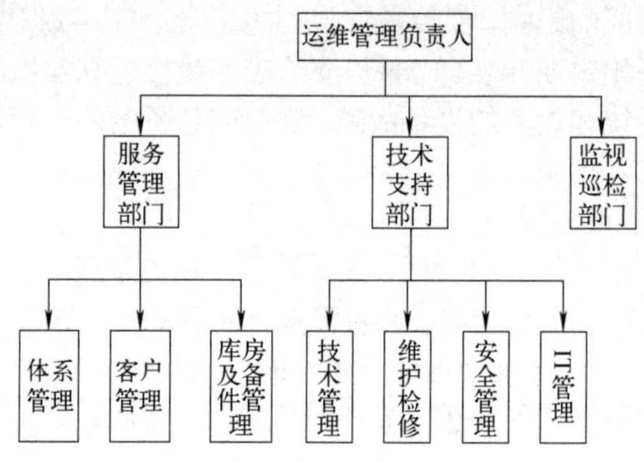

图 1-2-1　典型数据中心运维管理组织架构

（2）组织职能

根据工作内容的不同，可将组织划分成不同的管理部门，对数据中心的人员、设备、服务等进行精细化管理，从而实现组织的完整职能。运维管理负责人是数据中心的领导，主要职责是带领运维管理各部门保障数据中心长期、稳定地运行。

服务管理部门的主要职责是体系的管理、客户的对接与管理、库房与备件的管理、保洁工作管理和其他必要的管理工作。

技术支持部门的主要职责是负责各个系统与设备的二线技术支持工作；负责设备的维护与检修；负责人员安全、物理安全、消防安全等安保工作的管理；负责数据中心运行管理中 IT 系统的维护；负责数据中心的优化升级与改造体系的建立。

监视巡检部门的主要职责是负责数据中心 7×24h 的一线运行值班，以及各运行系统的监视与巡检。

2. 人员管理

数据中心的运行离不开运维人员，监视巡检、维护维修、日常管理等工作都是由运维人员完成的，即使在自动化运维已经初露端倪并形成趋势的今日，运维人员也是非常重要的。 由于数据中心运维管理的特性，所以运维人员具有多专业、多领域等特点。

数据中心的人员管理就是将众多的运维人员进行管理和分配，做到人尽其才，使数据中心能够安全、高效地运行。人员管理一定要确保运维人员按照专业匹配程度持证上岗；保证运维人员具有高度的责任心；规范运维人员工作内容；建立人才梯队及人才储备。

数据中心所涉及的人员从管理层面上基本可以分为三类：第一类是针对系统及设备的人员，主要包括运维人员及技术工程师等；第二类是针对安全、体系等的技术支持人员；第三类是必要的各级管理人员。在数据中心的运维中，对员工的培训是非常重要的，通过岗前培训、技术培训、交叉培训、高级培训等培训方式，提高人员的业务能力、操作水平、服务意识和安全生产认知，从而更好地保障数据中心的运行。

据不完全统计，在数据中心运行过程中，大约 70%的故障是由人为操作错误导致的。从人员管理角度看，减少发生人为操作错误是非常重要的运行保障措施。因此，在运维体系中要强调规范人员的运维行为，清晰、准确地告知运维人员正常操作、维修操作、应急操作等的标准流程及动作；强调运维人员操作过程标准化，按照规定的流程完成运维过程中各种问题的处理，减少过程偏差；强调运维人员做好每一项运维工作的过程和结果的记录和追溯，提升运维质量。

3. 设备管理

数据中心是多系统的融合，包括电气、暖通、安防、消防等设备系统。为了减少故障的发生，充分发挥基础设备的作用，需要对各系统的设备进行有效管理，使之处于良好的运行状态。设备管理是指在设备的全生命周期内，通过记录、巡检、监控、维护、维修、操作等手段对设备进行有序管理的过程。通过设备管理，可以对各类基础设备进行统计、记录，建立完整的档案并进行实时更新；还可以优化设备的运行，延长设备的使用寿命，在全生命周期内节约设备投入及运行成本；也可以通过合理的设备组合、高效的设备运行、必要的检修等手段，使设备始终处于最佳状态，提高数据中心运行的稳定性。

设备管理的主要内容有：通过数据中心监控系统对设备进行 7×24h 监视；通过运维人员定期的现场查看完成设备巡检工作；编制设备管理的标准操作手册并严格按照手册执行各种动作；为了使设备达到最好的运行状态，定期对设备进行各种维护、保养，按照各类设备的特性，制订维护、保养计划并严格执行；设备维修需要按照规程编制合理、可行的维修方案并严格执行。

4. 事件管理

事件管理就是对数据中心所发生的“事件”进行管理。数据中心基础设备的运行过程中会产生大大小小各种类型的“事件”，如何认识和处理这些“事件”就是事件管理这一流程所要解决的问题。

在数据中心运维管理体系中，事件管理是使用频率最高的管理流程，因为要通过事件管理尽快处理出现的事件，消除事件的影响，使事件对数据中心运行的影响最小化，所以事件管理以快速解决表征现象为目的，而不在于查找事件的根本原因，因此，时效性是评价事件管理水平的重要标志。

在事件管理中，要尽快恢复设备运行及服务等级，对事件进行控制和监控，同时要记录事件处理的相关信息，恢复数据中心基础设备系统的稳定性和可用性。

5. 故障管理

在数据中心日常运行中，某些基础设备可能会发生故障，这将直接影响数据中心的可用性，故及时修复故障便成了保障数据中心稳定运行的前提条件。故障管理是数据中心运维管理体系中重要的组成部分，通过合理的管理流程及方法，能够有效地缩短故障修复时间、控制运行风险。其重点是如何实现快速响应、快速恢复、快速解决，使故障对数据中心基础设备运行的影响减到最小化。故障管理的目的就是减小故障对系统运行带来的负面影响，保障服务等级要求的服务质量和可用性指标被满足。

基础设备在运行过程中产生的所有软件系统及硬件设备的故障都属于故障管理的范围，

在故障处理过程中应遵循事件管理流程，形成闭环管理。主要流程是：发现故障、确认故障、任务分发、故障处理、故障消除、修复确认。

6. 问题管理

当故障及事件处理完后，需要对发生故障的原因进行根本性研究和解决，这就转而进入了问题管理的层面。由此确定故障原因，制订解决方案，防止类似故障再次发生。问题管理是指找出基础设备运维过程中问题发生的原因，以及找到根本的解决办法并实施，防止类似状况反复发生的管理过程。其目的是规范管理日常运维、项目规划设计和项目实施等工作中发现的问题，将由基础架构中的错误引起的事件和问题对业务的影响减小到最低程度。问题管理主要流程如图 1-2-2 所示。

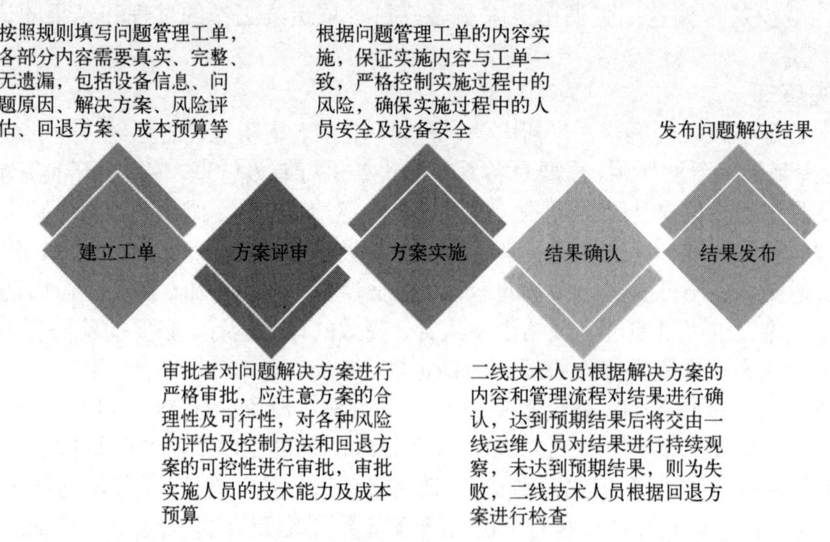

图 1-2-2　问题管理主要流程

7. 变更管理

数据中心运维过程中会面临各种因素的变化，为了保证运维目标的实现,需要对设备的软硬件进行相应的部分变更或全部变更，对这些发生和即将发生的变更进行规范的管理是运维管理工作的重要组成部分。

变更管理是指以受控的方式去论证、审批、实施和评估所有对系统运行产生影响的增补、移除、更改等变更，将变更风险及与变更相关的突发事件的影响降至最低，并且确保所有变更都可被追溯的管理过程。其目的是规范数据中心基础设备、网络、软硬件及运维管理流程的变更活动，确保变更活动使用标准的方法和步骤，保障变更的实施对系统运行的影响降到最低程度。变更管理适用于数据中心基础设备、网络、IT 系统等管理范畴内的所有与变更相关活动的管理。

8. 配置管理

配置管理是对数据中心基础设备软件版本、硬件信息及其全生命周期进行控制、规范的措施，是对数据中心各种设备及信息配置工作的总体管理。它是对设备运行过程中需要参照或关注的参数等配置项，以及配置项之间的关系进行规范的约束和调整的过程，也是事件管理、变更管理、问题管理等工作的重要依据，它的有效性、准确性、及时性将直接影响运维工作的成效。其目的是规范数据中心基础设备软硬件及文档的配置管理活动，确保配置管理活动使用标准的方法和步骤，以提供准确的配置信息帮助数据中心运维人员做出正确的决策，最大限度地减少不正确的配置信息引发的服务质量问题。数据中心所有设备、系统、软件、文档等相关配置都属于配置管理范畴。

配置管理角色有配置管理员和配置评审团队两类。配置管理员主要负责制订配置管理计划及日常配置管理工作；配置评审团队负责评审配置管理计划、配置状况报告和配置审计报告。

9. 安全管理

数据中心是较特殊的运营场所，对安全工作要紧抓不放，要本着“安全第一、预防为主”的方针，加强安全监督管理，降低因主观疏忽或不规范操作带来的风险和影响。安全管理是在数据中心运行过程中，为了减少人员伤害、设备故障、系统瘫痪等情况的发生而采取的一系列手段、措施的管理工作，并使运行工作在可控范围内。其目的是防止安全事故的发生，通过计划、组织、督促、检查等手段进行有效的安全管理活动。

数据中心的安全管理是多层面、多维度的，既包括物理层面的安全，如人员安全、设备安全、消防安全等，也包括信息层面的安全。人员安全是首位的，也是以人为本的主要体现；数据中心内部设备种类较多，根据设备不同的特性制订相应的安全管理手册；数据中心内部运行的物理数据都是重要、敏感的信息，需要对人员、设备的进出和使用等涉及物理层面的安全进行管理；由专业人员依照消防法规要求对数据中心的消防安全进行全面管理；数据中心是运行和存储数据的载体，基础设备运行的信息安全工作不但要保障基础设备系统本身的配置信息和运行信息处于安全状态，同时也要保障数据处理系统、维持技术及管理的安全，目的都是使各类硬件、软件、数据不因偶然和恶意的原因而遭到破坏、篡改和泄露。

10. 风险管理

数据中心运行中会面临很多的风险，绝大多数的风险是可以预知的，为了避免风险的发生，需要对风险进行科学管理，要统一认识、协同合作，将运行风险降到最低。风险管理是通过合理、有效的管理手段，降低风险发生的可能性，并将可能发生的风险所造成的影响降到最小，使数据中心能够快速地恢复运行，恢复所提供的服务水平。其目的是对可预知的风险进行梳理，对不可预知的风险通过构建场景进行预判，通过科学的方法创造风险管理手段，对风险进行控制，减少风险发生时的损失。

风险管理涉及人员、设备、安全、制度、操作、合规等多个方面，也要考虑到公司运营等因素，还涉及了财务、人力资源、职业健康等领域。

11. 应急管理

应急管理是根据数据中心实际运行情况为紧急和突发的非正常运行工况设定的一系列流程、制度、预案等应对措施的管理工作，是对数据中心运维过程中所发生的紧急的非常态运行状况的措施部署与管理。对于应急工作的管理，更多体现在各类应急场景应急预案的准备和演练的机制及措施上。

12. 容量管理

容量管理是在成本和业务需求的双重约束下，通过配置合理的服务能力使数据中心的资源发挥最大效能的管理过程。它是精细化运维的重要途径，是保障数据中心各系统在设计容量范围内运行的有效管理手段。容量管理需要对每个系统下的每个设备的容量进行监控，从而实现系统运行的安全性、经济性等目标，避免系统因载荷的偏离或不均而造成运行风险、成本失控、服务降级等影响和损失。

13. 能效管理

能效管理是通过对基础设备各系统使用测试、监控、智能分析，以及物理空间优化、资产配置优化、新型技术应用等措施最终达到能源高效利用的一系列管理过程。它是现代数据中心运维管理工作中备受关注的一项重要工作。数据中心是能源消耗大户，包括对电力资源、水资源、油气资源及一些可再生资源等的消耗，能效管理的深耕细作是数据中心行业发展进入高质量发展阶段的重要体现之一。

14. 资产管理

资产管理是对数据中心拥有的全部基础设备的软硬件，包括设备及其配套设备、辅助设备、备品备件、耗材器械、工具仪表等，实施全生命周期的监控、跟踪、配置、处理等全流程的管理，是一项和配置管理关联度较高的管理工作。在数据中心行业迅猛发展的今天，其资产的多样性、复杂性、海量性、时效性等新的发展特点都呈现出对标准化、规范化、全面性、系统性、可用性等更高管理要求的迫切需求，对于基础设备运维工作的管理也将从对基础设备所涉及的一切资产进行管理开始。

15. 供应商管理

供应商管理就是为实现供需双方约定的服务目标，针对各类供应商做出的包括评估、选择、签约、考核、奖惩、验收、淘汰等一系列的管理工作。它在数据中心全生命周期内都存在，在不同的阶段有不同类型的供应商，对于不同类型的供应商可以结合实际情况有不同的管理方法和机制。对于基础设备运维工作中的供应商管理，更多的是对基础设备服务的供应商或者已经完成选择的供应商做相应的管理，以达成管理绩效。

16. 文档管理

文档管理是为数据中心基础设备运维工作中产生的所有有效文档建立管理体系，使之有序、可查、可用、可保存的管理工作。它对数据中心日常运维工作中产生的文档进行分类，这些文档的所属专业及业务单元、重要程度、保存方式等都有所不同，有效的文档管理可以为运维工作带来便捷、可靠的数据、记录等支撑，从而提升数据中心管理的有效性和成果的输出率。

模块二

数据中心暖通设备运维

单元一　认识暖通设备系统结构

一、冷水机组

从数据中心运维的角度来看，数据中心是以服务器为中心，围绕其展开各项工作的单位可分为风、火、水和电四大板块，其中制冷（水）、通风（风）指暖通系统，火指消防系统，电指强电、弱电电气系统。数据中心的基础设备运维工作以此四项为基础，保障服务器的安全运行。

由于服务器属于高散热设备，必须及时降温、制冷，所以为了保证服务器的安全运行，需要暖通系统把控温度及湿度，为机房中服务器运行提供冷源，保障服务器工作环境安全达标。暖通系统通过流体的循环带走服务器工作时产生的热量，使数据中心机房恒温、恒湿，一般要求温度控制在23℃±2℃（参考值），湿度控制在50%±20%（参考值）。在保障机房服务器运行安全的基础上，通过优化系统的运行方式、优化设备的运行状态，促使数据中心节能、经济运行，达到"绿色低碳"的要求。

冷水机组简称冷机，也称为制冷主机，其包含风冷冷冻水机组和水冷冷冻水机组两类，它是数据中心暖通系统的重要组成部分。冷机制取的冷量一般通过载冷剂（通常为水）输送到机房冷却设备进行换热降温。

数据中心的冷机具有启动快捷、响应及时和可靠性高等特点，按照制冷方式的不同，分为离心式压缩机、螺杆式压缩机、涡旋式压缩机和活塞式压缩机。在额定制冷工况和规定等同等条件下选用性能系数高的冷机（性能系数见表2-1-1）。按照数据中心实际应用来看，涡旋式压缩机一般应用在数据中心风冷直膨系统中，螺杆式压缩机用于中小型数据中心，大型数据中心基本选用离心式压缩机。

□ 表2-1-1　冷水机组制冷性能系数对比

类型	活塞式/涡旋式			螺杆式			离心式		
额定制冷量/kW	<528	528～1163	>1163	<528	528～1163	>1163	<528	528～1163	>1163
性能系数	3.8	4	4.2	4.1	4.3	4.6	4.4	4.7	5.1

1. 冷水机组的分类

活塞式冷水机组是专供暖通系统制冷使用的整体式制冷装置，由活塞式压缩机、辅助设备及附件组成，如图 2-1-1 所示。活塞式冷水机组单机制冷量范围为 60～900kW，适用于较小的工程。由于活塞式压缩机能效较低，目前应用较少。

螺杆式冷水机组是由螺杆式压缩机、冷凝器、蒸发器、自控元件及仪表等组成的完整的制冷系统，如图 2-1-2 所示。螺杆式压缩机属于容积式压缩机，它通过一对互相啮合的阴阳转子周期性地改变每对齿槽间的容积来完成吸气、压缩、排气过程。螺杆式冷水机组具有结构紧凑、体积小、重量轻、占地面积小、操作维护方便、运转平稳等优点，因而获得了广泛的应用。其单机制冷量范围为 150～2200kW，适用于中、小型数据中心的暖通系统。

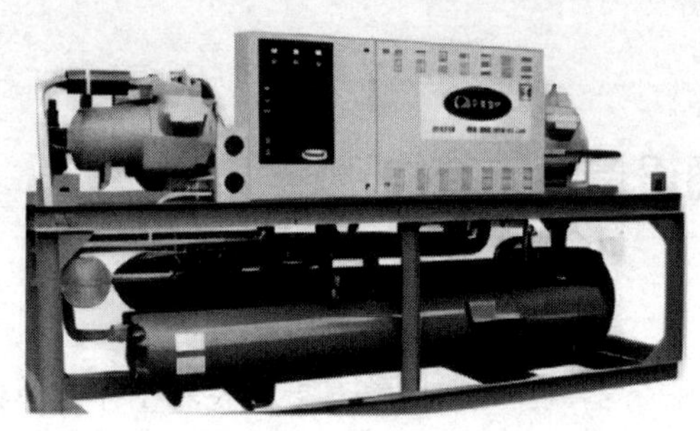

图 2-1-1　活塞式冷水机组

图 2-1-2　螺杆式冷水机组

溴化锂吸收式冷水机组外观如图 2-1-3 所示，它是以热能为动力，以水为制冷剂，以溴化锂溶液为吸收剂制取 0℃以上的冷媒水，可用作空调或生产工艺过程中的冷源。溴化锂吸收式冷水机组常见的类型有直燃型、蒸气型、热水型三类，其制冷量范围为 230～5800kW，适用于冷热电三联供的数据中心。

离心式冷水机组是由离心式压缩机和配套的蒸发器、冷凝器和节流控制装置，以及电气系统组成的整台冷水机组，其外观如图 2-1-4 所示。它具有单机制冷量大的特点，最适宜于压缩大容量的气体或蒸气，适用于大型、特大型的数据中心。由于数据中心对冷量需求大，所以选用离心式冷水机组可以获得较好的效果，目前它已经成为大型数据中心暖通制冷主机的首选。下面以离心式冷水机组为重点进行内容讲解。

图 2-1-3　溴化锂吸收式冷水机组

图 2-1-4　离心式冷水机组

2. 离心式冷水机组

（1）组成设备

离心式冷水机组由离心式压缩机、冷凝器、蒸发器、节流装置、供油装置、控制柜等组成。

离心式压缩机主要由吸气室、叶轮、扩压器、弯道与回流器、蜗壳等组成。吸气室的作用是把气体由进气管均匀地引导到叶轮；叶轮在高速旋转过程中，通过叶片对叶轮槽道中的气体做功，使气体达到较高的速度，获得较大的动能；由于扩压器的横截面积逐渐变大，气体的速度会急剧下降，气体分子在此聚集，压力得到提高，从而实现气体动能向压力能的转化；弯道与回流器主要用于多级压缩装置中，其作用是把气体由前一个叶轮的排气口引导到下一个叶轮的进气口，同时对气体也有进一步扩压的作用；蜗壳主要用来收集从最后一级扩压器排出来的气体，将气流收集并稳定压力后，通过排气管道将气体导入冷凝器。

数据中心冷机采用水冷冷凝器和水冷蒸发器。冷凝器的作用是将压缩机排出的高温、高压的制冷剂蒸气冷却成液体，在冷凝过程中，制冷剂放出的热量由冷却介质（水）带走并送往冷却塔冷却。蒸发器的作用是利用液态低温制冷剂在低压下蒸发，转变为蒸气并吸收热量，达到制冷的目的，制取的冷量通过冷冻水输送到各个末端设备。

节流装置的作用是节流降压，它将高压的制冷剂降压，为制冷剂蒸发提供条件。常采用的节流装置有孔板、节流阀带内置浮球阀、节流阀带热力膨胀阀等多种形式。

（2）工作原理

离心式冷水机组首先靠离心式压缩机通过吸气管将要压缩的气体引入到叶轮入口；气体在叶轮叶片的作用下同叶轮做高速旋转，通过叶轮中的叶片对叶轮槽道中的气体做功，提高气体的速度后引至叶轮出口处，然后进入扩压器；由于气体从叶轮流出后，具有较高的流速，为了将这部分动能转化为压力能，在叶轮排气口外侧设置了流通截面逐渐扩大的扩压器进行能量的转换，以提高气体的压力；扩压后的气体在蜗壳内汇集起来后，进入机组的冷凝器进行冷凝。以上这一过程就是离心式压缩机的压缩原理，如图 2-1-5 所示。

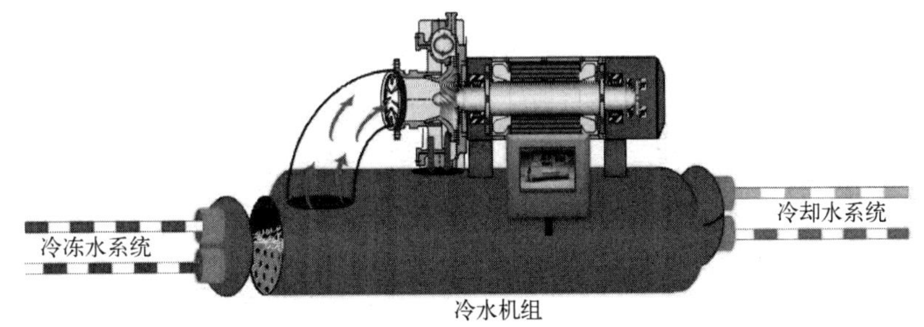

图 2-1-5　离心式压缩机压缩原理示意

由于离心式压缩机的吸气量不能过小，因而离心式压缩机的单机制冷量都较大。离心式压缩机在运行过程中几乎无磨损、经久耐用，维修、运行费用较低；同时，其径向受力平衡，具有运行平稳、振动小的特点，无需专门的减振装置，能够经济地进行冷量调节。但是离心式压缩机极易发生喘振现象，喘振是离心式压缩机特有的现象。当离心式冷水机组处于部分负荷运行时，压缩机的导叶开度减小，制冷剂的循环流量减小，压缩机的排气量随之减小，当流量达到某最小值时，制冷剂通过叶轮流道的能量损失很大，流道内出现气流旋转脱离，流动状况严重恶化，导致气流发生周期性振荡现象，即喘振。喘振时压缩机在周期性增大噪声的同时，机体和出口管道也会发生强烈振动，压缩机性能显著恶化，压力与排气量大幅度脉动。发生喘振不但会增大噪声和振动，也会使高温气体倒流回压缩机，严重时会损坏压缩机及制冷装置。

（3）操作方法

为了保证数据中心暖通系统的正常运行，规范离心式冷水机组操作程序，确保正确地操作冷水机组，现将运维人员的操作流程总结如下，具体如图 2-1-6 所示。

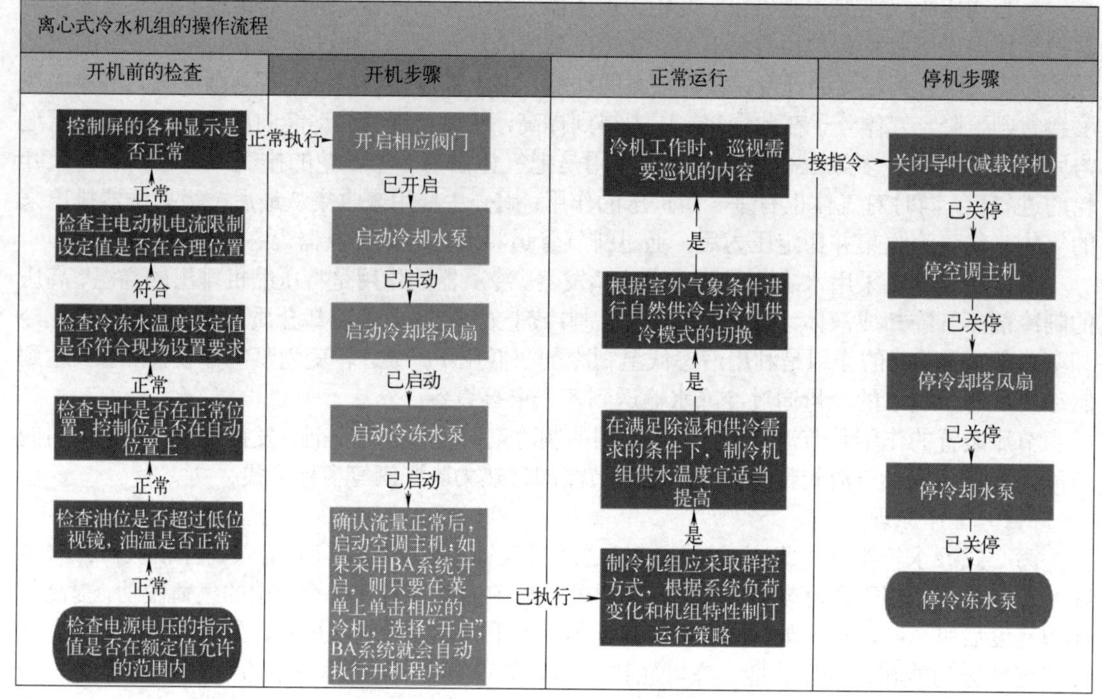

图 2-1-6　离心式冷水机组操作流程

在操作流程中，冷机开机流程为：开机程序→冷却塔阀→冷却水阀→阀位反馈→冷却塔→冷冻水阀→阀位确认→冷机水流开关确认→启动冷机。

冷机工作时，运维人员需要巡视的内容有：定时巡视、记录机组运行情况，检查运行数据是否正常，查阅机组报警内容；定时巡视、记录冷冻水进出水温、水压和水量；巡视、记录蒸发温度和蒸发压力；定时巡视、记录供油压力、油温；检查润滑油油位，根据需要补充合格的润滑油；根据数据中心负荷情况自动或手动执行加减机操作；根据冷却水出水温度和冷凝温度差（冷凝器小温差）判断冷凝器的污染情况，根据需要清洗冷凝器水垢。具体巡视流程如图 2-1-7 所示。

（4）维护及故障处理

离心式冷水机组需要通过不间断地维护以确保暖通系统运行的安全稳定和绿色节能。

① 维护内容。

润滑油维护：每季度检查润滑油油位，根据需要补充合格的润滑油；每年清洗油过滤器并检查润滑油的质量，润滑油每两年更换一次；使用的润滑油应符合要求，使用前应在室温下静置 24h 以上，加油器具应洁净，不同规格的润滑油不能混用。

蒸发器维护：根据冷冻水出水温度和蒸发温度差（蒸发器小温差）判断蒸发器的结垢情况，根据需要清洗蒸发器水管内的结垢。

冷凝器维护：根据冷却水出水温度和冷凝温度差（冷凝器小温差）判断冷凝器的污染情况，根据需要清洗冷凝器水垢。

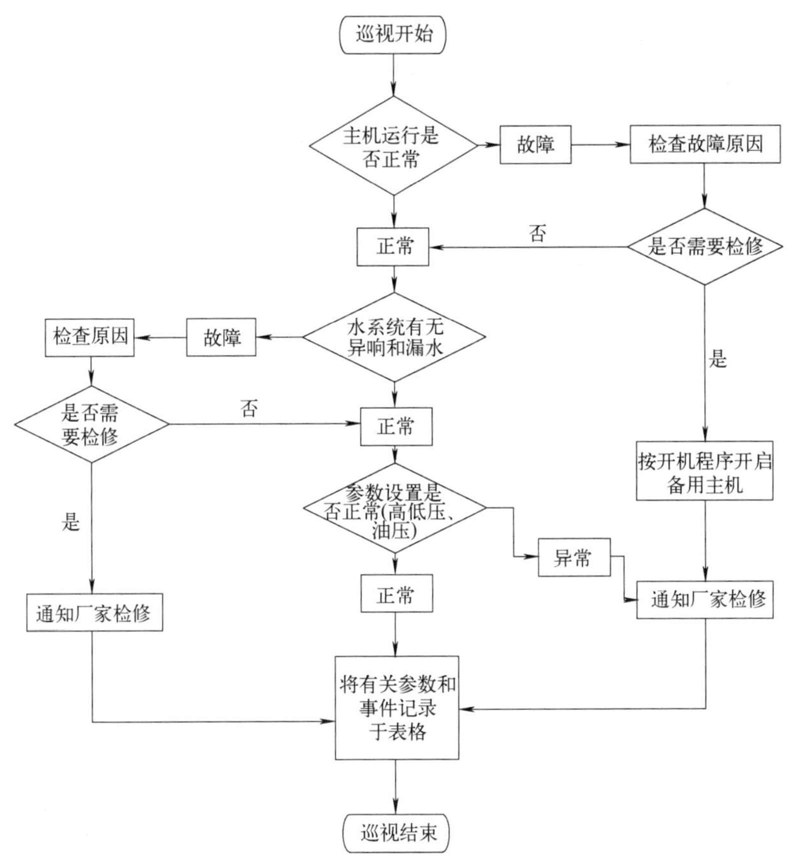

图 2-1-7 离心式冷水机组运维人员巡视流程图

电动机及轴承维护：判断压缩机电动机的三相电源电压和电流值是否正常，监视主电动机温度，关注主电动机冷却状况；判断压缩机和整个机组的振动是否正常，是否有异常噪声；巡视主轴承温度和轴位移是否正常。

其他定期维护：每月定期对机组及周围环境进行清洁，及时消除油、水、制冷管路及阀门和接头等处的跑、冒、滴、漏现象；每季度定期检查压缩机、电动机和系统管路部件的固定情况，如有松动，及时紧固；每季度定期检查机组外部各接口、焊点是否正常，有无泄漏情况；每季度检查制冷剂液位是否正常，根据需要补充制冷剂，充注制冷剂、焊接制冷管路时应采取防护措施，戴好防护手套和防护眼镜，配备必要的灭火设备；每年检查、判断系统中是否存在空气，如果有，要及时排放；每年测量压缩机电动机绝缘值是否符合要求；每年检查压缩机接线盒内接线柱的固定情况；检查电线是否有发热，接头是否有松动；定期检查控制箱内电气设备是否存在接触、振动等现象，防止元器件和电缆磨损损坏；每年检查机组电磁阀和膨胀阀（孔板）工作是否正常；制冷机组的检修须由具备相应资质的专业技术人员承担，并遵照厂家技术说明书进行；制冷机组应定期进行预防性维护，维护内容不应少于表 2-1-2 所列内容；制冷机组水冷冷凝器应根据端差判断条件进行预测性清洗维护。

② 常见故障及解决措施。冷机在运行中发生故障时，值班人员应将故障情况上报，并及时处理现场故障，处理不了的故障上报主管部门并联系设备厂家维修人员及时维修。具体的故障及解决措施见表 2-1-3。

▫ 表 2-1-2　制冷机组应定期预防性维护内容及周期

维护项目	维护内容	维护周期
制冷机组	清洁设备表面 油位检查及处理 检查机组有无异常情况	月
	电流、吸气压力、排气压力检查及处理 功能性检查及处理 检查压缩机、电动机和管路组件的固定螺钉 检查制冷剂液位是否正常，根据需要补充	季度
	拧紧机组固定螺钉 润滑系统保养 安全阀、仪表、传感器按照相关规范进行校准 检查系统是否存在空气，根据需要排除空气 检查冷凝器和蒸发器结垢情况，根据需要清洗 检查主轴承温度和轴位移是否正常 检查电动机接线盒、接线柱固定是否可靠 测试电动机绝缘情况 检查电磁阀和膨胀阀工作是否正常	年

▫ 表 2-1-3　制冷机组具体的故障及解决措施

序号	故障名称	故障原因	解决措施
1	蒸发压力过低	（1）冷冻水水量不足 （2）热负荷偏小 （3）节流孔板（膨胀阀）故障 （4）蒸发器的传热管因水垢等污染而使传热恶化 （5）冷媒（制冷剂）量不足	（1）检查冷冻水回路，使冷冻水水量达到正常运行水量 （2）检查自动启停装置的整定温度 （3）检查膨胀节流孔板（膨胀阀）是否畅通，根据情况进行检修或更换 （4）对蒸发器的传热管进行局部清洗 （5）补充冷媒至所需量
2	冷凝压力过高	（1）冷却水水量不足 （2）冷却塔的冷却能力降低 （3）冷却水温度太高，使冷凝器负荷加大 （4）制冷系统有空气存在 （5）冷凝器管子因水垢等污染，导致传热恶化	（1）检查冷却水回路，调整至正常运行水量 （2）检查冷却塔，对冷却塔填料进行清洗或更换，恢复散热能力 （3）检查冷却塔散热情况，使冷却水出水温度尽可能接近逼近温度 （4）根据需要进行抽气运转或放空气操作 （5）进行化学清洗，根据污染情况对冷凝器进行局部清洗
3	油压过低	（1）油过滤器堵塞 （2）油压调节阀开度过大 （3）油泵的输出油量减少 （4）轴承磨损 （5）油压表或压力传感器失灵 （6）润滑油中混入的制冷剂过多	（1）更换油过滤器滤芯 （2）关小油压调节阀，使油压升至额定油压 （3）对油泵进行检查，根据情况进行维修或更换 （4）更换轴承 （5）检查油压表，重新标定压力传感器，必要时更换 （6）制冷机组停机后务必将油加热器投入工作，保持给定油温（确认油加热器无断线，油加热器温度控制整定值正确）
4	油温过高	（1）油冷却器冷却能力降低 （2）因冷媒过滤器滤网堵塞而使油冷却器冷却用冷媒的供给量不足 （3）轴承磨损	（1）调整油温调节阀 （2）清扫冷媒过滤器滤网 （3）修理或更换轴承
5	流量开关告警	（1）冷却水量不足 （2）流量开关异常	（1）检查水泵、过滤器及冷却水回路，调至正常流量 （2）调整或更换流量开关

续表

序号	故障名称	故障原因	解决措施
6	主电动机过负荷	（1）电源相电压不平衡 （2）电源线路电压降大 （3）供给主电动机的冷却用制冷剂量不足	（1）采取措施使电源相电压平衡 （2）采取措施减小电源线路电压降 （3）检查冷媒过滤器滤网并清洗滤网；适当开大冷媒进液阀

③ 应急案例：冷机喘振故障。

故障现象：某数据中心 3 号机房楼采用某品牌冷机，4 号机房楼另一品牌冷机同年投入使用，但在使用中发现，同样的维护方法和频次，冷机运行状况相差较大。例如，同样每三个月进行一次化学清洗，3 号机房楼内的冷机仍旧会发生小温差过大的情况，主要表现在机组的冷凝温度偏高，尤其在夏季运行时，冷却水的出水温度较高，达 35℃，小温差过大，机组的冷凝温度易超过临界点，机组会产生喘振现象，效率降低，甚至保护停机，由于机房楼负荷较大，影响运行安全。

故障应急：开启备用冷机对应的冷却塔、冷却泵和冷冻泵后，再开启备用机组。

故障分析：经过多次比较，发现该品牌冷机的冷凝器的换热能力相比另一品牌冷机冷凝器明显要弱，相同的水处理方法和处理频次，其小温差温升变化情况明显要快，从侧面也验证了其换热能力较差的。

故障解决：进行冷机的局部清洗。冷机停机关闭、阀门卸压后，打开冷凝器端盖，采用机械通刷法清洗，经过清洗后，冷凝器换热不良导致的小温差过大问题暂时解决。

心得体会：增加局部清洗频次虽然解决了小温差过大的问题，但加快了换热铜管的损伤，降低了冷凝器的寿命。事后了解，该冷机换热铜管采用内外螺纹技术，可以提升换热效果，新机情况下可以减小部分换热面积，但是使用一段时间后铜管结垢，由于没有额外的换热面积冷机提前出现换热不良的情况，建议在采购冷机时给予关注。

二、水泵

泵是用来输送流体并增加流体能量的机器，属于流体机械。它将原动机或其他能源的能量传递给流体，使流体的能量（位能、压力能或动能）增加 。泵的应用广泛，种类繁多，分类方法也各不相同，根据其工作原理的不同可分为容积泵、叶片泵和其他类型泵，具体如图 2-1-8 所示。

其中离心泵因为适用范围广、结构简单及运转可靠等优点，得到广泛应用；容积泵只在特定场合中使用，其他类型泵则使用较少。离心泵应用在大、中流量和中等压力场合，往复泵应用在小流量和高压力场合。故离心泵在数据中心得到了广泛应用。

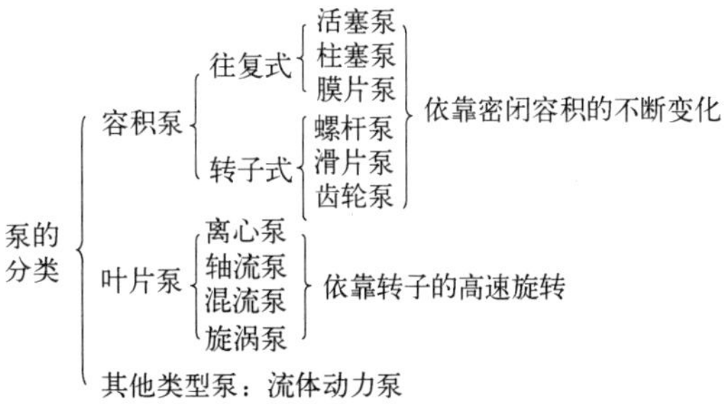

泵的分类
- 容积泵（依靠密闭容积的不断变化）
  - 往复式：活塞泵、柱塞泵、膜片泵
  - 转子式：螺杆泵、滑片泵、齿轮泵
- 叶片泵（依靠转子的高速旋转）：离心泵、轴流泵、混流泵、旋涡泵
- 其他类型泵：流体动力泵

图 2-1-8 泵根据工作原理不同的分类

1. 离心泵的组成

离心泵按照叶轮的个数可分为单级离心泵和多级离心泵，其中单级离心泵只有一个叶轮，它的特点是扬程低、应用广；多级离心泵具有两个以上的叶轮，叶轮之间是串联关系，它的特点是扬程高，一般能达到 100~650m。

离心泵按吸液方式不同可分为单吸离心泵和双吸离心泵，其中单吸离心泵由叶轮的一侧吸液，它的特点是结构简单，但有轴向推力；双吸离心泵由叶轮两侧同时吸入液体，它的特点是有较大的吸液能力，而且轴向推力可以互相抵消。

单级单吸卧式离心泵是结构最简单的离心泵，其外形结构如图 2-1-9 所示，其构造剖面图如图 2-1-10 所示。由图 2-1-10 可见，离心泵由转动、固定及交接三大部件组成，其中转动部件有叶轮和泵轴；固定部件有泵体和泵盖；交接部件有轴承、轴封、联轴器、密封环及轴向力平衡装置等。

图 2-1-9　单级单吸卧式离心泵外形结构

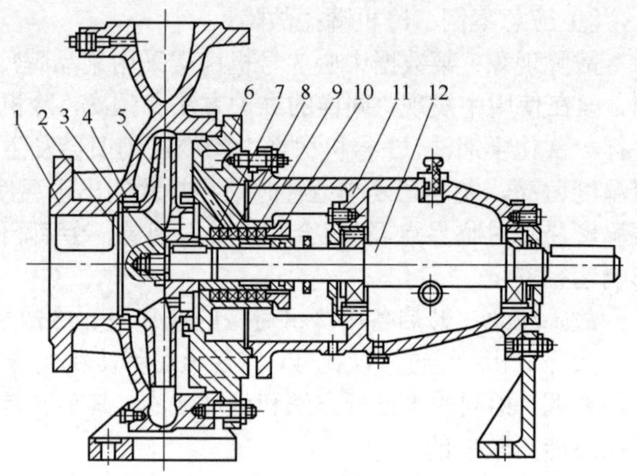

图 2-1-10　单级单吸卧式离心泵构造剖面图

1—泵体；2—叶轮螺母；3—制动垫片；4—密封环；5—叶轮；6—泵盖；7—轴套；8—填料环；9—填料；10—填料压盖；11—轴承悬架；12—泵轴

叶轮是离心泵的核心部分，它转速高、出力大。叶片安装在叶轮上，和叶轮成为一体使流体的动能和压力能增加。叶轮上的内外表面要求光滑，以减小流体的摩擦损失。泵体也称泵壳，它是泵的主体，包括进液流道、导叶、压液室、出液流道，起到支撑、固定的作用，并与安装轴承的托架相连接。泵轴的作用是通过联轴器和电动机相连接，将电动机的转矩传给叶轮，所以它是传递机械能的主要部件。轴承是套在泵轴上支撑泵轴的构件，轴封装置设置在转子和泵壳之间，可防止空气进入破坏真空而影响吸液，出液端的密封则可防止液体泄漏。泵座的作用是承受泵及进出口管件的全部质量，并保证泵转动时中心的正确。

2. 离心泵的工作原理

离心泵启动之前必须使泵内和进入管中充满液体，然后启动电动机，带动叶轮在泵壳内高速旋转。离心泵是依靠安装于泵轴上叶轮的高速旋转使液体在叶轮中流动时受到离心力的作用而获得能量的，液体在离心力的作用下甩向叶轮的边缘，经蜗壳流道甩入泵的压出管中，沿压出管输送出去。液体被甩出后，离心泵叶轮中心就会形成真空，吸液池中的液体又会在大气压的作用下沿吸入管继续流入泵吸入口，受叶轮高速旋转的作用，液体又被甩出叶轮进入压出管道，这样周而复始，就形成了离心泵连续不断地吸液和排液的过程，工作原理如图 2-1-11 所示。

图 2-1-11　离心泵工作原理示意图

离心泵输送液体的过程实际上就是在完成能量的传递和转化：电动机高速旋转的机械能转化为液体的动能和势能。在这个能量的传递与转化过程中，伴随着能量的损失，损失越大，则说明离心泵的性能越差，效率也越低。

3. 离心泵的主要性能参数

通常在泵的铭牌中会给出该泵的主要性能参数，具体包括流量、扬程、转速、功率、效率等。流量是指单位时间内泵所排出的液体量，它分为体积流量和质量流量，其中体积流量用 Q 表示，单位为 m^3/s、m^3/h 或 L/s，质量流量用 G 表示，单位为 kg/s 或 t/h。扬程是指单位质量的液体从泵进口到泵出口的能量的增值，即单位质量的液体通过泵所获得的有效能量，用 h 表示，单位为 m。转速是指泵轴每分钟的转数，用符号 n 表示，单位为 r/min。功率是指单位时间内所做的功，它有有效功率和轴功率两种表示方法。其中，有效功率是指单位时间内泵对输出液体所做的功，用符号 Ne 表示，单位为 kW；轴功率是指单位时间内由原动机传递到泵主轴上的功率，用符号 N 来表示，单位为 W。效率是指被输送的液体实际获得的功率与轴功率的比值，是衡量离心泵经济性的指标，用符号 η 来表示 。

4. 离心泵的操作方法

为了保证数据中心暖通系统的正常运行，确保安全操作水泵，延长设备的使用寿命，规范设备的操作程序，现将运维人员的操作流程总结如下，具体如图 2-1-12 所示。

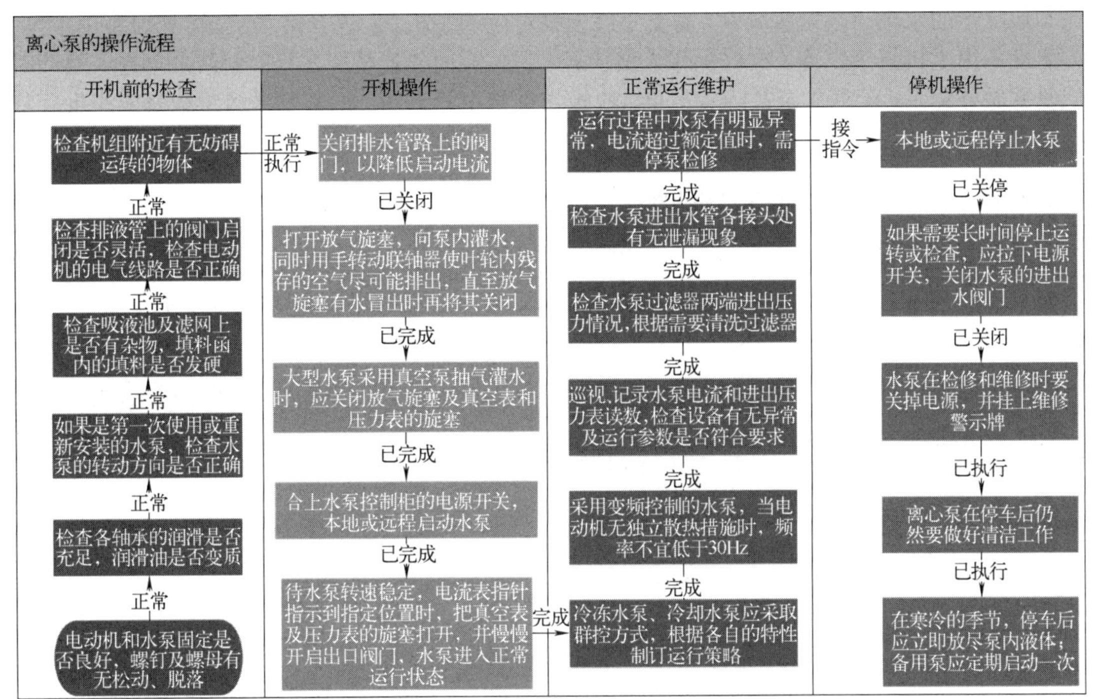

图 2-1-12　离心泵的操作流程

在水泵正常运行过程中，要巡视、记录水泵电流和进出口压力表读数，检查水泵有无异响或振动，检查水泵轴封处有无漏水情况，以及运行参数是否符合要求，具体不应少于下列内容：电动机电流不允许超过铭牌额定电流，如超过额定电流，应关小泵出水管上的阀门限制负荷；电动机电压波动范围控制在额定电压的 5%，短时间可在±10%范围内运行；电动机的温升不得超过 70℃；泵的轴承温度不得超过 65℃；巡视出水管上压力变化情况时，一定要使波动幅度保持在规定范围内，压力表指示稳定；巡视电动机和泵机组在运行中有无异常杂音和振动，振动值应符合有关规定。

5. 维护及故障处理

（1）维护内容

通过维护离心泵，确保设备安全运行，保证系统安全稳定和绿色节能。具体的维护内容有：每天巡视、记录水泵的电流和压力表读数，检查设备有无异响或振动，检查水泵漏水情况；每月清洁泵组外表及环境卫生；每季度补充润滑油，若油质变色、有杂质，应予检修；每季度检查水泵密封情况，若有漏水，应及时检修；每年对联轴器同心度进行测试和校准，检查联轴器的连接螺栓和橡胶垫，若有损坏，应予以更换；每年紧固机座螺栓并对泵组做防锈处理；每年一次对水泵进行检修，对叶轮、密封环、轴承等重点部件进行检查，并根据情况清洗叶轮和叶轮通道内的水垢；各电动机运行正常，轴承润滑良好，绝缘电阻在2MΩ以上，所有接线牢固，负荷电流及温升符合要求；各变频器、起动器和开关规格应符合要求，温升不应超过标准；各种电器、控制元器件表面要清洁、结构要完整、动作要准确、显示及告警功能要完好；水泵应定期进行预防性维护，如壳体及基座腐蚀、密封泄漏、泵体松动、联轴器与轴的磨损情况的检查及处理；水泵电动机应每年进行一次预防性维护，如清洁、补漆、三相对地绝缘电阻检查及处理、加注润滑脂、连接牢固性检查及处理等。

（2）常见故障及解决措施

运行中的水泵一旦发生异常，需要先停该泵对应的主机，后停异常水泵，再开启备用水泵，并启动备用主机继续供冷。维修操作人员检查、维修泵时，若是能在当时解决的问题，要即时修复并做好记录；若遇到泵故障较严重，应报告维修主管人员，由其安排组织维修或通报厂家维修人员及时到场处理，并在事后做好维修报告。常见的故障及解决措施见表2-1-4所示。

表2-1-4 离心泵常见的故障及解决措施

序号	故障名称	故障原因	解决措施
1	泵灌不满	（1）底阀未关或吸入系统泄漏 （2）底阀已损坏	（1）关闭底阀或排除泄漏 （2）修理或更换底阀
2	泵抽不上液体	（1）吸入压头过低 （2）吸入或排出管路调节阀关闭 （3）吸入管路存在气体或蒸汽 （4）吸液系统管子或仪表漏气 （5）排液管阻力太大 （6）输入容器压力过高	（1）在入口处提高液位，提高吸入压头或在吸入容器中能通过外部装置加压 （2）打开阀门，检查是否所有阀门均打开 （3）排除吸入管路中的气体或蒸汽 （4）检查吸液管和仪表并排除气体 （5）清洗排液管或减少管件数 （6）调整容器内压力
3	流量过小	（1）泵中仍存在空气 （2）入口管路调节阀未充分打开 （3）管路、叶轮、装置堵塞结垢、变脏 （4）叶轮转向错误 （5）密封环径向间隙增大，内泄漏增加 （6）吸液部分不严密 （7）出口压力高出额定值 （8）输送液体的温度过高，产生气蚀现象	（1）充分排净空气 （2）充分打开阀门 （3）充分清洗 （4）改变电动机的接线方式 （5）检修 （6）检查吸液部分各连接的密封情况，拧紧螺母或更换填料 （7）更换泵 （8）降低液体输送温度
4	泵工作不稳定	（1）吸入压头过低 （2）泵和电动机组装中的外部问题 （3）轴承磨损（通常伴随着消耗功率的增大而产生） （4）泵不能充分灌注和排出 （5）气蚀，压力波动	（1）提高吸入压头，或者使用外部装置为容器加压或提高液位，如果可能，降低泵的安装高度 （2）拆卸、组检、清洗 （3）检查轴承间隙，更换轴承 （4）重复灌和排出的过程 （5）消除气蚀

续表

序号	故障名称	故障原因	解决措施
5	填料函漏液过多	（1）填料磨损 （2）填料安装错误 （3）平衡盘失效 （4）泵轴弯曲或磨损	（1）更换填料 （2）拧紧填料压盖或补加填料，重新安装填料 （3）修理平衡盘 （4）修理或更换泵轴
6	填料过热	（1）填料压得过紧 （2）填料内冷却水进不去 （3）轴或轴套表面有损坏	（1）适当放松填料压盖 （2）松弛填料或检查填料环孔是否堵塞 （3）修理轴表面或更换轴套
7	轴承过热	（1）轴承内润滑油不良或油不足 （2）轴已弯曲或轴承滚珠变形 （3）轴承安装不正确或间隙不适当 （4）轴承与电动机同心度不符合要求 （5）轴承已磨损或松动	（1）更换合格的新油并加足油 （2）检修或更换零件 （3）检查并加以修理 （4）重新找正 （5）检修或更换轴承
8	振动	（1）叶轮磨损不均匀或部分流道堵塞，使叶轮失去平衡 （2）轴承磨损 （3）泵轴弯曲 （4）转动部件有磨损 （5）转动部件松弛或破裂 （6）泵内发生气蚀现象 （7）两联轴器接合不良 （8）地脚螺栓松动	（1）对叶轮做平衡校正或清洗叶轮 （2）修理或更换轴承 （3）校直或更换泵轴 （4）检修 （5）检修或更换磨损零件 （6）排除产生气蚀的原因 （7）重新调整 （8）拧紧地脚螺母

（3）应急案例：水泵轴承过热

故障现象：某数据中心地处西北，购置了一批某品牌水泵，该品牌的水泵轴承采用单独的水冷却循环。在使用中发现，水泵轴承经常过热发生损坏，更换轴承后，不久又发生类似故障，故障概率明显偏高。

故障应急：开启备用水泵。

故障分析：经现场检查，发现水泵在运行过程中温度普遍偏高，进一步检查发现水泵轴承采用独立的冷却水冷却。水泵蜗壳处装设一根独立的出水管，该水管的作用是将水泵压出的部分水送到轴承处，把轴承冷却后再送回吸入侧。解剖水管发现该地水质很硬，水泵内部特别是冷却水管内部结垢严重，导致冷却水管管径变细，通流量变小，冷却轴承的水流量不够，轴承冷却不良，长时间高温导致轴承提前损坏。

故障解决：找到轴承损坏的原因后，对冷却轴承的管路进行更换，确保冷却轴承的水流量正常，水泵恢复正常运行。

心得体会：水质较硬，导致水泵轴承散热不良而损坏，中间的前因后果值得大家深思和借鉴。

三、冷却塔

冷却塔在数据中心中充当的角色是末端散热设备，服务器运行时产生的热量经过一系列的热量传递过程，最终在冷却塔释放。它是循环冷却水系统中的重要设备，利用水作循环冷却剂，将从数据中心服务器吸收的热量排放至大气中，以降低水温。冷却塔与冷水机组冷凝器相连，冷却水从冷凝器侧吸收热量，经由动力源冷却水泵输送至冷却塔，完成降温后再返回冷凝器侧，这样就完成了一个冷却水工作循环。

1. 冷却塔分类

（1）按通风方式分：机械通风冷却塔、自然通风冷却塔、混合通风冷却塔。

（2）按热水和空气的接触方式分：干式冷却塔、湿式冷却塔、干湿式冷却塔。

（3）按热水和空气的流动方向分：横流式冷却塔、逆流式冷却塔、混流式冷却塔。

（4）按用途分：工业用冷却塔、一般空调用冷却塔、高温型冷却塔。

（5）按噪声的级别分：普通型冷却塔、低噪型冷却塔、超低噪型冷却塔、超静音型冷却塔。

（6）按照冷却水与空气是否直接接触分：开式冷却塔、闭式冷却塔。

在数据中心运行过程中，由于闭式冷却塔投资较大，故普遍选用开式冷却塔。开式冷却塔按照水和空气的流动方向，又可以分为横流式冷却塔（图 2-1-13）、逆流式冷却塔（图 2-1-14）两种，其中逆流式冷却塔的水流在塔内垂直落下，空气流动方向与水流方向相反；横流式冷却塔的水流从塔上部垂直落下，而空气水平流动通过淋水填料，空气流动方向与水流方向正交。从考虑检修、维护方便性的角度出发，建议南方地区选用横流式冷却塔，其虽然体积大，但是便于检修；北方因有防冻、防风沙要求，可以选用逆流式冷却塔。

图 2-1-13　方形横流式冷却塔外形图

图 2-1-14　圆形逆流式冷却塔外形图

2. 冷却塔的组成

冷却塔基本组成部件包括塔身、布水器、风机、电动机、填料、泄水阀及补水浮球阀等。圆形逆流式冷却塔各组成部分如图 2-1-15 所示；方形横流式冷却塔各组成部分如图 2-1-16 所示。

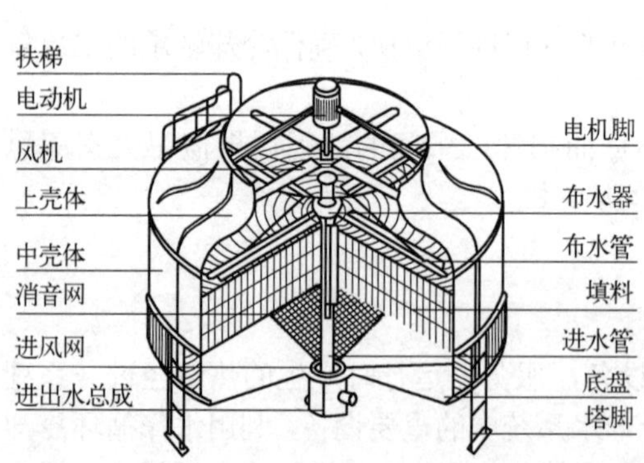

图 2-1-15　圆形逆流式冷却塔结构示意图

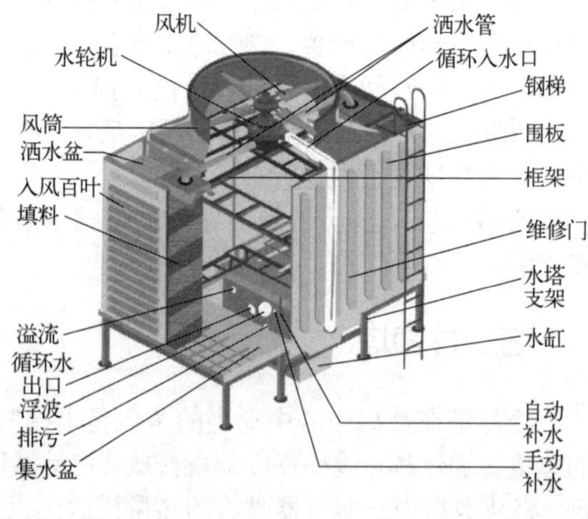

图 2-1-16　方形横流式冷却塔结构示意图

冷却塔位置应考虑不受季节影响，根据总体布置要求，设置在室外地面或屋面上。尽可能选用效率高、衰减小、填料材质好、寿命长的冷却塔。将阻燃填料作为第一优选。数据中心要考虑夏季工况和冬季工况，为了安全性必须按极端湿球温度来选配，从冬季自然冷却的角度出发，冷却塔散热量也要尽可能大些，即冷却塔留有一定的裕量，这样可以保证数据中心暖通系统的正常运行和达到合理的节能效果。在冷却塔使用过程中，还要考虑水盘的腐蚀，特别是水质处理时对水盘的影响，可以选用不锈钢水盘；另外，由于数据中心是全年连续运行，还要采取冬季防结冰措施。

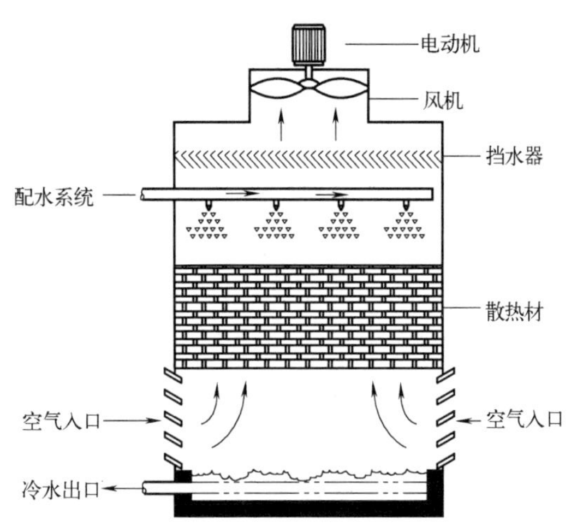

图 2-1-17　冷却塔工作原理示意图

3. 冷却塔的工作原理

干燥低焓值的空气经过风机的抽动后，自进风网处进入冷却塔内；饱和蒸汽中分压力大的高温水分子向压力小的空气侧流动，湿热高焓值的水自配水系统洒入塔内。当水滴和空气接触时，一方面由于空气与水的直接传热，另一方面由于水蒸气表面和空气之间存在压力差，在压力的作用下产生蒸发现象，蒸发潜热被带走，即蒸发传热，从而达到降温的目的。其工作原理如图 2-1-17 所示。

4. 冷却塔的操作方法

为了保证数据中心暖通系统的正常运行，确保各设备及时冷却，规范冷却塔的操作程序，操作流程具体如图 2-1-18 所示。

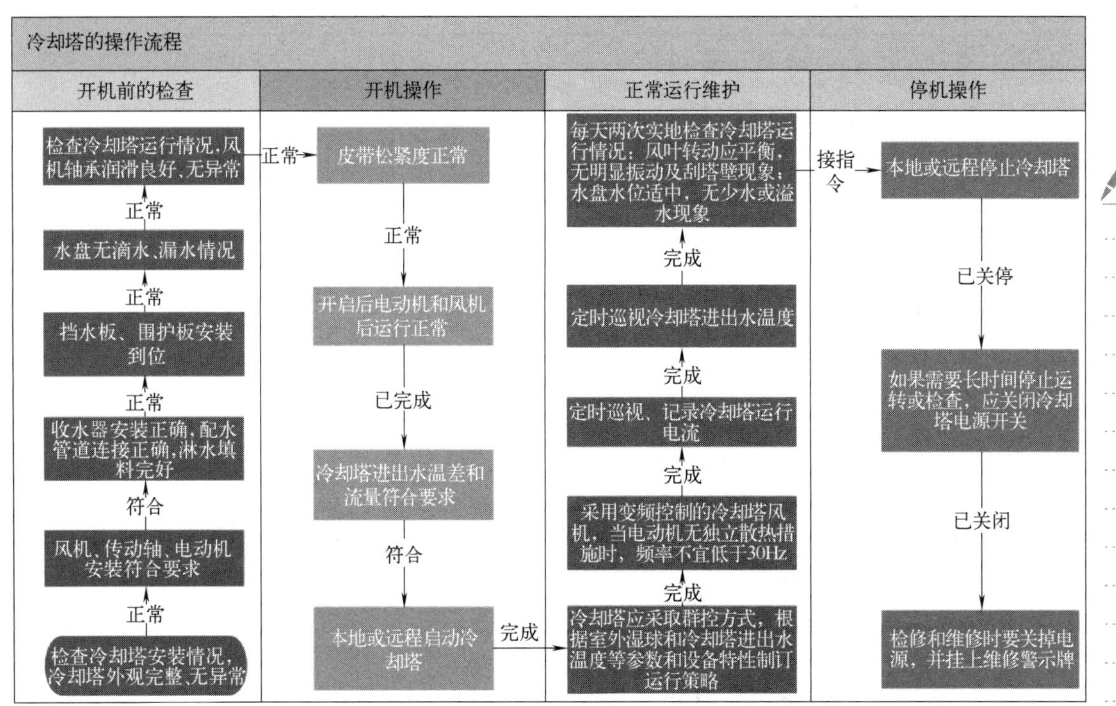

图 2-1-18　冷却塔的操作流程

5. 维护及故障处理

（1）维护内容

通过维护冷却塔，确保冷却塔安全、高效、节能运行。具体的维护内容有：每天定时巡视、记录冷却塔的运行电流；每天两次实地检查冷却塔的运行情况，包括风叶转动应平衡，无明显振动及刮塔壁现象，水盘水位适中，没有少水或溢水现象；使用齿轮减速的，每季度要停机对齿轮箱油位进行检查和补油；皮带传动的，每月对皮带及皮带轮进行检查，必要时还要进行调整；每季度检查风机轴承温升并补加润滑油；定期清洗冷却水塔与塔盘；每季度检查配水装置是否正常；每季度检查冷却塔补水装置是否正常；每季度检查填料的使用情况，看是否有堵塞或破损；每年检测冷却塔电动机的绝缘情况；每年检查冷却塔管路及结构架、爬梯等的锈蚀情况，如有锈蚀及时处理；在冬季，冷却塔要采取防冻措施，停用的冷却塔要放光水盘内的水，风机叶片要防止因积雪导致变形；一般情况下，五年左右更换冷却塔填料，也可根据具体使用条件确定冷却塔填料更换的周期；冷却塔还应定期做好预防性维护工作，如每月检查冷却塔的冷却水是否清洁，对接水盘腐蚀和补水阀功能进行检查及处理，每季度完成对结垢、堵塞、老化破损、启动、调速功能、填料使用情况的检查及处理，每季度调整风机皮带张紧度，对风机轴承和齿轮箱补加润滑油及检查冷却塔配水及补水装置是否正常，每半年清洗冷却塔、塔盘，每年检查和紧固所有固定螺钉，对冷却塔管路、机构架和爬梯去锈刷漆，冬季来临前检查电加热是否正常，并采取防冻措施。

（2）常见故障及解决措施

多机多塔并联的冷却塔如果发生异常，应及时投入备用冷却塔，确保系统有充足的散热能力后，再进行检修和维护。常见的故障及解决措施见表 2-1-5。

表 2-1-5　冷却塔常见的故障及解决措施

序号	故障名称	故障原因	解决措施
1	出水温度过高	（1）循环水量过大 （2）配水管（配水槽）部分出水孔堵塞，造成偏流 （3）进出空气不畅或短路 （4）通风量不足 （5）进水温度过高 （6）冷却空气短路 （7）填料部分堵塞造成偏流 （8）室外湿球温度过高	（1）调阀门至合适水量或更换匹配容量的冷却塔 （2）清除堵塞物 （3）查明原因并进行改善 （4）参见“冷却塔通风量不足”的解决措施 （5）检查冷水机组方面的原因 （6）改善空气循环，防止气流短路 （7）清除堵塞物，或者更换填料 （8）减少冷却水量
2	冷却塔通风量不足	（1）风机转速降低，传动皮带松弛，轴承润滑不良 （2）风机叶片角度不合适 （3）风机叶片破损 （4）填料部分堵塞	（1）查找转速降低的原因，调整电动机，张紧或更换皮带，加油或更换轴承 （2）调至合适角度 （3）修复或更换 （4）清除堵塞物
3	水盘（槽）水位偏低	（1）浮球阀开度偏小，造成补水量小 （2）补水压力不足，造成补水量小 （3）管道系统有漏水的地方 （4）冷却过程失水过多 （5）补水管径偏小	（1）开大到合适开度 （2）查明原因，提高压力或加大管径 （3）查明漏水处，堵漏 （4）参见“冷却过程水量散失过多”的解决措施 （5）更换大管径补水管
4	冷却过程水量散失过多	（1）循环水量过大或过小 （2）通风量过大 （3）填料中有偏流现象 （4）挡水板安装位置不当	（1）调节阀门至合适水量或更换匹配容量的冷却塔 （2）降低风机转速或调整风机叶片角度或更换合适风量的风机 （3）查明原因，使其均流 （4）重新安装调整

续表

序号	故障名称	故障原因	解决措施
5	配水不均匀	（1）配水管（配水槽）部分出水孔堵塞 （2）循环水量过小	（1）清除堵塞物 （2）加大循环水量或更换匹配容量的冷却塔
6	有异常噪声或振动	（1）风机转速过高，通风量过大 （2）轴承缺油或损坏 （3）风机叶片与其他部件碰撞 （4）风机叶片螺钉松动 （5）皮带与防护罩摩擦 （6）齿轮箱缺油或齿轮组磨损	（1）降低风机转速或调整风机叶片角度或更换合适风量的风机 （2）加油或更换轴承 （3）查明碰撞原因，予以排除 （4）重新紧固 （5）张紧皮带，紧固防护罩 （6）加油或更换齿轮组

（3）应急案例：冷却塔变频器过电流保护

故障现象：某数据中心一台冷却塔变频器频繁发生过电流保护，复位后一切正常，重新开机运行一段时间后，又发生变频器过电流保护。

故障应急：开启备用冷却塔。

故障分析：该冷却塔变频器在运行中经常发生过电流保护，停电测试电动机绕组阻值正常，对地绝缘正常，电缆绝缘也正常，变频器测试正常，变频器复位后开启正常，冷却塔风机电流也正常，但运行一天后，变频器再次过电流保护。故怀疑变频器故障，将两台变频器互换，换到该台冷却塔的变频器也显示过电流报警。重点怀疑电缆问题，用绝缘电阻表测试，电缆绝缘电阻正常。最后顺着电缆彻底检查一遍，发现冷却塔电动机接头下部转弯处电缆有破损，局部铜缆有外露情况。由此，故障原因才真相大白，测试时电缆是干燥的，所以电缆三相阻值和对地绝缘正常，但当冷却塔工作时，电缆开始潮湿，发生了局部短路或对地短路现象，导致变频器过电流保护。

故障解决：组织人员对破损电缆重新进行绝缘处理，恢复风机运行后，变频器不再出现过电流报警，至此故障解决。

心得体会：本案例的故障原因并不复杂，但是故障表现非常复杂，冷却塔工作时高温、高湿，停运时又恢复干燥状态，导致电缆局部破损形成的短路呈现出间歇性的状态，冷却塔运行一段时间后，电缆变潮湿就会发生短路故障，冷却塔停止工作后，电缆又恢复干燥，短路点消失，故障原因不能及时定位和发现，该故障前后持续将近一个月，所以，处理故障要胆大心细及具有突破性思维。

四、蓄冷罐

在数据中心运行过程中，一旦电力系统发生故障，此时备用柴油发电机组就要提供后备电力，从柴油发电机组启动至稳定供电的过程中，暖通系统会出现供冷不足的时段。为了解决这一安全隐患，可在暖通系统中设置蓄冷设备储备备用冷量。在数据中心的日常运营过程中，可以利用蓄冷罐充冷/放冷模式与峰谷电价相结合的方式实现低成本运营，即在夜间电价低谷时段，实现冷机对设备制冷的同时，对蓄冷罐进行充冷操作；在白天电价高峰时段，关闭冷机，使用蓄冷罐中储备的冷量对外放冷，以满足各设备正常制冷需求。一般蓄冷罐储存的冷量需要满足 15min 数据中心运行对冷量的需要。

蓄冷罐分为开式蓄冷罐和闭式蓄冷罐两种，如图 2-1-19 所示。开式蓄冷罐包括一个储藏室和一个外部水箱，两者通过液态制冷剂的循环传热实现热量的储存和释放。它是一种储存冷能的装置，相对容量较大，蓄冷用的水和大气接触，适用于低温储藏或低温冷却过程，采用的是立式设计。闭式蓄冷罐则是由蓄热体（如蓄热石墨）和外部绝热层组成，蓄热体的内部通过流体循环来吸收或释放热量，它是一种储存热能的装置，相对容量较小，蓄冷用的水不和外界发生接触，适用于高温储存或高温热能回收，可以采用立式或卧式设计。

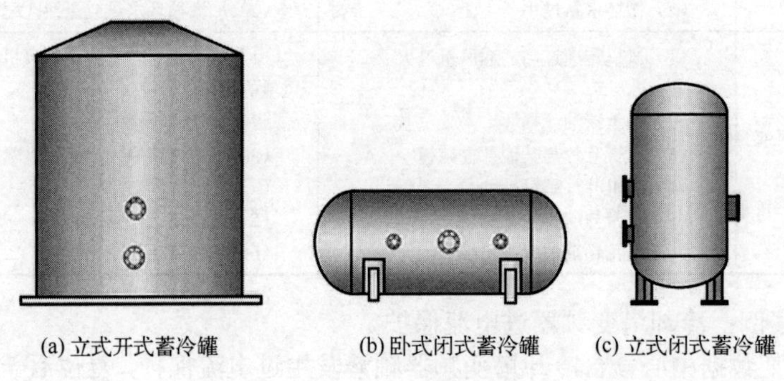

图 2-1-19　不同类型的蓄冷罐

1. 蓄冷罐的工作原理

对于立式蓄冷罐，主要利用斜温层原理进行分层式蓄冷，充分利用蓄水温差，输出稳定温度的冷冻水供给空调设备。水在不同温度下的密度不同，进而形成斜温层，当放冷时，随着冷水不断抽出和热水不断流入，斜温层逐渐上升；当蓄冷时，随着冷水不断送入和热水不断抽出，斜温层逐步下降，所以斜温层的大小直接决定了立式蓄冷罐的蓄冷效率。对于卧式蓄冷罐，其内部会存在隔膜用以分割冷热水，以实现在水平方向上的冷热水分割，在相同体积条件下，立式蓄冷罐比卧式蓄冷罐更为稳定。

2. 蓄冷罐的组成

开式蓄冷罐的结构：罐体为圆柱形钢制容器，其拱顶选用球冠状；罐底由钢板拼装而成，罐底中部的钢板为中幅板，周边的钢板为边缘板；罐壁由多圈钢板组对焊而成，要求采用套筒式罐壁板；罐顶由多块扇形板组对焊成球冠状，内侧采用扁钢制成加强筋，各个扇形板之间采用搭接焊缝，整个罐顶与罐壁板上部的角钢圈焊接成一体。

蓄冷罐罐内设有配水装置，放置于蓄冷罐的两端，它的作用是将不同温度的水平稳地引入或引出罐内，使水按不同温度下相应的密度差异在罐内形成温度分层，形成并维持一个稳定的斜温层，确保水流在蓄冷罐内均匀分布。罐体配置了进出水孔、人孔、排气口，罐体下部配置了泄水口，还配置了压力传感器、温度传感器和控制箱，随时对蓄冷罐的状态进行实时监控。

3. 蓄冷罐的操作方法

为了保证数据中心暖通系统供冷稳定，蓄冷罐在数据中心中应用的常见的设计架构有单级泵串联、单级泵并联和二级泵共罐。单级泵串联是指冷机和蓄冷罐串联在同一回路中，当冷机供冷时，冷机直接向末端供冷；冷机中断后，调节阀门，蓄冷罐向外面供冷；UPS 提供电动阀和循环水泵的电源。单级泵并联是指配置单独的放冷泵，放冷泵电源采用 UPS（不间断电源）。二级泵共罐是指蓄冷罐设计在一、二级泵的汇接处，根据一级泵和二级泵流量的差值，实现多种运行模式的转变，采用 UPS 来保证二级循环水泵的电源。

在数据中心冷却过程中，常用的是单级泵串联，它有三种工作模式，分别是保冷模式、放冷模式和充冷模式。具体操作如下所述。

（1）保冷模式

保冷模式就是蓄冷罐、水泵和冷机处于正常运行状态，电控阀 1 打开，电控阀 2 关闭，冷机产生的冷量通过电控阀 1 送到末端设备，回水则通过水泵回到冷机，完成一次循环，蓄冷罐

处于保冷状态，工作模式如图 2-1-20 所示。

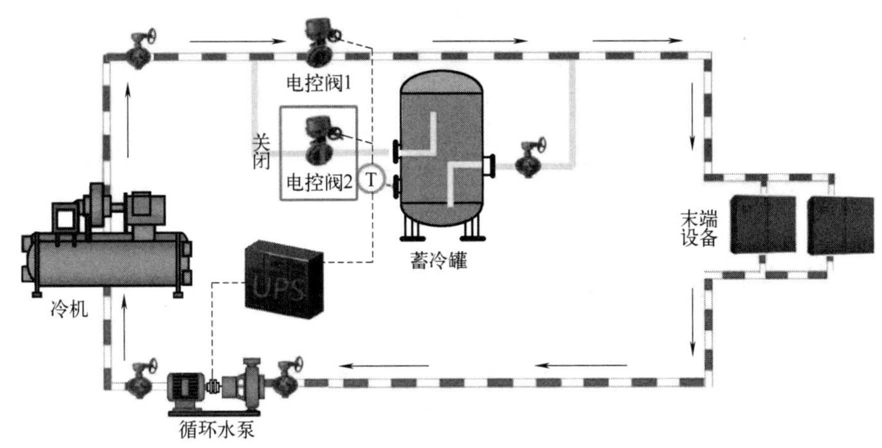

图 2-1-20　蓄冷罐的保冷模式

蓄冷罐在正常运行过程中，运维人员要不间断地巡视检查，其内容有：巡视检查蓄冷罐工作温度、工作压力和液位是否正常；巡视检查罐体、基座是否稳固可靠、有无异常倾斜、有无异常下沉、有无结露现象；检查爬梯、护栏、踏板是否牢固，有无松脱情况；巡视检查人孔密封面有无腐蚀渗漏，螺栓是否齐全紧固，有无腐蚀；检查蓄冷罐相关阀门操作是否灵活、有无异常情况；检查保护层有无破损、渗水。

（2）放冷模式

断电后，冷机停止工作，UPS 继续为冷冻泵提供电源，这时关闭电控阀 1，将电控阀 2 全开，蓄冷罐直接向末端释放冷量，冷量由蓄冷罐提供，工作模式如图 2-1-21 所示。

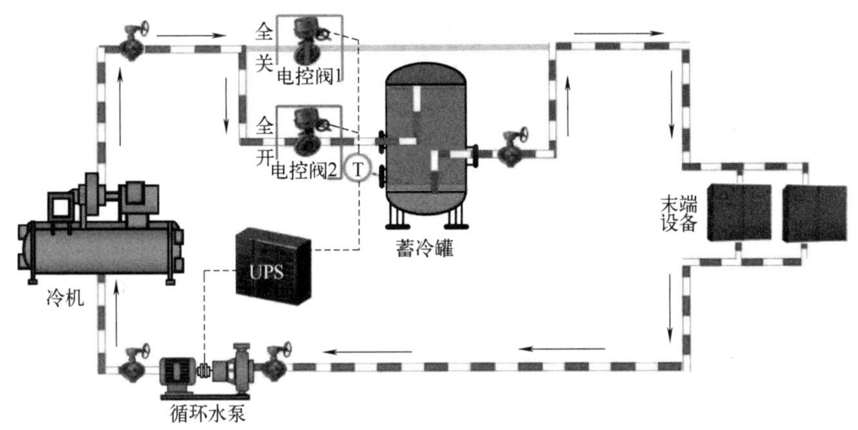

图 2-1-21　蓄冷罐的放冷模式

（3）充冷模式

电源恢复后，制冷系统重新启动，当系统检测到蓄冷罐温度上升时，就要关小电控阀 1 的开度，并将电控阀 2 部分打开，使部分冷水流经蓄冷罐进行充冷，冷机向末端设备供冷的同时也向蓄冷罐充冷，工作模式如图 2-1-22 所示。

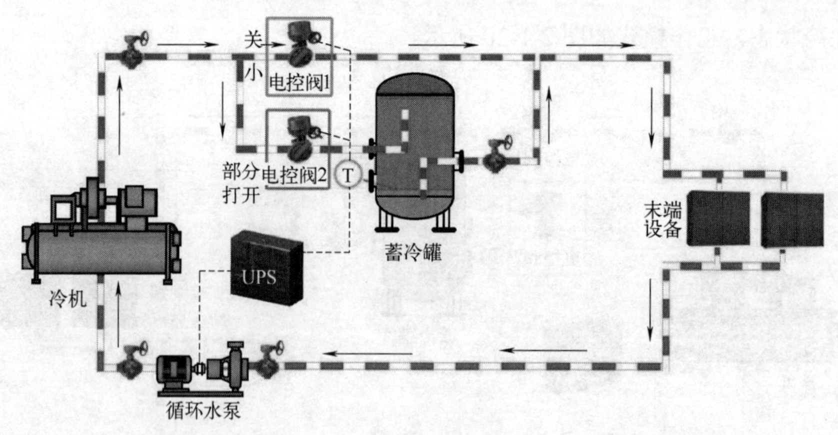

图 2-1-22　蓄冷罐的充冷模式

4. 蓄冷罐的维护及故障处理

（1）维护内容

通过维护蓄冷罐，确保蓄冷罐安全、可靠地运行，具体的维护内容有：每天检查蓄冷罐液位是否正常，其内部温度分布是否正常；每季度检查蓄冷罐相关阀门的工作是否正常；每季度检查蓄冷罐罐体有无变形、腐蚀、开裂或沉降等异常情况；每年检查蓄冷罐的基座有无沉降等异常情况；每年检查蓄冷罐和管道之间连接的波纹管（或软接头）有无拉伸或变形等异常情况；蓄冷罐应定期做好预防性维护工作，如每季度检查蓄冷罐放空阀、排污阀有无异常，如果发现异常，要及时更换；每年检查蓄冷罐的保温材料有无破损，如果有破损，及时修复。

（2）常见故障及解决方法

蓄冷罐是数据中心暖通系统蓄冷技术的关键设备，它运行得是否稳定、可靠将直接影响蓄冷的效果，故运维人员要及时掌握其常见事故及解决方法，以便能更有效地保障蓄冷罐正常运行。常见的故障及解决措施见表 2-1-6。

表 2-1-6　蓄冷罐常见的故障及解决措施

序号	故障名称	故障原因	解决措施
1	蓄冷罐液位异常	（1）泄漏 （2）压力波动	（1）查漏 （2）调整运行模式
2	温度或压力传感器故障	（1）设置问题 （2）损坏	（1）调整参数 （2）更换

（3）应急案例

案例一：蓄冷罐放冷的时间不足。

故障现象：蓄冷罐放冷时间未达到设计要求，某数据中心实际负荷在设计负荷30%的情况下，放冷时间仅为 13min 左右，而按照理论计算，其蓄冷量应该能满足实际负荷情况下放冷时间在 50min 以上。

故障分析：在现场排查问题时，运维人员发现蓄冷罐在制造时，其内部布水器的设计未能达到水温自然分层的效果，高温回水对底部低温水的扰动明显，导致蓄冷罐放冷时间明显变短，影响了数据中心的安全运行。

故障解决：重新制作布水器，蓄冷时间略有增加。

心得体会：在建造蓄冷罐时，一定要对不同负荷下布水器的设计进行试验，看能否达标，减少以后运维工作中的困难。

案例二：蓄冷罐的沉降事故。

故障现象：某数据中心冷冻水系统配置 750m³ 的大型立式蓄冷罐，并布置在主楼的外侧，室外部分管道采用埋地方式，由于蓄冷罐和主楼沉降不同，出现了蓄冷罐和系统相连的管道被剪断的事故；某数据中心 125m³ 闭式蓄冷罐也由于沉降原因，进出水管路发生位移，软接头被拉开。

故障应急：临时增加蓄冷罐的防倾斜设备。

故障分析：蓄冷罐沉降。

故障解决：关闭系统阀门，对管路进行检修，并设置软接以解决沉降问题。

心得体会：在数据中心建造过程中，一定要考察好实际安装位置和设计方案中蓄冷罐的设置，提前采用防倾斜设备，保障不会出现蓄冷罐的沉降事故，从而保证数据中心的安全运行。

单元二　板式换热器的运行管理及维护

一、板式换热器的原理与组成

在冬季环境中，数据中心可以使用平板式换热器（简称板式换热器）获得自然冷却，提升全年能效。板面式换热器是通过板面进行热量传递的换热设备，这类设备具有传热效率高、结构紧凑等特点，按照其结构形式不同可分为板式换热器、板翅式换热器、板壳式换热器、螺旋板式换热器等。板式换热器属于板面式换热器。不同类型的板面式换热器的外形结构如图 2-2-1 所示。

(a) 板式换热器　(b) 板翅式换热器　(c) 板壳式换热器　(d) 螺旋板式换热器

图 2-2-1　不同类型的板面式换热器的外形结构

1. 板式换热器的组成及优缺点

板翅式换热器的基本结构：在两块平行金属板（隔板）之间放置一种波纹状的金属导热翅片，同时在翅片两侧各安置一块金属平板，两边以侧条密封组成单元体，对各个单元体进行不同的组合和适当的排列，通过钎焊焊接组成板束，将若干板束按需要组装在一起，最后焊在带有流体进、出口的集流箱上。它具有传热效率高、结构紧凑轻巧、适用性广的优点；但是其流道小，易于堵塞，流动阻力大，清洗和检修困难。

板壳式换热器是由板束和圆筒形壳体组成的，它的传热表面是板束的壁面，每一板束元件相当于一根管子，由板束元件构成的流道称为板壳式换热器的板程，板束与壳体之间的流通空间则构成板壳式换热器的壳程。这种换热器具有结构紧凑、传热效率高、压力降小、不易结垢、板束容易抽出、清洗方便等优点；但是对焊接技术的要求较高。

螺旋板式换热器是由焊在中心隔板上的两块金属薄板卷制而成的，在两薄板之间形成了螺旋形通道，两薄板之间焊有一定数量的定距撑以维持通道间距，在两端又用盖板焊死。两流体分别在两通道内流动，隔着薄板进行热量交换。其中一种流体由外层的一个通道流入，顺着螺旋形通道流向中心，最后由中心的接管流出；另一种流体则由中心的另一个通道流入，沿螺旋形通道反方向向外流动，最后由外层接管流出。它的优点是结构紧凑、传热系数大、材料利用率高、污垢不易沉积、单位体积设备提供的传热面积大、能充分利用低温能源；但其制造和检修都比较困难、操作压强和温度不能太高、流动阻力大、质量大、刚性差。

图 2-2-2　板式换热器的金属薄板外形图

板式换热器是由一系列具有一定波纹形状的金属薄板叠装而成的高效换热器，如图 2-2-2 所示。

板式换热器由传热板片（若干长方形金属薄板）、密封垫片、固定压紧板、活动压紧板、夹紧螺栓、接管法兰、滚轮、上导梁（杆）、下导梁（杆）、支架、地脚等主要部件组成，其结构如图 2-2-3 所示。

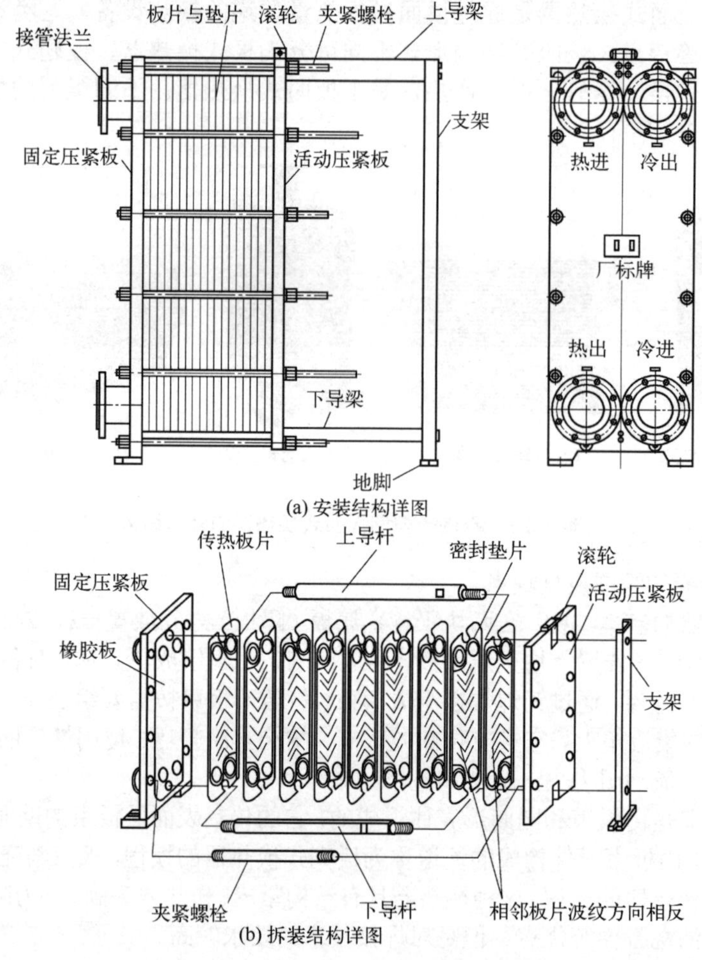

图 2-2-3　板式换热器的结构

板式换热器是液—液热量交换的理想设备，它具有传热面积大、换热效率高、结构紧凑、使用灵活（可随时增减板数）、热损失小、占地面积小、清洗和维修方便、能精确控制传热温度、应用广泛、使用寿命长等优点。其缺点是处理量小；受垫片材料性能的限制，操作压力和温度不能过高；因周边较长，密封困难，容易泄漏等。在数据中心运维过程中，在压损相同的情况下，板式换热器的传热系数比管式换热器大 3～5 倍，占地面积却为管式换热器的三分之一，故得到了广泛的应用。

2. 板式换热器的工作原理

若干块长方形金属薄板叠加排列，然后夹紧组装在支架上，两块相邻板的边缘衬有垫片，压紧后板间形成流体通道。每块板的四个角上各开一个孔，通过垫片的配合使两个对角方向的孔与板面一侧的流道相通，另两个孔则与板面另一侧的流道相通，从而使两流体分别在同一块板的两侧流过，在板面的两侧进行热量交换。板式换热器工作过程中冷热流体的流动如图 2-2-4 所示。

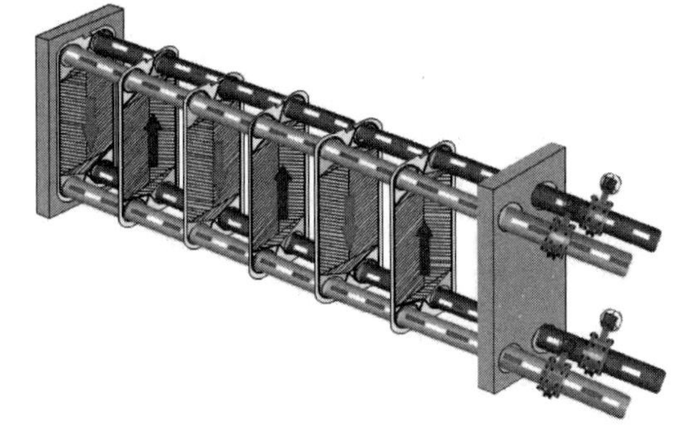

图 2-2-4　板式换热器工作过程中冷热流体的流动示意图

二、板式换热器的运维

1. 维护与保养

为了保证板式换热器正常工作，其维护与保养的内容应注意以下几方面：

① 与板式换热器相连接的仪表应有专人负责调节，并严格执行操作规程。

② 板式换热器压紧螺母与上下导杆应经常加润滑油（脂）进行润滑。

③ 定期检查各金属薄板清洗是否完善，是否附着有沉积物、结焦、水锈层等污垢，并及时进行清洗。同时，还要检查各金属薄板与密封垫圈的黏合是否紧密，密封垫圈本身是否完好，避免密封垫圈脱胶与损坏从而引起液体泄漏。

④ 如果需更换密封垫圈或修补脱胶部分，那么需要将该金属薄板取下，放在桌上，并将旧垫拆下，或者在脱胶处将金属薄板凹槽的胶水遗迹用细砂纸擦拭干净，再用四氯化碳或三氯乙烯等溶剂将凹槽内的油渍擦净，将新密封垫圈的背部用细砂纸擦毛，同样用四氯化碳或三氯乙烯溶剂把油渍擦净，在凹槽和密封垫圈背面均匀地、薄薄地敷上一层胶水，待胶水稍干一下（以不黏手指，但仍发黏为度），便将密封垫圈嵌入槽内，四周压平，敷上一层滑石粉，随即将金属薄板装在设备支架轻轻夹紧。

⑤ 更换金属薄板的密封垫圈时，必须将该段全部更新，以免造成各片间隙不均，影响传热效果。

⑥ 每次将金属薄板重新压紧时，必须注意上一次压紧时的刻度位置，切勿使密封垫圈压紧过度，从而降低密封垫圈的使用寿命。

一般在开始操作时，使用清水进行循环，可能会出现轻微的泄漏，但当温度升高到一定的程度时，泄漏将自行消失。如果泄漏仍不停止，必须将金属薄板再压紧一些。若仍不见效，必须重新打开检查密封垫圈的情况，也要注意是否发生金属薄板未按片上的号码顺序排列，如有此类现象，则应予以纠正。

2. 运行操作

① 根据冷却水水温的情况，只有当满足自然冷却条件时，才能按照规程正确开启板式换

热器。

② 板式换热器运行期间，每天定时监视其运行情况，如水压、水量、进出水温度，并做好记录。

③ 板式换热器运行期间，每月定期分析换热器进出口水质，防止换热器结垢，影响其换热效果。

④ 根据维护保养及检修需要，打开板式换热器，检查板片有无腐蚀、结垢情况，还要仔细检查是否有板片渗漏现象及胶垫老化现象。

⑤ 板式换热器在过渡季节和冬季运行时，应依据室外气象条件进行自然供冷与冷机供冷两种模式的切换。

⑥ 在板式换热器正常运行情况下，工作人员还要定期巡视检查板式换热器的压力降是否正常，温度和设计温度是否存在偏差，有无窜液、泄漏和渗水现象，水质是否达标。

⑦ 定期查询换热机组运行的相关系统数据，并及时调整运行参数从而保证设备的正常运行。

⑧ 对板式换热器也要做好预防性维护，如每半年分析换热效果，根据结果决定是否对板式换热器进行清洗；每半年检查板式换热器的板片情况，根据检查情况进行清洗或更换。

3. 常见故障及解决措施

板式换热器在开始运行一段时间后，会出现偏离设计工况的情况，进而会产生一些故障，运维人员要及时采取措施解决故障，保证数据中心其他设备正常运行。板式换热器在运行中常见的故障及解决措施见表 2-2-1。

表 2-2-1 板式换热器常见的故障及解决措施

序号	故障名称	故障原因	解决措施
1	换热效率下降	（1）板式换热器表面结垢 （2）板式换热器堵塞	（1）对板式换热器进行清洗、除垢 （2）清洗、疏通板式换热器，根据现场情况选择采用反冲洗或拆装清洗等手段
2	渗漏	（1）板片夹紧力不够 （2）密封垫片损坏 （3）安装时板片序号排错	（1）适当拧紧夹紧螺栓 （2）先检查，然后根据需要对密封垫片进行更换 （3）重新调整后安装
3	现场缺乏检修设备	在板式换热器使用过程中，板片发生变形、裂纹等故障时需要及时更换，但当使用现场没有足够的备件，也无备用换热设备，且又不能停机时，需要进行现场的简便处理	现场简便处理的方法是：将损坏的板片和生物安全柜中渗漏的板片成对地抽出（A 板+B 板），如果数量不太多，减少的流道数也不多，组装后可继续使用，对生产的影响不是很大

4. 应急案例

案例名称：板式换热器换热效率下降。

故障现象：板式换热器换热效果差。

故障应急：开启备用板式换热器或者直接开启冷机制冷。

故障分析：板片表面结垢，导致板式换热器性能下降。

故障解决：进行板式换热器清洗后，板式换热器恢复换热效果。

知识扩展：板式换热器板片的清洗方法有三种，即反冲法（不拆开清洗，也称为物理清洗，即高压水枪清洗）、手工清洗法（拆开清洗）和化学清洗法（不拆开清洗）。手工清洗法适用于换热器板片结垢厚度很薄而不溶于水的场合。拆开板片，用有压力的水或用带水的低压蒸汽逐片进行喷射冲刷；对于用水很难冲刷的沉积物，则可用鬃毛刷、软纤维刷来洗刷。化学清洗法适用于换热器板片表面（尤其是介质流动的死角处）有较硬的沉积物、氧化物或碳化物的场合，可根据换热器板片的材质采用不同的化学溶剂来清洗，如油类和脂质可以去除水乳化的油溶液，氢氧化钠可以去除有机物或脂类污垢，硝酸可以去除石灰石等污垢。有效的清洗剂能在不损坏板片和垫片的情况下迅速除污。

数据中心板式换热器常用的是在线清洗法，它无须打开板式换热器就可以去除污垢，延长板式换热器的使用寿命，使停运时间降到最短，有效控制成本。具体操作方法为：关闭板式换热器两端阀门，使用化学药剂在换热器内循环使污垢溶解，当 pH 值维持在某个固定数值不上升时，表明污垢已经清洗干净，即完成了清洗。清洗连接装置如图 2-2-5 所示。

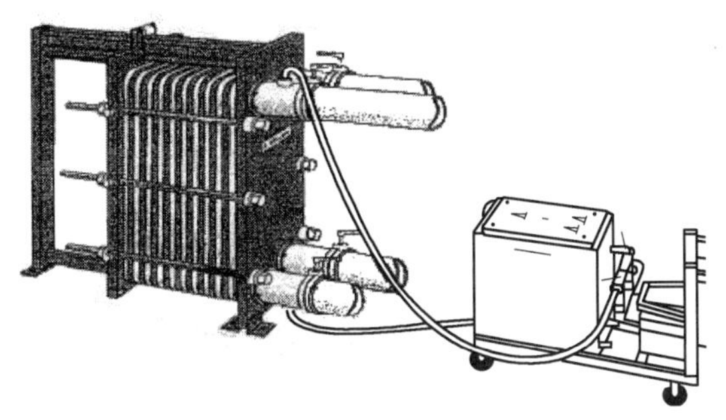

图 2-2-5　板式换热器在线清洗连接装置

单元三　循环水处理系统的设计与水质分析

一、循环水处理系统

冷却水在循环使用的过程中，经过冷却构筑物的传热与传质交换，循环水中的离子、溶解性固体颗粒、悬浮物的数量都会出现相应的增加；而且空气中的污染物如尘土、杂物、可溶性气体和换热器物料渗漏等也会进入循环水，致使微生物大量繁殖，导致循环冷却水系统管道产生结垢、腐蚀和黏泥，造成换热器的换热效率降低。所以采用循环冷却水处理系统的目的就是消除或减少结垢、腐蚀和生物黏泥等危害，使数据中心暖通系统稳定、可靠地运行。

目前，企业都会根据自身的循环水系统的特点和工艺条件，结合当地的水质特点，选择适合企业运行条件的水处理方案，通过采取加药等措施，控制循环水的指标在一定范围内，这样既可保证生产设备的长期运行，又可提高循环水的利用率。循环水处理技术不但可以给企业带来显著的经济效益，还可以为企业带来良好的社会效益。

1. 循环水处理系统加药装置

加药装置如图 2-3-1 所示，它是循环水处理系统的主要设备，通过加投药剂来维持和保证循环水的正常状态。药剂具有缓蚀、除垢、杀菌、灭藻等功能，但由于药剂生产厂家的不同，成分及配比浓度等不相同，具体的加药量需要药品厂家出具文件规定。

要想达到更好的使用效果，我们必须清晰地了解加投的药剂的作用与影响。

① 在防垢、防腐时，应选用合理的水处理药剂，保证设备不结垢和无腐蚀；

② 在杀菌、灭藻时，很多单位都定期投加杀菌灭藻剂，目前市面上常用的杀菌灭藻剂有的具有氧化性，有的无氧化性。因为氧化性的杀菌灭藻剂对系统中铁制设备具有腐蚀作用，长期加投会对系统运行安全性造成影响，所以在选择杀菌灭藻剂时要注意其氧化性的影响。

在选择防腐阻垢剂时，可选择能抑制细菌和藻类生长的药剂，这种做法称为杀菌灭藻式被动法。采用这样的方法，能起到防腐、阻垢、杀菌、灭藻多重功能，也就可以不投或少投杀菌灭藻剂。循环水系统中无垢、无腐蚀、不长细菌和藻类、无任何杂质，运行时可以实现节电 20% 以上。

在加投药剂的同时，也要注意调节循环水系统中的 pH 值。循环水系统中既有铜，又有铁，两种金属都要保护，就应该控制系统中水的 pH 值为 9～9.9。铁的钝化区 pH 值为 9～13，喜碱性，而铜怕碱，当 pH 值达到 10 时，铜开始腐蚀，故在铜与铁都共存的循环水系统中，要严格控制 pH 值为 9～9.9。这样做还有利于抑制细菌和藻类的生长。

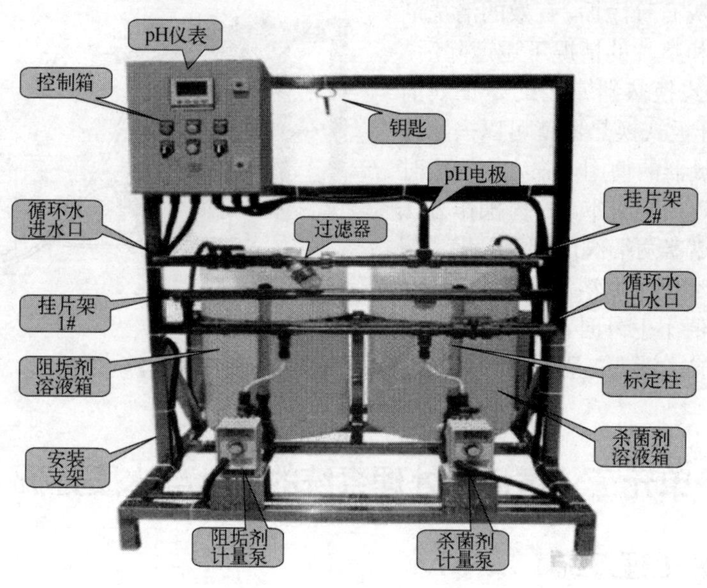

图 2-3-1 循环水处理系统加药装置示意图

2. 循环水自动加药装置

循环水自动加药装置如图 2-3-2 所示，它是一种全新概念的化学水处理用自动加药装置，目前已广泛应用于各种循环水处理系统中。它由计量泵、溶液箱、控制系统、管道、阀门等部分组成。在操作过程中需要掌握其设备特征和操作流程。

（1）循环水自动加药装置设备特征

① 运转平稳、能耗低、结构紧凑、造型美观、占地面积小、应用广泛。

② 全自动操作，操作方便，维护简单，给药能力强，给药数量易于调节。

③ 产品结构模块化、一体化。

④ 根据不同水质和用户的不同需要灵活配置各种方案。

⑤ 卫生易清洗，质量轻，环保可回收，耐腐蚀，耐冲击，耐冻结，耐高温，不含酸碱，不易老化。

⑥ 不同材料、不同等级的设备和配件可在国内外自行选择。

图 2-3-2 自动加药装置示意图

（2）加药装置操作流程

① 注意区分该装置的人工操作和自动操作两种方式。

② 当控制面板上的开关与手动挡块碰撞时，两台计量泵和排放开关需要手动操作。

③ 如果控制面板上的开关接触到自动变速器，两台计量泵和污染开关必须关闭。自动控制下泄流量，计量泵将自动停止工作，防止设备排污时使化学物质的流失。仔细观察电导率计

的调节过程。

④ 注意设备的工作指示灯和无水报警灯的亮灭。

⑤ 安全、可靠地接地并安装导电探头。

3. 循环水处理药剂

目前，水处理化学品应用广泛，主要使用在工业用水、城市/饮用水处理、污水处理和海水淡化中。在工业用水领域中，主要是使用在工业循环水处理及工业锅炉水处理；在城市/饮用水处理中，水处理药剂通常包括杀菌剂、灭藻剂、絮凝剂和缓蚀剂；用于污水处理的水处理化学品有絮凝剂、污泥脱水剂、消泡剂、络合剂、脱色剂等；海水淡化中使用的水处理化学品有反渗透阻垢剂、消泡剂、杀菌剂、灭藻剂、软化剂等。而在数据中心循环水处理中选用的药剂有氢氧化钠、三聚磷酸钠、次氯酸钠。

4. 循环水处理设备运行的日常管理

循环水系统转入正常运行后，在加热、蒸发和冷却过程中，冷却水逐渐浓缩，水质指标发生变化。运行的日常管理主要是根据水质的变化及时进行调整，每班定期对循环水进行分析，次日立即上报数据。

（1）钙硬度、总碱度

总碱度是控制循环水运行的一个指标，系统结垢的趋势可以通过控制浓缩倍数而不受其他外部因素的影响而得以体现。水中的 Ca^{2+}和 Mg^{2+}浓度之和也是循环水运行控制的重要指标。循环水钙硬度必须控制在所需配方范围内。如果水质条件发生变化，水稳定配方必须做相应调整。

（2）pH 值

循环水由于脱除冷却塔内的 CO_2，所以其 pH 值随浓缩倍数的增加而增加。在一定浓度范围内，循环水的 pH 值也趋于稳定。通常情况下，pH 值控制为 9～9.9。

（3）总磷及氯离子

通过循环水中总磷的测定，计算循环水中有机磷的含量。缓蚀型阻垢剂中含有有机磷酸盐，应根据系统总磷分析资料适当增减加药量。

循环水中 Cl^-浓度过高，会加速设备的腐蚀，尤其是不锈钢设备对 Cl^-非常敏感，所以在运行时要进行监控；循环水中 Cl^-的浓度一般不会发生变化，如果外界未引入氯离子，则可反映循环水盐度的变化，所以一般常用 Cl^-浓度来计算含盐量。

（4）黏泥

循环水系统因其适宜的温度和充足的通风、光照等条件，成为各种微生物生长的理想环境。在这个环境中，微生物的迅速繁殖是自然的。微生物的危害是多方面的，主要是生物黏泥危害。循环水系统中的黏泥是微生物活动引起的附着悬浮物的总称，生物黏泥一旦形成，就必须进行灭菌、清洗、剥离。

（5）浓缩倍数

鲜补水的含盐量与循环水的含盐量之间的比值叫作浓缩倍数，浓缩倍数是循环水的重要指标。由于盐度分析比较麻烦，在生产中选择循环水中难以消耗的离子的浓度和电导率代替盐度进行浓缩倍数的计算。举例来说，氯化物溶解度很高，循环水中没有沉淀，Cl^-的浓度不变，在外部没有引入氯离子时，则可以表示循环水中盐度的变化，因此浓缩倍数通常用 Cl^-浓度计算。一般而言，浓缩倍数小，耗水量大，排放量也大；浓缩倍数大，耗水量少，节省水处理费用。但是，过大的浓缩倍数会使循环水的硬度、总碱度和浊度升高得过高，水的结垢倾向增加，从而增加了控制腐蚀的难度，使水处理药剂在循环水系统中的停留时间增加而导致水解。所以，循环水的浓缩倍数值并非越大越好。

（6）细菌

为了共同控制循环水系统中菌藻的滋生，应坚持将氧化与非氧化灭菌剂交替使用。氧化灭菌剂有二氧化氯、TH-404、优氯净等；非氧化灭菌剂有异噻唑、TH-406、1227 等。

二、软化水装置

数据中心在长时间连续运行过程中，对水质也提出了很高的要求。因各地水质不一样，在循环水系统运行时所用的水中含有不少无机盐类物质，如钙盐、镁盐等。这些盐在常温水中肉眼无法发现，一旦水温升高，便会有不少钙盐、镁盐以碳酸盐的形式沉淀出来，它们紧贴设备壁面就会形成水垢。水垢的存在会对其他设备运行造成安全影响：减少热吸收，降低效率，增加运行成本；结垢导致设备壁温升高，破坏钢材应力，严重时还会出现爆裂现象，降低设备使用寿命；影响循环水品质，使水中钙、镁离子含量增加，易使附件设备如安全阀、压力表、压力控制器等结垢、堵塞。所以在数据中心运行过程中设置软化水装置，以保证水的品质，继而保障整个系统安全运行。

1. 软化水装置的组成

软化水装置是采用离子交换原理去除水中钙、镁等结垢离子，通常由控制器、树脂罐、盐罐等组成的一体化设备，如图 2-3-3 所示。其控制器可选用自动冲洗控制器、手动冲洗控制器，自动冲洗控制器可自动完成软水、反洗、再生、正洗及盐箱自动补水全部循环过程。树脂罐可选用玻璃钢罐、碳钢罐或不锈钢罐。盐罐内物品是食盐用于树脂饱和后的再生。

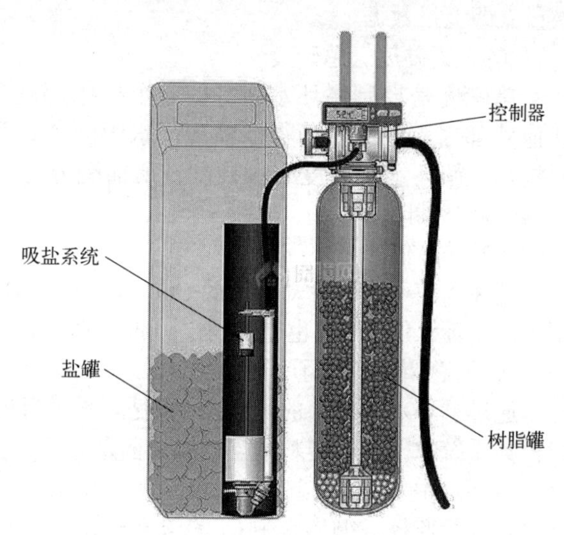

图 2-3-3　软化水装置组成示意图

2. 软化水装置工作原理

软化水装置，顾名思义，即降低水硬度的设备，主要是为了除去水中的钙、镁离子。软化水装置在软化水的过程中，不能降低水中的总含盐量。软化水装置主要的工作原理就是利用阴阳离子软化，使原水通过阴阳离子转化器，除去水中的钙、镁等离子，这样就可以有效地防止出水结垢。当原水流过树脂层时，离子交换树脂可以释放出钠离子，功能基团与钙、镁离子结合，这样可使水中的钙、镁离子含量降低，水的硬度下降，继而硬水变为软水，这就是软化水装置的工作过程。其工作流程包括：工作状态、反洗状态、再生状态、慢速清洗状态、快速清洗状态和盐罐注水状态，具体流程如图 2-3-4 所示。

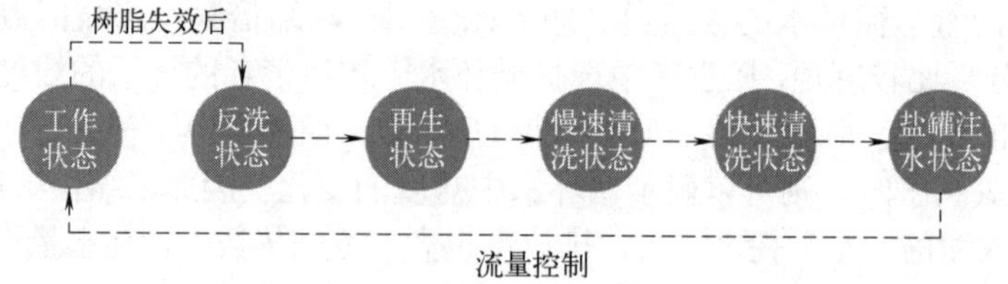

图 2-3-4　软化水装置工作流程示意图

① 工作状态：原水经过控制阀由上布水器进入树脂罐，经树脂层处理的水再通过底部的下布水器，沿着中心升降管向上流动，最后通过控制阀的出水口流出，如图 2-3-5（a）所示。

② 反洗状态：原水进入控制阀后沿着中心升降管向下，通过底部的下布水器经过树脂层向上，最后通过控制阀从排污口排出。其目的是松动树脂层，冲洗掉被树脂层拦截的悬浮物。这个过程一般需要 5～15min。

③ 再生状态：当树脂层上的大量功能基团与钙、镁离子结合后，树脂层的软化能力就会下降，此时可以将氯化钠溶液流过树脂层，溶液中的钠离子含量高，功能基团会释放出钙、镁离子而与钠离子结合，这样树脂层就恢复了交换能力，这个过程叫作“再生”。具体过程是：原水经吸盐管产生虹吸，带着再生还原剂（20%以上的饱和盐水）进入树脂罐，然后经过树脂层进入下布水器和中心升降管，再通过控制阀排污口排出（实际原水经与20%以上的饱和盐水混合后，盐水浓度为8%左右），如图 2-3-5（b）所示。这个过程一般需要 30min 左右，实际时间受用盐量的影响。

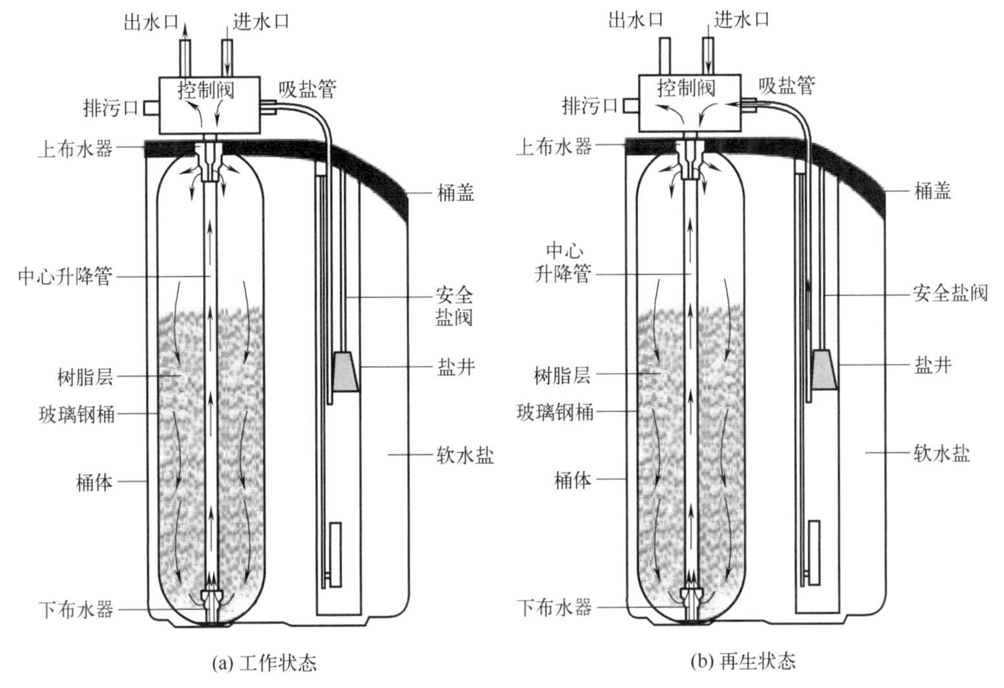

(a) 工作状态　　(b) 再生状态

图 2-3-5　软化水装置工作状态及再生状态工作过程示意图

④ 慢速清洗状态：在盐水流过树脂层以后，用原水以同样的流速慢慢将树脂层中的盐全部冲洗干净的过程叫慢速清洗，在这个冲洗过程中仍有大量的功能基团上的钙、镁离子被钠离子交换，很多人也将这个过程称作置换，这个过程一般与吸盐的时间相同，即 30min 左右。具体过程是：原水经过控制阀进入树脂罐，经树脂层处理过的水通过底部的下布水器，然后沿着中心升降管向上，再通过控制阀排污口流出。

⑤ 快速清洗状态：为了将残留的盐彻底冲洗干净，要采用与实际工作接近的流速，用原水对树脂层进行冲洗，这个过程称为快速清洗。这个过程的最后出水应为达标的软水，一般情况下，快速清洗过程为 5～15min。具体过程是：原水经控制阀进入树脂罐向下，经过树脂层后进入下布水器，沿中心升降管向上，最后通过控制阀排污口流出。

⑥ 盐罐注水状态：原水进入控制阀，经注水器向盐罐注水。

3. 软化水装置的装调要求

① 软化水装置必须放置于牢固的水平地面上，距排水沟的距离以短为佳，绝对禁止靠近酸性液体或气体。如需增加其他水处理设备（如过滤器、除氧器），应预留位置。

② 再生盐罐及树脂应尽量安放于交换柱的附近，为充分利用盐液，应尽量缩短吸盐管的尺寸。

③ 软化水装置投入使用前，其管道连接需要注意以下几点事项：系统的管道连接必须能够达到给排水管道施工标准；连接进、出水管时，一定要按照控制口径进行连接操作；进、出水管须安装手动阀门，同时应在进、出水管之间设计安装旁通阀门，从而便于检修，并且方便将设备焊接过程中的残留物排除出去；建议在软化水装置进水管安装 Y 形过滤器，同时应该在出水口安装取样阀，以便于取样检测；出水管的长度越短越好，同时最好不要安装各种阀门，还需要特别注意的是，在安装过程中，密封胶带只能使用聚四氟乙烯材质的；为防止出现虹吸现象，排水道水面与出水管之间应注意保持一定的空间距离；禁止将管道的应力、重力传给控制阀，所有管道之间必须独立安装支架。

4. 软化水装置的维护

（1）运行维护

软化水装置在运行过程中，应做好以下几方面的维护保养工作。

① 保证输入的电压、电流稳定，防止受潮和浸水，防止在盐阀上结生盐桥，防止电控装置烧损，电控装置外部应安装密封罩。

② 定期向盐罐内加固体颗粒食盐（严禁加精盐或加碘盐），必须保证盐罐内食盐溶液处于过饱和状态。加盐时要注意不要将固体颗粒食盐撒入盐井内，否则可能会堵塞吸盐管。由于固体颗粒食盐中含有一定量的杂质，大量的杂质会沉积在盐箱底部，堵塞盐阀，所以还要定期清洗盐罐底部的杂质。清洗时可打开盐罐底部的排污阀，用清水冲洗直至无杂质流出为止，盐罐的清洗周期应根据固体颗粒食盐的杂质含量来确定。

③ 定期检查吸盐管的气密性，防止漏气而影响再生效果。

④ 每年要将软化水装置拆卸一次，清理上、下布水器及石英砂垫层内的杂质，并检查树脂的损耗量和交换能力，更换老化严重的树脂。对于铁中毒的树脂，可用盐酸溶液进行“复苏”。

（2）停用保养

软化水装置在停用前应对树脂进行一次充分再生，并且将树脂转换成钠型并进行湿法保养。夏季停用时，每月应至少对软化水装置进行一次冲洗，防止交换罐内滋生微生物而使树脂发霉、结块。若发现树脂发霉，可用 1%甲醛溶液浸泡数小时，然后用水冲洗至无甲醛为止，以进行灭菌。冬季停用应采取防冻措施，防止树脂内的水分冻结而造成树脂胀裂破碎，可以把树脂储存于食盐水溶液中，食盐水的浓度要根据气温条件进行配制。

5. 软化水装置常见故障及解决措施

软化水装置在运行过程中出现的故障及解决措施，见表 2-3-1。

表 2-3-1 软化水装置常见故障及解决措施

序号	故障名称	解决措施
1	软水装置不再生	（1）检查供电是否正常，包括检查熔丝、插头、开关等 （2）重新设置时间 （3）检查或更换控制器 （4）检查或更换电动机

续表

序号	故障名称	解决措施
2	软水装置输送硬水	（1）关闭或检修旁通阀 （2）保证盐罐内有固体盐 （3）更换或清洗射流器 （4）检查盐罐注水时间 （5）确保中心升降管及O形圈未破裂 （6）检查维修阀体或更换 （7）正确设定及调整再生时间或周期制水量 （8）加树脂至适量，并找出树脂流失原因 （9）降低进水浊度或拆下流量计清洗或更换流量计
3	不吸盐	（1）提高进水压力 （2）检查管路，排除堵塞物 （3）清洗或更换射流器 （4）检查维修阀体或更换 （5）检查出水管路 （6）按说明书的要求选配射流器及排水限流圈
4	盐罐水过量或外溢	（1）重新设置盐罐补水时间 （2）检查射流器及吸盐管有无堵塞 （3）清洗盐阀及管路 （4）关闭进水阀，待来电后再开启或安装液位控制器 （5）检查维修液位控制器
5	树脂经出水管排出	（1）对系统进行排气 （2）更换布水器 （3）检查并调整排水流量
6	出水管中含盐水	（1）清洗或检修射流器 （2）检修盐阀或清洗杂物 （3）增加清洗时间

三、反渗透水处理器

各数据中心因各地水质不同，还需要对来水进行反渗透处理，以满足水质要求。反渗透（RO）技术于 1953 年在美国佛罗里达大学被 Reid 等人最早提出并用于海水淡化。1960 年时，美国加利福尼亚大学研制出了第一张可使用的反渗透膜。从此以后，反渗透膜材料从初期单一的醋酸纤维素非对称膜开始，发展到现在的由表面聚合技术制成的交联芳香族聚酰胺复合膜，其操作压力也扩展到高压、中压、低压和超低压。

反渗透技术是膜分离技术的一种，它利用反渗透膜在压力下使溶液中的溶剂和溶质分离的特性工作。反渗透是利用足够的压力使溶液中的溶剂（一般常指水）通过反渗透膜（一种半透膜）而分离出来，方向与渗透方向相反，可使用大于渗透压的反渗透技术进行分离、提纯和浓缩溶液。利用反渗透技术制成的反渗透设备，由于无须加热、能耗少、设备体积小、操作简单、运行稳定、适应性强，而且对环境不产生污染，所以广泛用于电子、医药、食品、轻纺、化工、发电等领域。

1. 反渗透装置

反渗透装置如图 2-3-6 所示，它是由预处理水箱、液位传感器、脱盐水箱、增压泵、高压泵及相关监测仪表等组成的。它可随时监测装置的运行压力、流量、电导率及增压泵和高压泵出口压力、浓水或淡水的压力等；也可根据预处理水箱及脱盐水箱液位自动运行；当系统配备有加药 pH 调节装置时，可自动控制加药装置及时、自动调节酸碱加入量；当系统发生故障及水箱液位、泵进出口压力超低值或超高值，进出水电导率超高值时，控制系统将发生声光报警并自动停机。

图 2-3-6　反渗透装置示意图

2. 反渗透原理

渗透是一种物理现象，它是指当两种含有不同盐类的水用一张具有半渗透性的薄膜分开时，含盐量低的一边的水分（低浓度）会透过薄膜渗透到含盐量高的水中（高浓度），而所含的盐分并不渗透，这样渗透一段时间后就会把两边的含盐浓度融合均匀。一般来说，水的流动方式是由低浓度流向高浓度，也就是“渗透”，但是当水加压之后，就会从高浓度流向低浓度，所以称为“逆渗透”，也叫“反渗透”。

反渗透装置的工作原理：利用最精密的膜法液体分离技术——反渗透法，在进水（浓溶液）侧施加操作压力以克服自然渗透压，当高于自然渗透压时，浓溶液侧的水分子自然渗透的方向就会逆转，反方向流动，进水侧的水分子部分会通过反渗透膜成为稀溶液侧的净化水，具体如图 2-3-7 所示。由于 RO 膜的孔径是头发丝的百万分之五（约 0.0001μm），一般肉眼无法看到的细菌、病毒是它的 5000 倍，因此，只有水分子及部分有益人体的矿物离子能够通过，其他杂质及重金属均由废水管排出。

利用反渗透技术可以有效地去除水中的溶解盐、胶体、细菌、病毒、细菌内毒素和大部分有机物等杂质。它无需化学药品即可有效脱除水中盐分，而且除盐率一般为 98%以上，所以反渗透装置在数据中心水处理过程中也得到了广泛应用。

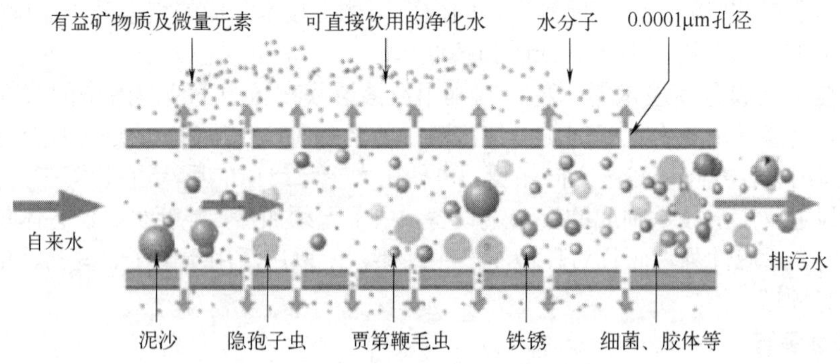

图 2-3-7　反渗透技术工作原理示意图

3. 反渗透装置操作运行

反渗透装置通常由原水预处理系统、反渗透纯化系统、超纯化后处理系统三部分组成。原水预处理系统的作用主要是使原水达到反渗透膜分离组件的进水要求，保证反渗透纯化系统的稳定运行；反渗透纯化系统是利用反渗透膜一次性去除原水中 98%以上的离子、有机物及100%的微生物（理论上）；超纯化后处理系统通过多种集成技术进一步去除反渗透纯化水中尚存的微量离子、有机物等杂质，以满足不同用途的水的最终水质指标要求。

使用反渗透装置时，更应注意原水的预处理。为了避免堵塞反渗透系统，原水应经过预处理，以消除水中的悬浮物，降低水的浊度。此外，还应进行杀菌，以防微生物的生长。预处理时应该考虑到进水的 pH 值，各种半渗透膜都有其最适宜工作的 pH 值，故需按反渗透膜的要求，调节进水的 pH 值。还应该考虑到进水的温度，膜的透水量是随水温的增高而增大的，但温度过高会加快醋酸纤维素膜的水解速度，并且会使有机膜变软、易于压实。所以，对于有机膜来说，通常将温度控制在 20～40℃范围内为宜，复合膜温度控制在 5～45℃范围内为宜。

反渗透装置在使用过程中要注意：膜管在槽上固定好后，无论有无槽液，应马上进水循环，以防膜面脱水干缩，损坏膜管；极罩工作时，一定要在膜管内充满水的情况下送电，向干燥的极罩送电会烧毁膜。

反渗透装置在维修过程中要注意：个别膜管渗漏来不及换修，关闭极液进口阀后，应切断电源，以防干烧电极；换修极罩时，必须先切断电源，以防触电；倒槽检修期间，不得停止极液循环，还必须用低压水冲掉膜面的浮漆，防止漆干涸后降低膜的效率；在反渗透设备的使用中应严格按照说明书操作，以防因操作失误而引起不必要的损失。

反渗透装置在使用过程中还要防止膜损坏，应做好维护保养。在正常运行一段时间后，膜元件会受到进水中可能存在的悬浮物或难溶物的污染。在标准条件下系统性能下降10%，或者明显发生结垢或污堵时，应及时进行清洗。定期地进行水冲洗和化学加药清洗可恢复膜元件的性能，延长膜元件的使用寿命。系统在短期停止运行期间，应每隔 5d 冲洗系统一次，冲洗后关闭阀门防止结垢堵塞。系统长期停运（30d 以上）时，添加1%亚硫酸氢钠溶液，以防止细菌繁殖。

4. 反渗透装置的清洗保养

反渗透设备的清洗有三种方式，即在线清洗、离线清洗和 EDI 清洗。

（1）在线清洗

在线清洗是指对反渗透装置整体进行清洗，膜元件不用拿出压力容器，通常用于较大系统中。此清洗方式操作简单方便、时间短，但容易造成清洗不彻底、效果不理想。当反渗透装置污染较轻时，可采用此方法。

（2）离线清洗

离线清洗是指将膜元件从反渗透的压力容器中卸下，装入专用清洗设备中进行清洗，通常一次清洗数量不超过 6 个。此清洗方式操作简单方便、清洗彻底、效果最佳，但膜元件较多时，清洗时间较长。当反渗透装置污染较严重或在线清洗效果差时，可采用此方法。

（3）EDI 清洗

EDI 模块通过电渗析技术和离子交换技术来对水质进行提纯，从而使产出的纯化水进一步提纯，达到超纯水的标准。使用超纯水的装置一般会在反渗透装置后再增设一个提纯模块，这就是 EDI 模块。随着工作时间的累积，需要对 EDI 模块进行清洗及消毒，这是因为：硬度提高或金属结垢主要产生在浓水室内；在离子交换树脂或膜上形成无机物污垢（例如，硅）；在离子交换树脂或膜上形成有机物污垢；EDI 模块和系统管道及其他部件有生物污垢。

5. 反渗透装置常见故障及解决措施

反渗透装置在运行过程中如果发生异常，应及时找出故障原因，并采取措施解决故障，以确保系统稳定运行，具体常见的故障及解决措施见表2-3-2。

表2-3-2 反渗透装置常见的故障及解决措施

序号	故障名称	故障原因	解决措施
1	开关打开，但设备不启动	(1) 电器线路故障、如熔丝损坏、电线脱落 (2) 热保护元件保护后未复位 (3) 水路欠压	(1) 检查熔丝和各处接线 (2) 复位热保护元件 (3) 检查水路，确保供水压力
2	设备启动后，进水电磁阀未打开	(1) 接线脱落 (2) 电磁阀内部机械故障 (3) 电磁阀线圈损坏	(1) 检查线路 (2) 拆卸电磁阀检修 (3) 修理或更换线圈
3	泵运转，但达不到额定压力和流量	(1) 泵反转 (2) 保安过滤器滤芯脏 (3) 泵内有空气 (4) 冲洗电磁阀打开	(1) 重新接线 (2) 清洗或更换滤芯 (3) 排除泵内空气 (4) 待冲洗完毕后调整压力
4	系统压力升高时，泵噪声大	(1) 原水流量不够 (2) 原水流量不稳	(1) 检查原水泵和管路 (2) 检查原水泵和管路是否有泄漏
5	冲洗后电磁阀未关闭	(1) 电磁阀控制元件和线路故障 (2) 电磁阀机械故障	(1) 检查、更换元件和线路 (2) 拆卸电磁阀修复或更换
6	欠压停机	(1) 原水供应不足 (2) 保安过滤器滤芯堵塞 (3) 压力调整不当，自动冲洗时造成欠压	(1) 检查原水泵和前处理系统是否在工作 (2) 清洗或更换滤芯 (3) 调整系统压力到最佳状态，使滤后压力维持在20psi（1psi=6.895kPa）以上
7	浓水压力达不到额定值	(1) 管道泄漏 (2) 冲洗电磁阀未全部关闭 (3) 回收系统泄漏	(1) 检查、修复管路 (2) 检查、更换冲洗电磁阀 (3) 检查、修复回收系统
8	压力足够，但压力显示不到位	(1) 压力表软管内异物堵塞 (2) 软管内有空气 (3) 压力表故障	(1) 检查、疏通管路 (2) 排除空气 (3) 更换压力表
9	水质变差	(1) 膜污染、结垢 (2) 膜接头密封老化失效	(1) 按技术要求进行化学清洗 (2) 更换O形圈或者更换膜
10	产量下降	(1) 膜污染、结垢 (2) 水温变化	(1) 按技术要求进行化学清洗 (2) 按实际水温重新计算产量

单元四 管道上的阀门常见故障分析

一、常用阀门与过滤器基础知识

1. 常用阀门基础知识

在流体系统中，阀门是用来控制流体的方向、压力、流量的装置；是使配管和设备内的介质（液体、气体、粉末）流动或停止并能控制其流量的装置；是管路流体输送系统中的控制部件。它用来改变通路断面和介质流动方向，具有导流、防止逆流、稳压、截止、调节、节流、止回、分流或溢流卸压等功能，广泛用于控制空气、水、蒸气、各种腐蚀性介质、泥浆、油品、液态金属和放射性介质等各种类型流体的流动。

下面着重介绍数据中心暖通系统中常见的阀门。

（1）闸阀

闸阀是指启闭体（闸板）由阀杆带动阀座密封面做升降运动的阀门（图 2-4-1），可接通或截断流体的通道。当阀门部分开启时，在闸板背面产生涡流，易引起闸板的侵蚀和振动，也易损坏阀座密封面，修理困难。闸阀通常适用于不需要经常启闭，而且保持闸板全开或全闭的工况。

闸阀在管路中主要作切断用，一般口径 $DN \geqslant 50mm$ 的切断装置多选用它，有时口径很小的切断装置也选用闸阀。闸阀具有流体阻力小、开闭所需外力较小、介质的流向不受限制、全开时密封面受工作介质的冲蚀比截止阀小、体形比较简单、铸造工艺性较好等优点。

（2）截止阀

截止阀是指阀瓣沿阀座中心线移动的阀门（图 2-4-2）。截止阀的启闭件是塞形的阀瓣，密封面呈平面或锥面，阀瓣沿阀座的中心线做直线运动。根据阀瓣的这种移动形式，阀座通口的变化与阀瓣行程成正比例关系。由于该类阀门的阀杆开启或关闭行程相对较短，而且具有非常可靠的切断功能，又由于阀座通口的变化与阀瓣的行程成正比例关系，非常适用于对流量的调节。

图 2-4-1　闸阀

图 2-4-2　截止阀

截止阀在管路中主要作切断用，使用较为普遍，但由于开闭力矩较大、结构长度较长，一般公称通径限制在 $DN \leqslant 200mm$ 以下。其具有在开闭过程中密封面的摩擦力比闸阀小、耐磨、开启高度小、只有一个密封面、制造工艺好、便于维修等优点。

（3）球阀

球阀是启闭件为球体的阀门（图2-4-3），由阀杆带动，并绕球阀轴线做旋转运动。它主要用来切断、分配和改变介质的流动方向，只需要用旋转90°的操作和很小的转动力矩就能关闭严密。其亦可用于流体的调节与控制，其中硬密封V形球阀的V形球芯与堆焊硬质合金的金属阀座之间具有很强的剪切力，特别适用于含纤维、微小固体颗粒等的介质。

球阀的优点：结构简单、体积小、质量轻、维修方便；流体阻力小，紧密可靠，密封性能好；操作方便，开闭迅速，便于远距离控制；球体和阀座的密封面与介质隔离，不易引起阀门密封面的侵蚀等。

（4）蝶阀

蝶阀是一种结构简单的调节阀（图2-4-4），可用于低压管道介质的开关控制。蝶阀由阀体、圆盘、阀杆和手柄组成。采用圆盘式启闭件，圆盘式阀瓣固定于阀杆上，阀杆转动90°即可完成启闭操作。同时在阀瓣开启角度为20°～75°时，流量与开启角度成线性关系，有节流的特性。

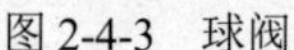

图 2-4-3　球阀

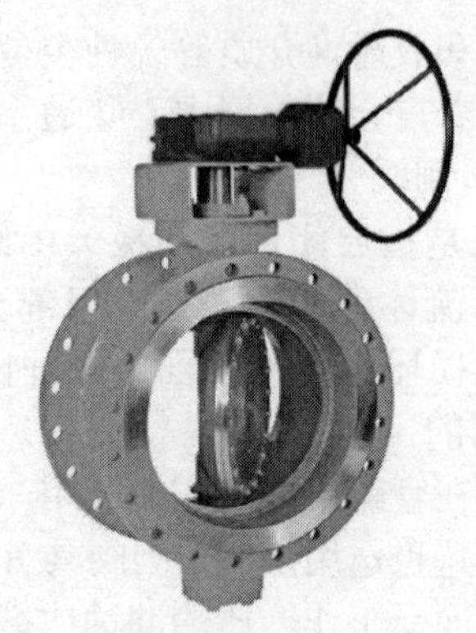

图 2-4-4　蝶阀

蝶阀是用圆盘式启闭件往复回转90°左右来开启、关闭或调节介质流量的阀门。其结构简单，外形尺寸小，结构长度短，体积小，质量轻，适用于大口径的阀门；全开时阀座通道有效流通面积较大，流体阻力较小；启闭方便、迅速，调节性能好；启闭力矩较小，由于转轴两侧蝶板受介质的作用力基本相等，而产生转矩的方向相反，因而启闭较省力；密封面材料一般采用橡胶、塑料，故低压密封性能好。

（5）止回阀

止回阀依靠介质本身流动自开、闭阀瓣，主要作用是防止介质倒流，防止泵及驱动电动机反转，以及容器介质的泄放。止回阀属于自动阀类，按照结构划分，可分为升降式止回阀、旋启式止回阀和蝶式止回阀三种（图2-4-5～图2-4-7）。

图 2-4-5　升降式止回阀

图 2-4-6　旋启式止回阀

图 2-4-7　蝶式止回阀

止回阀因结构不同而具有不同的特点。升降式止回阀的阀体形状与截止阀一样（可与截止阀通用），因此它的流体阻力系数较大。旋启式止回阀的阀瓣围绕阀座外的销轴旋转，应用较为普遍。蝶式止回阀阀瓣围绕阀座内的销轴旋转，结构简单，只能安装在水平管道上，密封性较差。

（6）平衡阀

平衡阀是一种具有特殊功能的阀门，阀门本身无特殊之处，只是使用功能和场所有所区别。在数据中心暖通系统中，由于介质在管道的各个部分存在较大的压力差或流量差，为了减小或平衡差值，在相应的管道或容器之间安设平衡阀。平衡阀又可分为静态平衡阀和动态平衡阀。

① 静态平衡阀。静态平衡阀是消除暖通系统静态水力失调，实现静态水力平衡的主要设备（图2-4-8）。其通过改变阀芯与阀座的间隙，调整阀门的阀门流通能力来改变流经阀门的流

动阻力，以达到调节流量的目的。其作用对象是系统的阻力，通过消除阻力不平衡的现象，从而将新的水量按照设计计算的比例平均分配，各支路同时按比例增减。

② 动态平衡阀。动态平衡阀是消除暖通系统动态水力失调，实现动态水力平衡的设备之一。其又可分为动态流量平衡阀和动态压差平衡阀。

动态流量平衡阀（图2-4-9）：可以根据系统压差变动而自动变化阻力系数， 在一定的压差范围内，可以有效地控制通过的流量保持一个常值，压差大时阀门自动关小保持流量不变，压差小时阀门自动开大。

图 2-4-8　静态平衡阀

图 2-4-9　动态流量平衡阀

动态压差平衡阀（图2-4-10）：利用压差作用来调节阀门的开度，利用阀芯的压降变化来弥补管道阻力的变化，从而使工况变化时能保持压差基本不变。它在一定的流量范围内，可以有效控制被控系统的压差恒定，压差增大时，阀门自动关小，保持系统压差恒定大；反之，当压差减小时，阀门开大，压差保持恒定。

（7）排气阀（图2-4-11）

当系统中有气体溢出时，气体会顺着管道向上爬，最终聚集在系统的最高点，而排气阀一般安装在系统最高点，气体进入排气阀阀腔聚集在排气阀的上部，随着阀内气体的增多，压力上升，当气体压力大于系统压力时，气体会使腔内水位下降，浮筒随水位一起下降，打开排气口，气体排尽后，水位上升，浮筒也随之上升，关闭排气口。同样的道理，当系统中产生负压，阀腔中水位下降，排气口打开，由于此时外界大气压力比系统压力大，所以大气会通过排气口进入系统，应防止负压的产生。拧紧排气阀阀体上的阀帽，排气阀停止排气。通常情况下，阀帽应该处于开启状态。排气阀也可以与隔断阀配套使用，以便于排气阀的检修。

图 2-4-10　动态压差平衡阀

图 2-4-11 排气阀

2. 常用过滤器基础知识

数据中心暖通系统中常见的过滤器有Y形过滤器、T形过滤器、篮式过滤器。

（1）Y形过滤器

Y形过滤器（图2-4-12）属于管道粗过滤器，可用于液体、气体或其他含大颗粒物介质的过滤，安装在管道上能除去流体中的较大固体杂质，使机器设备（包括压缩机、泵等）、仪表能正常工作和运转，具有稳定工艺过程、保障安全生产的作用。当流体进入置有一定规格滤网的滤筒后，其杂质被阻挡，而清洁的滤液由过滤器出口排出。当需要清洗时，只要将可拆卸的滤筒取出，处理后重新装入即可，因此使用、维护极为方便。

（2）T形过滤器

T形过滤器（图2-4-13）是除去液体中少量固体颗粒的小型过滤器，可保护设备的正常工作。当流体进入置有一定规格滤网的滤筒后，其杂质被阻挡，而清洁的滤液由过滤器出口排出。当需要清洗时，只要将可拆卸的滤筒取出，处理后重新装入即可，使用、维护极为方便。

图 2-4-12　Y 形过滤器

图 2-4-13　T 形过滤器

（3）篮式过滤器

篮式过滤器（图2-4-14）主要由接管、筒体、滤篮、法兰、法兰盖及紧固件等组成。当液体通过筒体进入滤篮后，固体杂质颗粒被阻挡在滤篮内，而洁净的流体通过滤篮，由过滤器出口排出。当需要清洗时，旋开主管底部螺塞，排净流体，拆卸法兰盖，清洗后重新装入即可。

图 2-4-14　篮式过滤器

二、阀门的维护与故障分析

1. 阀门的维护

为了保障管路系统运行的安全、高效和可靠，通过对阀门进行定期的维护与保养，可防止阀门损坏以及因阀门故障导致的事故，有效地提升管路系统的可用性和运行效益，延长使用寿命，节约运行成本。对于阀门的维护，可分为保管维护和使用维护。

（1）阀门维护的前提条件

管道阀门的各类故障会为运行带来极大的不安全因素，因此这种现象必须以在线阀门维护来消除，维护应该具备以下条件。

① 维护阀门前尽可能掌握有关管线及其特征的资料，并且查找出阀门的具体症状。

② 在开始对任何带压阀门进行作业时，需要从权威部门获得必需的危险作业许可证；同时获得安全工作许可证，这是处理任何阀门维护方面的问题和其他现场问题的先决条件，许可证是完成具体工作的正式批准；在作业之前也需要切断管路的授权；当要关闭或打开阀门时，需要获得开启或关闭阀门的许可授权。

（2）保管维护的内容

保管不当是阀门损坏的重要原因之一。

① 阀门保管不能乱堆乱垛，小阀门放在货架上，大阀门可在库房地面上整齐排列，不要让法兰连接面接触地面，保护阀门不致碰坏。

② 短期内暂不使用的阀门，应取出石棉填料，以免产生电化学腐蚀，损坏阀杆。

③ 刚进库的阀门要进行检查，如在运输过程中进了雨水或污物，要擦拭干净再予存放。

④ 阀门进出口要用蜡纸或塑料片封住，以防进去脏东西。

⑤ 对能在大气中生锈的阀门加工面涂防锈油加以保护。

⑥ 放置室外的阀门，必须盖上油毡之类的防雨、防尘物品。存放阀门的仓库要保持清洁、干燥。

（3）使用维护的内容

使用维护的目的在于延长阀门寿命和保证其启闭可靠。

① 阀杆螺纹经常与阀杆螺母摩擦，要涂一些黄油或石墨粉，起润滑作用。

② 不经常启闭的阀门，要定期转动手轮，对阀杆螺纹加润滑剂，以防咬住。

③ 室外阀门，要对阀杆加保护套，以防雨、雪、尘土锈污。

④ 阀门转动属于机械传动，要按时对变速箱添加润滑油并保持阀门的清洁。

⑤ 不要依靠阀门支持其他重物，不要在阀门上站立。

⑥ 阀杆，特别是螺纹部分，要经常清洁并添加新的润滑剂，并防止尘土中的硬杂物磨损螺纹和阀杆表面，影响使用寿命。

阀门日常维护要求见表2-4-1。

表 2-4-1 阀门日常维护要求

序号	维护周期	维护内容	维护标准
1	日常维护	阀体及附件的清洁，阀门开关指示牌、阀门编号牌的清洁	必须保持清晰可见
		检查支架和各连接处的螺栓	紧固
		法兰连接处的裸露在外的阀杆螺纹	宜用符合要求的机油进行防护，并加保护套进行保护
		检查阀门填料压盖、加油孔、加油孔螺母、放散球阀、放散球阀阀芯、丝堵、伸缩节、阀盖与阀体连接及阀门法兰等处有无泄漏。同时应注意整个阀体的防腐情况	无锈蚀和无渗漏
		检查异常的阀门、刚维修完的阀门、新更换的阀门、新增加的阀门	正常使用无泄漏
2	半年维护	对阀门的手动装置进行检查，启闭一次阀门	灵活、正常开启
		加润滑脂	传动部位加润滑脂
		打开排污口，对阀体进行排污	无污物

（4）阀门维护的注意事项

① 200℃以上的高温阀门，由于安装时处于常温，而正常使用后，温度升高，螺栓受热膨胀，间隙加大，所以必须再次拧紧，称之为“热紧”。操作人员要注意这一工作，否则容易发生泄漏。

② 天气寒冷时，如水阀长期闭停，应将阀后积水排除；汽阀停汽后，也要排除凝结水；阀底有如丝堵，可将它打开排水。

③ 非金属阀门，有的硬脆，有的强度较低，操作时，开闭力不能太大，尤其不能使猛劲。还要注意避免物件磕碰。

④ 新阀门使用时，填料不要压得太紧，以不漏为度，以免阀杆受压太大，加快磨损，而又启闭费劲。

2. 阀门常见故障分析

阀门是管路系统中不可缺少的重要部件，由于阀门使用数量众多、接触液体介质品种多、使用环境复杂，时常会出现故障。接下来介绍阀门在使用过程中常见的故障。

（1）填料函泄漏

填料函泄漏是跑、冒、漏的主要原因，在管道系统中经常见到。产生填料函泄漏的原因有下列几点：

① 填料与工作介质的腐蚀性、温度、压力不适应；

② 填料装填方法不对，尤其是整根填料盘旋放入，最易产生泄漏；

③ 阀杆加工精度或表面粗糙度不达标，或有椭圆度，或有刻痕；

④ 阀杆已发生点蚀，或因露天缺乏保护而生锈；

⑤ 阀杆使用过程中造成弯曲；

⑥ 填料使用太久已经老化。

（2）关闭件泄漏

通常将填料函泄漏叫作外漏，把关闭件泄漏叫作内漏，关闭件泄漏不易发现。引起关闭件泄漏的原因有以下几个：

① 密封面研磨得不好；

② 密封圈与阀座、阀板配合不严；

③ 阀板与阀杆连接不牢靠；

④ 阀杆弯扭，使上下关闭件不对中；

⑤ 关闭太快，密封面接触不好或早已损坏；

⑥ 材料选择不当，经受不住介质的腐蚀；

⑦ 将截止阀、闸阀用作调节，密封面经受不住高速流动的介质的冲击；

⑧ 某些介质，在阀门关闭后逐渐冷却，使密封面出现细缝，也会产生冲蚀现象；

⑨ 某些密封圈与阀座、阀板之间采用螺纹连接，容易产生氧浓差电池，从而腐蚀松脱；

⑩ 因焊渣、铁锈、尘土等杂质嵌入，或生产系统中有机械零件脱落堵住阀芯，使阀门不能关严。

（3）阀杆升降失灵

造成阀杆升降失灵的原因如下：

① 操作过猛使螺纹损伤；

② 缺乏润滑剂或润滑剂失效；

③ 阀杆弯扭；

④ 阀杆表面粗糙度不达标；

⑤ 阀杆与阀体配合公差不准，咬得过紧；

⑥ 阀杆螺母倾斜；

⑦ 材料选择不当，如阀杆与阀杆螺母为同一材质，容易咬住；

⑧ 螺纹被介质腐蚀（指暗杆阀门或阀杆在下部的阀门）；

⑨ 露天阀门缺少保护，阀杆螺纹粘满尘沙，或者被雨露霜雪等锈蚀。

（4）阀体开裂

阀体开裂一般是由冰冻造成的。天冷时阀门要采取保温伴热措施，否则停产后应将阀门及连接管路中的水排净（如有阀底丝堵，可打开丝堵排水）。

（5）手轮损坏

通常手轮损坏是由于撞击或对长杠杆猛力操作所致。只要操作人员或其他有关人员注意便可避免。

（6）填料压盖断裂

通常填料压盖断裂的原因是压紧填料时用力不均匀，或者压盖有缺陷。压紧填料，要对称地旋转螺栓，不可偏歪。制造时不仅要注意大件和关键件，还要注意压盖等次要件，否则影响使用。

（7）阀杆与闸板连接失灵

通常闸阀采用阀杆长方头与闸板T形槽连接的形式较多，T形槽内有时不加工，因此使阀杆长方头磨损较快，主要从制造方面来解决。但使用单位也可对T形槽进行补加工，让其有一定的光洁度。

阀门的部分常见故障和处理方法见表2-4-2。

表2-4-2 阀门的部分常见故障和处理方法

序号	故障	原因	处理方法
1	填料函泄漏	填料超期使用，已老化	应及时更换损坏、老化的填料，逐圈安放，接头呈30°～40°
		操作时用力过大	按正常力量操作，不许加套管或使用其他方法加长力臂
		填料压紧螺栓没有拧紧	均匀拧紧压紧螺栓
2	关闭件泄漏	阀门安装方向与介质流向相符	注意安装检查
		关闭不到位	重新调整执行机构上的调整螺栓，关严到位
		久闭的阀门在密封面上积垢	将阀门打开一条小缝，让高速流体把污垢冲走
		密封面轻微擦伤	调整垫片进行补偿
		密封面损伤严重	重新研磨，调整垫片进行补偿
3	法兰连接处泄漏	螺栓拧紧力不均匀	重新均匀拧紧螺栓
		垫片老化损伤	更换垫片
		垫片选用材料与工况要求不符	按照工况要求正确选用材料，必要时联系厂家，进行材料选择
4	手柄/手轮的损坏处泄漏	使用不正确	禁止使用管钳、长杠杆、撞击工具
		紧固件松脱	随时修配
		手柄、手轮与阀杆连接受损	随时修复
		不清洁镶嵌脏物，影响润滑	清除脏物、保持清洁、定期加油
5	阀杆传动咬卡	操作时有噪声	若操作时发现咬卡、阻力过大、不能继续操作，就应该立即停止，彻底检查

三、水系统管网

1. 水系统管网基础知识

数据中心是存储和处理大量数据的地方，需要大量的电力和冷却系统来保持其正常运行。传统的空气冷却系统已经无法满足数据中心的需求，水冷系统利用水来吸收和传递热量，从而降低数据中心的温度，是一种更加高效、可靠和节能的解决方案。数据中心冷却水系统一般采用开式系统，冷冻水系统一般采用闭式系统。

（1）开式系统的特点

① 开式系统有一个水箱，如图2-4-15所示，水箱有一定的蓄冷能力，可以减少冷冻机的开启时间，提高能量调节能力，让水的温度的波动小一些。

② 水与大气接触，循环水中含氧量高，易腐蚀管路。

③ 末端设备与冷冻站高差较大时，水泵则须克服高差造成的静水压力，增加耗电量。

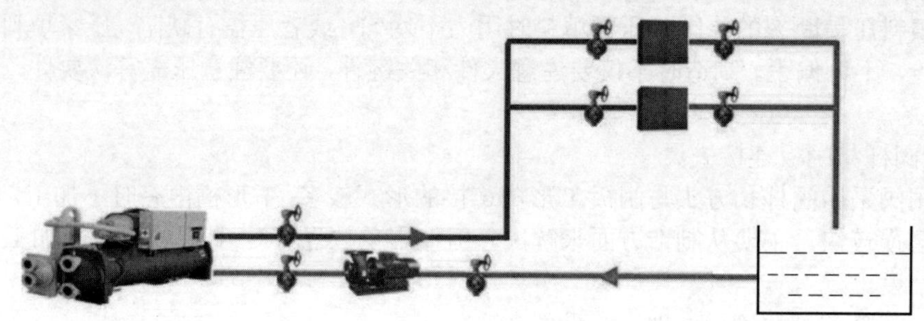

图 2-4-15　开式系统

（2）闭式系统的特点

① 管路不与大气相接触，仅在系统最高处设立膨胀水箱，水箱的水不参与循环，如图2-4-16所示。因为空气无法进入系统，所以管道与设备不易腐蚀，冷量衰减也较少。

② 不需要为高处设备提供静压，循环水泵的压头较低，从而水泵的功率相对较小。

③ 由于没有回水箱、不需要重力回水、回水不需要另设水泵等，因而投资少、系统简单。

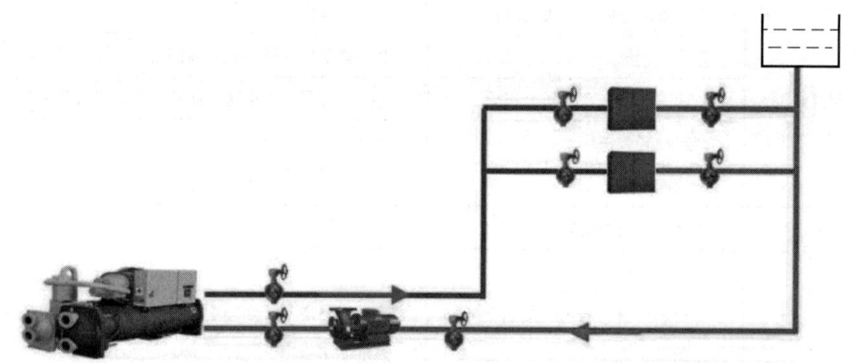

图 2-4-16　闭式系统

2. 水系统管网操作和运行

水系统的定压设备、补水箱、软化水箱、管道、阀门附件应进行日常巡检，巡检不应少于下列内容。

① 每天巡视管道、阀门等处有无漏水情况。

② 管道保温良好，管路、分集水器等表面无漏水和冷凝水现象。

③ 检查补水箱和定压膨胀设备运行是否正常，确保无漏水等异常情况。

3. 水系统管网维护

（1）维护目的

确保管网和系统高效、节能运行。

（2）维护内容

① 每天检查管道、阀门等处有无漏水情况；管道保温材料是否有鼓胀、漏水迹象。

② 每季度检查管道有无异常位移、下沉、弯曲和变形情况，发现情况及时上报。

③ 每季度检查阀门表面有无渗漏、锈蚀等异常情况，发现漏水情况及时处理；定期对阀门进行操作，确保启闭灵活。

④ 每季度检查管道法兰有无腐蚀、松动、漏水等异常情况。

⑤ 每季度检查水系统管路及各附件（软接管、止回阀、水处理器）是否外表整洁美观、无裂纹，连接部分是否无渗漏，发现问题及时处理。

⑥ 每年对水系统管路和阀门去锈刷漆，保证油漆完整无脱落；保温层破损的，及时进行修补。

⑦ 每季度检查管网吊支架安装是否牢固，有无脱离、变形等异常情况；检查管道木托有无腐蚀变形等异常情况。

⑧ 每月检查冷却水是否清洁，根据需要进行更换；定期进行水质分析，根据需要进行水质处理，如定期加入杀菌灭藻剂、阻垢剂和缓蚀剂等。

⑨ 每季度检查冷冻水系统软化水水质情况，检查软化水系统。

⑩ 每月检查膨胀水箱（定压系统），水应干净，箱体无积垢，水箱水位应适中，无少水和溢水现象。

⑪ 每月检查压力表和温度计指示是否准确，表盘需清晰，损坏的及时进行更换。

⑫ 每月检查冷却塔和膨胀水箱补水浮球阀是否正常。

⑬ 每季度清洗水系统管路上的过滤器（过滤器两端压差不宜超过0.05MPa）。

⑭ 冬季室外管路要采取防冻措施。

⑮ 环网和分水器、集水器上的压力表及温度计计量准确。

⑯ 膨胀水箱水质干净，箱体无积垢。

⑰ 每年进行管网泄漏和停水应急演练。

⑱ 空调水系统阀门、管道宜每年进行一次预防性维护，维护不应少于表2-4-3所列内容。

表 2-4-3　空调水系统阀门、管道预防性维护内容

维护项目	维护内容	维护周期
空调水系统	（1）检查冷却水水质，根据需要进行水质处理和水更换，根据需要加药；检查定压膨胀水箱工作是否正常 （2）检查压力表、温度计、放空阀是否正常，损坏的及时更换 （3）检查膨胀水箱补水装置是否正常	月
	（1）清洗水管管路上的过滤器 （2）检查管道是否正常，有无渗漏现象 （3）检查阀门工作情况，对涡轮机构进行润滑 （4）检查定压膨胀设备相关阀门、仪表、配套水泵工作有无异常情况	季度
	（1）检查水系统阀门工作是否正常，对阀门进行保养 （2）对水管管路和阀门去锈刷漆 （3）冬季采取防冻措施	年

4. 水系统管网故障及处理

（1）主管道爆裂

故障现象：主管道爆裂并严重漏水，如图2-4-17所示。

应急措施如下所述。

① 应迅速对系统进行紧急补水，同时关闭漏点前后阀门，隔离爆裂点，根据现场情况判断是否需要关闭机组和冷冻水、冷却水水泵。

② 现场用沙包拦住电梯口和相应的走廊口，防止水浸入电梯井和相邻机房，并将水引入地漏。

③ 在漏水点制作挡水板并进行必要的固定，或者对可能被水流喷溅的设备进行覆盖，防止水流喷溅到电气设备上。

④ 打开排污阀或泄压阀卸压排水，关注污水泵排水是否正常，如果发现集水坑水位过高，则适当降低排水速度。

⑤ 及时组织人员进行抢修。

（2）空调机房管道（或软接头）破裂

故障现象：发现空调机房内管道（或软接头）破裂，如图2-4-18所示。

应急措施如下所述。

① 应迅速对系统进行紧急补水，关断漏点前后阀门，根据现场情况判断是否需要停止冷却水机组和循环水泵运行；将配电房内可能受漏水影响的机组的电源断开，防止电气短路，注意操作过程中要防止冷机换热管发生冻结等事故。

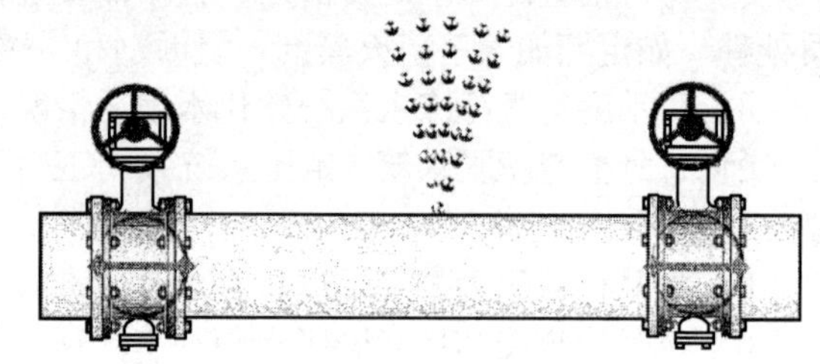

图 2-4-17　主管道爆裂

② 将破裂管道（或伸缩节上）的阀门关闭。

③ 在裂口制作挡水板并固定，防止水流向四周喷溅；用沙包拦住附近楼梯间门口以防浸水；开启机房内对应管道底部的排水口进行排水。

④ 漏水停止后，启动供冷方案，开启备用泵和冷水机组。

⑤ 组织人员进行现场抢修。

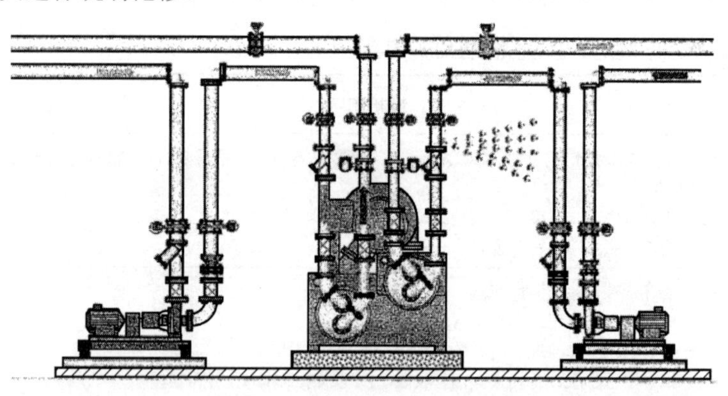

图 2-4-18　空调机房管道破裂

（3）自来水管爆裂

故障现象：自来水管受外力发生爆裂。

应急措施如下所述。

① 关闭主供水管上的阀门。

② 联系供水公司进行抢修。

③ 启用应急供水方案。

（4）末端管道漏水

故障现象：末端管道漏水。

应急措施如下所述。

① 停止该末端设备运行，并将可能受漏水影响的末端设备的电源断开，防止电气短路。

② 关闭末端管路进出水阀门，在裂口制作挡水板并固定，防止水流向四周喷溅。

③ 用沙包等堵漏设备拦住附近楼梯间门口以防浸水，开启机房内对应管道底部的排水口进行排水。

单元五 通风及空调设备及维护

一、气流组织分析及优化

数据中心运行着大量的计算机、服务器等电子设备，这些设备发热量大，对环境温湿度有着严格的要求。为了能够给数据中心提供一个长期、稳定、合理、温湿度分布均匀的运行环境，在配置机房精密空调时，通常要求冷风循环次数大于30次，机房空调送风压力达到75Pa，以移除数据中心主设备和配套设备运行时产生的热量，精确调节机房内空气的温度、湿度、洁净度等，满足设备内电子元器件可靠工作的要求，从而保证数据中心及各类设备的稳定运行。

1. 气流组织分析

按照送、回风口布置位置和形式的不同，可以有各种各样的气流组织形式。精密空调常用送回风方式大致可以归纳为上送风风道送风、上送风风帽送风、地板下送风。

（1）上送风风道送风

上送风道送风机组经过风道由顶棚上的空调风口往下送冷空气，至室内先与机房内的空气混合，通过设备自带的风机，进入需要送风冷却的计算机设备。机房顶棚安装散流器或孔板风口用于送风，顶棚风口送下的冷空气与机柜顶上排出的热空气逆向混合，可移除机柜等设备运行时产生的热量（图2-5-1）。

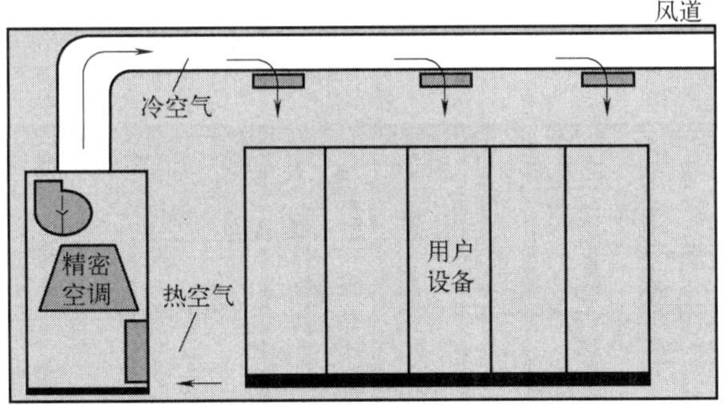

图 2-5-1 上送风风道送风

上送风风道送风的特点如下所述。

① 送风距离远，送风均匀。

② 造价高，工程复杂。

③ 机房层高要足够高（风管厚500mm）。

④ 适合空调要求较高或无条件采用风帽送风的大、中型机房。

（2）上送风风帽送风

上送风风帽送风机组（图2-5-2）的安装较为简单、整体造价较低，对机房的要求也较低，所以在中小型机房中采用较多。上送风风帽送风机组的有效送风距离较短，有效距离约为15m，两台对吹也只能达到30m左右，而且送回风容易受到机房各种条件（如走线架、机柜摆放、空调摆放、机房形状等）的影响。

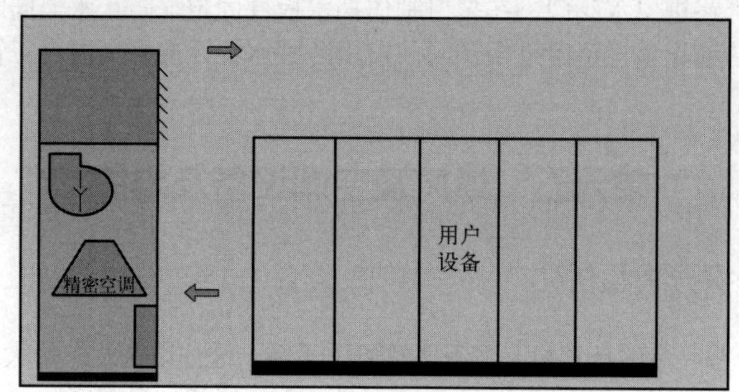

图 2-5-2　上送风风帽送风

上送风风帽送风的特点如下所述。

① 施工简单，造价低。

② 送风距离较近，CM+机组一般不超过25m。

③ 温度场均匀性欠佳。

④ 噪声较大。

⑤ 适合单机送风距离<25m的中小型机房。

（3）地板下送风

地板下送风方式是目前数据中心空调制冷送风的主要方式，通过在数据中心机房内铺设架空高度为500～800mm的静电地板将机房专用空调的冷风送到静电地板下方。为了气流组织的合理性，机柜采用面对面、背对背的冷热气流分离方式，即冷热通道方式，如图2-5-3所示，也可以对冷热通道进行隔离或封闭。为了提升气流均衡性和降低风机功耗，地板下断面风速控制在2.5m/s以内。

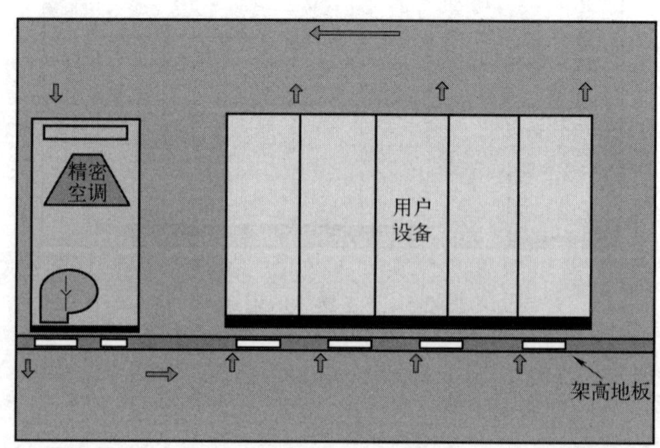

图 2-5-3　地板下送风

地板下送风的特点如下所述。

① 地板下空间相当于静压箱，送风均匀。

② 机房温度场均匀、稳定。

③ 机房内要有静电地板，而且高度一般不低于300mm。

④ 静电地板造价较高。

⑤ 地坪一般要做保温处理。

2. 气流组织的优化

机房在使用过程中，受各种因素制约，造成机房气流组织不合理、不通畅。优化气流组织，目的是将冷热空气有效地隔离，将冷空气顺利地送入通信设备内部进行热交换，将交换产生的热空气送回空调机组，尽可能用最少的能量移除最多的设备散热量。通过优化机架摆放、分配空调设备布局、封闭冷/热通道、利用机柜背板制冷等方法进行气流组织的优化。

（1）优化机架摆放

现在大多数的服务器设计为正面进风、背面排风。这种设计可以使设备机架通过正确摆放来形成冷/热通道。各排机架相对而立，对立排放的机架正面从同一通道（冷通道）进风，排出的热风进入热通道，提高了精密空调的回风温度及机组制冷效率。这种方法在冷热隔离时最为有效，因此应该移走热通道的孔板，只在冷通道使用孔板。机架中的闲置空间应安装挡板，防止冷热空气混合短路。

（2）分配空调设备布局

使用分配空调设备布局方法时，计算机机房空调（computer room air conditioner，CRAC）风口应始终与热通道相互垂直，以减少冷热空气混流。封闭冷通道的主要作用是减少冷热风相互渗透，提高空调的冷却效率，在节能上可有所改善，比较适合中密度、机柜数多的大中型机房。

（3）封闭冷/热通道

为了解决数据中心机房设备发热密度高、电能耗大、机房和机柜空间不足，以及局部热岛冷热空气直接混合等问题，满足数据中心的散热需求，减少冷量的浪费，数据中心可使用冷通道系统，不仅能在很大程度上提升数据中心的散热能力，而且可以充分利用机房与机柜空间。

数据中心气流组织紊乱、冷热气窜流，使冷气无法有效利用，导致数据中心能耗很高。将冷通道与热通道进行隔离，不但可以避免出现高温或局部过热情况、减少能源损耗，而且能以按需送风的方式有效节约电能。

（4）利用机柜背板制冷

这种方法是在机柜的后门处安装冷却背板，将机柜排出的热风就地冷却，机柜发热量大则冷却量大，机柜发热量小则冷却量小，按需供冷，配合服务器虚拟化运行，节能效果最好。其适合中高密度、机柜数多、服务器虚拟化运行的大中型机房。

二、精密空调及维护

数据中心精密空调是针对现代电子设备设计的专用空调，主要由压缩机、冷凝器、膨胀阀和蒸发器组成。由于机房中摆放的计算机设备及程控交换机等都是由大量密集电子元件组成的，要提高这些设备使用的稳定性及可靠性，需要将环境的温度、湿度严格控制在特定范围。精密空调可将机房温度精确控制于±1℃，具有高可靠性，可保证系统终年连续运行，并且具有可维修性、组装灵活性和冗余性。

1. 数据中心精密空调分类

数据中心常见的精密空调有风冷型精密空调、水冷型精密空调、冷冻水型精密空调和多联机空调系统（VRV）。

（1）风冷型精密空调

风冷型精密空调机组的制冷系统由蒸发器、压缩机、冷凝器等制冷管路组成（图2-5-4）。工作时，室内空气穿过机组内部风道进行循环，将远端的风冷冷凝器与室内风机相连接，整个制冷循环在一个封闭的系统中进行，从而吸收房间中的热量并排放到室外大气中。

风冷型精密空调具有以下优点：

① 直接蒸发制冷循环，没有冷冻水系统和冷却水系统。

② 每个机组都有自带的压缩机，可以在每个机房实现N+1的备份方式。

③ 安装相对简单。

④ 室外机安装分散，不需要特别考虑室外机承重问题。

⑤ 日常维护相对简单，不需要考虑水系统。

风冷型精密空调具有以下缺点：

① 对于大型数据中心，每个机组、压缩机制冷系统均需要一套制冷铜管连接，工程量大。

② 室内机、室外机之间的距离受到限制，当量长度大于50m时，效率会有较明显的降低。

③ 大型数据中心室外机数量较多，占地面积要相对大一些。

④ 制冷效率低，低于水冷型精密空调。

（2）水冷型精密空调

水冷型精密空调机组的制冷系统由蒸发器、压缩机、换热器等制冷管路组成（图2-5-5）。室内空气通过蒸发器盘管循环，水冷机组内部安装有板式冷凝器，将实现房间热量与水（或乙二醇溶液）之间的热交换。该冷凝器的液体作为二级传热媒介，被抽到远处安装的空气冷却式干冷器或冷却塔，热量在那里最终排到大气中。

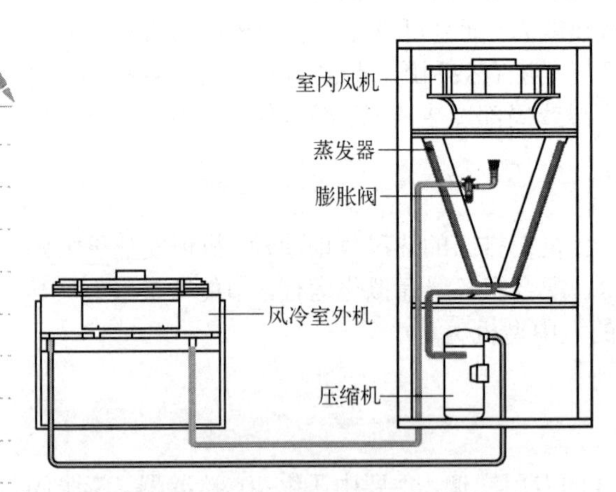

图 2-5-4 风冷型精密空调机组

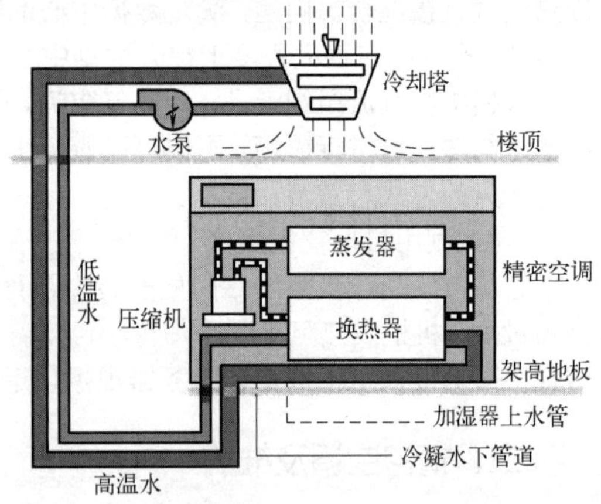

图 2-5-5 水冷型精密空调机组

水冷型精密空调具有以下优点：

① 每个机组的冷凝器、蒸发器均在室内机内部，制冷循环在机组内部完成，制冷效率相对风冷机组高。

② 不需要室内机、室外机的连接铜管，只需要一组冷却水管道就可以将所有的机组连接在一起，在大型数据中心系统中，工程量能相对减少，不存在室内机、室外机之间距离的限制。

③ 可以采用几组较大的室外干冷器做N+1备份工作，在大型数据中心中占地面积相对较小。

④ 扩容方便。初期设计时留好接口，不需要在投入使用后需要扩容时再寻找室内机、室外机通道。

⑤ 水循环管道不需要太厚的保温措施，节省通道空间。

水冷型精密空调具有以下缺点：

① 数据中心内部带有水循环系统，对精密空调相连接的管道有极高的要求，同时需要设置防漏水检测系统和采取防护措施。

② 施工工程相对复杂，需要由具有压力管道施工资质的工程队完成。

③ 日常维护的工作较风冷型复杂，对水质的要求相对较高，故障率和维护成本较高，单点故障出现较多，需考虑冗余设备。

④ 节能效果有限，在中小机房使用时能耗较高，在大型机房中使用时较风冷型精密空调能耗低，但较冷冻水型精密空调能耗高。

（3）冷冻水型精密空调

冷冻水型精密空调机组（图2-5-6）将室内空气通过冷冻水盘管，直接将热量传递到冷冻水系统。在专用空调机组中央控制器的控制下，水流量通过一个两路或三路制冷水阀门进行调节，精确地保持机房的气温状态。采用独立的风冷冷水机组提供冷源时，宜采用N+1备份方式，以提高整个系统的运行保障能力。

冷冻水型精密空调具有以下优点：

① 集中制冷，制冷效率最高，运行费用最低。

② 不需要室内机、室外机的连接铜管，只需要一组冷却水管道就可以将所有的机组连接在一起。

③ 在大型数据中心系统中，工程量能相对减少，室内机价格非常低，整体造价低。

④ 不存在室内机、室外机之间距离的限制。

⑤ 可以用几组冷水机组做N+1备份，占地面积相对小。

冷冻水型精密空调具有以下缺点：

① 数据中心内部带有水循环系统，需要设置防漏水检测系统和防护措施。

② 施工工程需要由有压力管道施工资质的工程队完成。

③ 日常维护的工作复杂，需要专门的冷水机组维护人员。

（4）多联机空调系统（VRV）

多联机空调系统（VRV）（图2-5-7）全称是变制冷剂流量多联式空调系统，是通过控制压缩机的制冷剂循环量和进入室内换热器的制冷剂流量适时满足室内冷、热负荷要求的直接蒸发式高效率制冷系统。打破传统的中央空调设计理念，人们开发出了多台室外机组合连接多台室内机的制冷、制热系统，使设计、安装、运行及维护管理更为方便、简单，能根据不同的需求灵活划分系统且各房间可独立调节，广泛应用于写字楼、商场、医院、场馆、学校等各种场合。

多联机空调系统具有以下优点：

① 采用一次换热的直接蒸发式空调系统，即冷媒在室外机经压缩后，直接通过室内机与室内侧空气进行热交换，因此系统更加节能、高效。

② 与传统的中央空调相比，系统构成简单，设计简便灵活。

③ 采用先进的冷媒管运输空调冷、热量，所需安装空间小，并减少了漏水隐患。

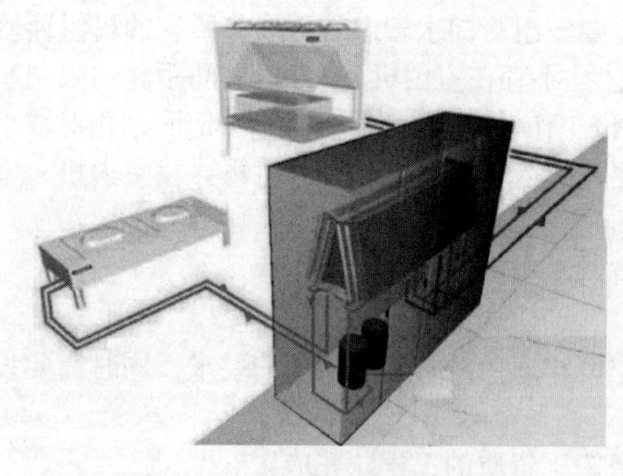

图 2-5-6　冷冻水型精密空调机组

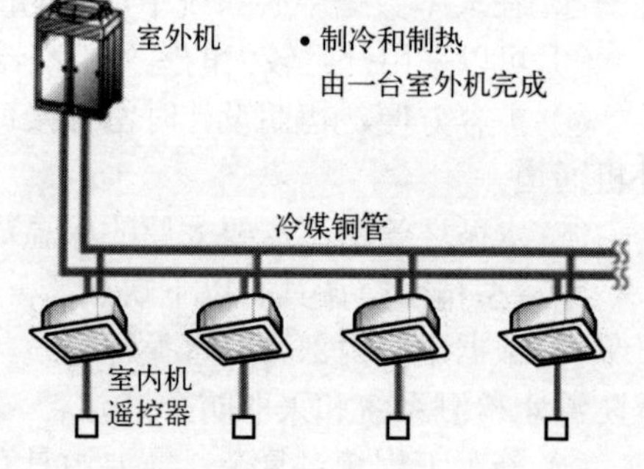

图 2-5-7　多联机空调系统

④ 多联机空调系统对层高的要求低，更节省吊顶空间。

⑤ 施工周期缩短，减少了人力、物力。

⑥ 多联机系统可配合智能集中控制系统使用，既可实现单独管理，又可实现集中管理，各房间可独立调节，能满足不同房间、不同空调负荷的需求。空调使用更节能，运行更可靠。

多联机空调系统具有以下缺点：

① 该系统控制复杂。

② 对管材材质、制造工艺、现场焊接质量等要求非常高。

③ 初期投资比较高。

2. 精密空调的日常维护

（1）控制系统的维护

① 检查空调系统显示屏上的各项功能及参数是否正常。

② 如有报警的情况，要检查报警记录，并分析报警原因。

③ 检查温度、湿度传感器的工作状态是否正常。

④ 日常巡检时，要对比近两天同一时段的参数，根据参数的变化可以判断 IT 设备运行状况是否有较大的变化，以便合理地调配空调系统的运行台次和调整空调的运行参数。

（2）压缩机的巡回检查及维护

① 通过听压缩机的运转响声是否均匀且有节奏来判断压缩机的内部机件或气缸的工作情况。

② 通过触摸感觉压缩机的发热程度判断是否在超过规定压力、规定温度的情况下运行压缩机。

③ 通过从视夜镜观察制冷剂的液面判断是否缺少制冷剂。

④ 通过测量压缩机在运行时的电流、吸排气压力及吸排气温度，比较准确地判断压缩机的运行状况。

（3）冷凝器的巡回检查及维护

① 检查冷凝器的固定情况，查看冷凝器的固定件是否有松动的迹象，以免对冷媒管线及室外机造成损坏。

② 检查冷媒管线有无破损的情况，尤其是气温较低时检查冷媒管线的保温状况。

③ 检查风扇的运行状况。主要检查风扇的轴承、底座、电动机等的工作情况，在风扇运行时是否有异常振动，扇叶在转动时是否在同一个平面上。

④ 检查冷凝器是否脏堵，检查冷凝器的翅片有无破损的状况。

⑤ 检查冷凝器工作时的电流是否正常，检查风扇的工作情况是否正常。

⑥ 检查调速开关是否正常，查看是否在规定的压力范围内，调速开关能否正常控制风扇的启动和停止。

（4）蒸发器、膨胀阀的巡回检查及维护

① 检查蒸发器盘管是否清洁，是否有结霜的现象出现，以及蒸发器排水托盘排水是否畅通。

② 检查膨胀阀的开启量是否合适。

（5）加湿系统的巡检及维护

① 观察加湿罐内是否有沉淀物质，如有，需要及时冲洗，否则容易在电极上结垢从而影响加湿罐的使用寿命。

② 检查上水和排水电磁阀的工作情况是否正常。

③ 检查加湿罐排水管道是否畅通，以便在需要排水和对加湿罐进行维修时能顺利操作。

④ 检查蒸汽管道是否畅通，保证加湿系统的水蒸气能够正常为计算机设备加湿。

⑤ 检查漏水探测器是否正常，如果漏水探测器不正常，容易出现事故。

（6）空气循环系统的巡回检查及维护

① 检查空调过滤器是否干净，若不干净，应及时更换或清洗。

② 检查风机各部件的紧固情况及平衡，检查轴承、皮带、共振等情况。

③ 测量电动机运转电流，查看是否在规定的范围内，根据测得的参数也能够判断电动机是否正常运转。

④ 测量温度、湿度值，与面板上显示的值进行比较，如有较大的误差，应进行温度、湿度的校正。

3. 精密空调常见故障及解决方法

精密空调常见故障及解决方法见表 2-5-1。

表 2-5-1 精密空调常见故障及解决方法

常见故障	解决方法
制冷剂泄漏	对系统重新抽空并检查漏点以及灌注制冷剂
低压压力控制器失灵造成控制精度不够	修理、更换低压压力控制器
低压延时继电器调定不正确，或低压启动延时短	重新调定低压延时继电器
热力膨胀阀失灵或开启度小	加大热力膨胀阀的开启度或更换膨胀阀
风道系统故障，引起蒸发器不能充分蒸发	检视风道系统情况，将风量调节到正常范围
制冷剂灌注量太少	向系统补充制冷剂，使压力控制在 60～70psi（1psi=6895Pa）
系统内某处堵塞或节流	对阻塞处进行清理，如干燥过滤器堵塞，应更换
低压设定值不正确	重设低压保护值，并检查实际值

三、新风系统（通风）及维护

数据中心机房终年需要在恒温、恒湿的条件下运行，但计算机设备在运行中会产生大量的热量，同时对空气的洁净度也有极高的要求，如果机房内空气中含有太多杂质，可能导致静电放电问题，最终可能会损坏元器件。通过注入洁净的新鲜空气，替换机房内的空气，可使机房室内空气质量得以改善。同时，机房内保持一定的新风量，还可以维持机房的正压状态，从而将机房内部的尘埃排出机房，也防止室外的尘埃通过机房的空隙进入机房，影响机房的洁净度。

简单来说，新风系统有两个作用：一是为保持机房室内正压、补偿机房室内排风及保障工作人员健康而进行空气补充；二是提供足够的新风量并进行新风净化处理。

1. 新风系统的组成

数据中心新风系统包括风机系统、空气过滤系统和空气调节系统三个组成部分（图2-5-8）。

① 风机系统：该系统由空气处理机组、供风机组、送风管道和回风管道等部件组成。当新风系统启动时，风机将外部新鲜空气吹送到数据中心，使空气流动起来。

② 空气过滤系统：新风系统的空气过滤系统能够过滤掉空气中的灰尘、细菌、病毒等，从而保证空气的质量。空气过滤系统由初效过滤器和高效过滤器组成。

③ 空气调节系统：新风系统的空气调节系统的作用是保证空气的湿度和温度适宜。空气调节系统由加湿器和冷却器组成。

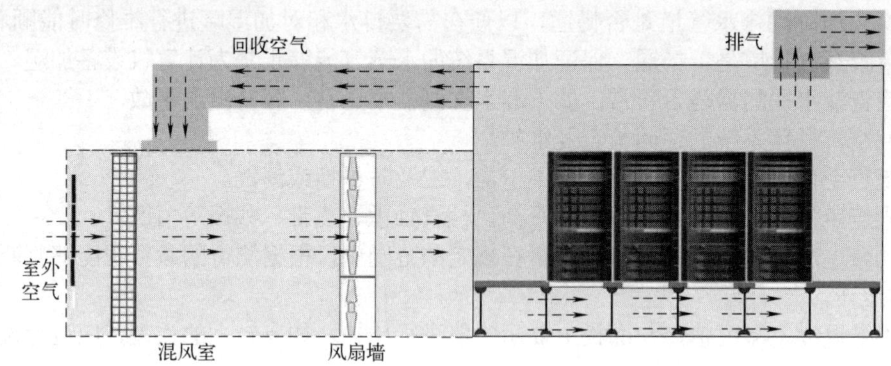

图2-5-8　新风系统工作原理

2. 新风系统的优缺点

（1）新风系统的优点

① 高效新风换气。新风送入每个分隔区域，回风由走廊等公共区域排出，气流组织达到最佳，保证每个房间空气的洁净、新鲜。

② 人性化舒适控制。系统可根据不同舒适性需求进行设定并自动调节。例如，根据室内CO/CO_2浓度、有害化学气体浓度自动调节引入的新风量，使室内空气品质始终保持最佳状态。

③ 洁净便利。即插即用的强力中央吸尘系统，可以有效地改善室内空气质量，提供洁净的室内环境。

④ 绿色节能。通过智能化控制系统自动调节引入的新风量，优化空调能耗；全热交换系列新风系统还可以通过高效热回收达到节能效果，可节约空调能耗20%以上。

⑤ 系统可扩展。系统可方便、灵活地进行功能的追加与扩展：从最简单的平衡式送排风系统，到包含湿度和空气品质调节、新风净化功能的智能化系统，只需要追加扩展模块，无须改动整体结构。

（2）新风系统的缺点

① 费用投入多。购买新风系统的价格与多个因素有关，价格低的，性能差，耗能多，舒适度不够。而品质好的新风系统，费用投入相对较多。

② 需要定期更换过滤网。新风系统如果不及时清理过滤网，很可能成为室内的污染源，所以需要经常对新风系统或新风器的滤网和机芯进行更换。常规2～3个月更换一次即可，在空气质量不好时，建议一个月更换一次。

3. 新风系统的操作

（1）新风系统的启动

① 打开新风系统控制面板或遥控器，选择启动模式。

② 选择合适的运行模式，如自动模式、手动模式或定时模式。

③ 设定所需要的温度、湿度和风速等参数。

④ 按下启动按钮，新风系统开始工作。

（2）新风系统的运行

① 当新风系统开始工作后，它会自动感知室内外温度、湿度及空气质量等。

② 根据设定的运行模式，新风系统会自动调整送风量和排风量，以保持室内空气的新鲜度和舒适度。

③ 如果选择了自动模式，新风系统会根据室内外温度差异自动调整送风量，以达到节能的目的。

④ 如果选择了手动模式，用户可以根据需要随时调整送风量和排风量。

⑤ 如果选择了定时模式，用户可以设定具体的启动时间和停止时间，新风系统会按设定的时间自动启停。

（3）新风系统的停止

① 当不再需要新风系统工作时，可以通过控制面板或遥控器停止新风系统的运行。

② 按下停止按钮，新风系统停止送风和排风，进入待机状态。

③ 如果选择了定时模式，新风系统会在设定的停止时间到达后自动停止运行。

④ 在停止新风系统之前，建议先关闭室内门窗，以免室内外空气交换导致能量损失。

4. 新风系统的维护

① 定期清洁新风系统的过滤器和换热器，保持其正常运行。

② 检查新风系统的风管及风口是否有堵塞或泄漏，如有，及时进行维修或更换。

③ 定期检查新风系统的电气连接是否正常，有无异常现象。

④ 检查、清洁加湿器水盘。

⑤ 定期维护新风系统的电动机和风机，确保其正常运转。

⑥ 检查新风机组参数设置是否符合要求，室内外温度传感器显示有无异常，如有异常，及时调整或更换。

⑦ 检查加湿、给排水管路是否通畅，保温是否良好。

⑧ 检查防虫网是否完整，若破损，则进行更换或修补。

⑨ 检查风阀转动是否灵活、有无异常。

⑩ 检查新风机和空调的联动功能是否正常，发现问题及时处理。

⑪ 新风机组应定期进行预防性维护，维护不应少于表 2-5-2 所列内容。

表 2-5-2 新风机组预防性维护内容

维护项目	维护内容	维护周期
新风机组	（1）清洁机器表面 （2）检查、清洁或更换过滤网 （3）检查加湿、给排水路是否通畅，管路保温是否良好 （4）检查、清洁加湿器水盘	季
	（1）检查防虫网是否完整 （2）检查风阀工作是否正常 （3）检查新风机组参数设置是否正常，室内外温度传感器是否正常 （4）检查控制功能是否正常	年

模块三

数据中心电气设备运维

单元一　认识电气设备系统结构

一、电气设备系统典型架构

电气设备系统提供安全、可靠、稳定的工作电源，是保证数据中心用电设备持续、正常运行的核心。数据中心的电气设备系统包括变电站系统、高压供配电系统、变配电系统、柴油发电机系统、不间断电源（UPS）系统及IT设备供配电系统等。

1. 电气设备系统的基本组成

（1）变电站系统

变电站系统的主要功能是将110kV（或220kV）降压至10kV，10kV电源输出至各单体数据中心机房楼高压配电系统输入端。系统界面是从园区供电公司分支站下出线至各单体数据中心机房楼高压配电系统输入端。

（2）高压供配电系统

高压供配电系统的主要功能是将变电站的10kV电源引入进线柜后，由各馈线柜输出至变配电系统中的变压器输入端，或在使用高压冷机时，由馈线柜输出至高压冷机受电端；在柴油发电机系统采用10kV高压供配电系统组网接入的系统时，完成市电供电与柴油发电机供电的切换。系统界面是从市电进线柜至变配电系统中变压器或高压冷机的受电端。

（3）变配电系统

变配电系统的主要功能是将高压供配电系统输出的电源经变压器降压转换为380V电源，再由低压成套开关柜的出线柜完成负载分路供电；在低压柴油发电机接入的系统中，完成市电供电与柴油发电机供电的切换。系统界面是从变压器的输入端至用电设备或二级配电的输入端。

（4）柴油发电机系统

柴油发电机系统的主要功能是在市电停电的情况下，柴油发电机组自动启动，并机系统自启动并机，系统正常稳定后自动向配电系统中的柴油发电机输入柜送电。柴油发电机系统在整个供电链路中属于外挂的应急供电系统。系统界面是配电系统中柴油发电机输入端的前级设备总和。

（5）不间断电源系统

不间断电源系统的主要功能是将变配电系统输出的380V电源整流或逆变为相应的电源等级，输出相应的电压。系统界面是交流输入配电的输入端至IT设备配电列头柜的输入端。

（6）IT 设备供配电系统

IT 设备供配电系统的主要功能是完成配电列头柜或机房小母线输出至 IT 设备的供电。界面是配电列头柜或机房小母线的输入端至 IT 设备受电端。

2. 电气设备系统的基本要求

由于数据中心用电设备多、负荷大、对供配电的可靠性要求高，按照对负荷的分析，准确划分负荷等级，以便组织供配电系统，使之既能做到供电合理，也不造成浪费。电气设备系统的基本要求如下。

（1）A 级数据中心供配电系统

① 应由双路电源供电，并应配置 10kV 或 0.4kV 备用电源；备用电源可采用柴油发电机系统，也可采用供电网络中独立于正常电源的专用馈电线路。

② 低压变配电系统宜采用 M（1+1）冗余（M=1，2，3，…），系统主接线应采用单母线分段，并应设分段开关。

③ 低压变配电系统依据其工作特点可采用 DR、RR 系统配置。DR 系统配置即有 3 组低压变配电系统互为备份，当其中 1 组系统出现故障时，利用剩余 2 组系统供电，保证后级设备的正常运行；RR 系统配置即有 1 组低压变配电系统为其他几组系统冗余备份，当其中 1 组系统出现故障时，利用备份系统供电，保证后级设备的正常运行。

④ 不间断电源系统应按 2N 或 M（N+1）冗余（M=2，3，4，…）配置，当满足下列要求时，可采用不间断电源和市电电源相结合的配置方式：

a. 设备或线路维护时，应保证电子信息设备正常运行；

b. 市电直接供电的电源的质量应满足电子信息设备正常运行的要求；

c. 柴油发电机系统应能承受容性负载的影响；

d. IT 设备向电网注入的谐波量应符合国家标准的规定。

⑤ 不间断电源系统的电池后备时间应不少于 15min。不间断电源系统需要保证市电失电、发电机组正常供电之前系统的不间断运行。后备时间主要包括两路市电停电时间、发电机组延时启动时间、发电机组启动成功及并机完成时间、市电与发电机组转换时间。

⑥ 机房设备用空调系统应由双路电源供电，冷冻水循环泵及末端空调宜采用不间断电源供电。

⑦ 容错配置的变配电系统、不间断电源系统等，应分别布置在不同的物理隔间内。

（2）B 级数据中心供配电系统

①宜采用双路电源供电，当只有一路电源时，应设置备用电源。

② 低压变配电系统宜采用 M（1+1）冗余（M=1，2，3，…）。

③ 不间断电源系统应按 N+1 冗余配置，也可采用 N 不间断电源和市电电源相结合的配置方式。

④ 当柴油发电机组作为备用电源时，不间断电源系统的电池后备时间宜不少于 15min。

⑤ 机房设备用空调系统宜采用双路电源供电。

（3）C 级数据中心供配电系统

① 应配置不间断电源系统。

② 电池后备时间应根据实际需要确定。

电气设备系统为数据中心用电设备提供相应的电源种类和保障要求，数据中心 IT 设备和基础设备供电见表3-1-3，电气设备系统根据《数据中心设计规范》（GB 50174—2017）分为 A、B、C 三个不同的等级，需配置相应的供电架构。

□ 表 3-1-1　数据中心 IT 设备和基础设备供电一览表

设备供电分类	核心传输	核心网络层		客户服务层		机房空调		冷水主机		冷冻水泵	冷却水泵	冷却塔	智能控制	其他设备
电源种类	直流	交流	直流	交流	直流	交流	交流	交流	交流	交流	交流	交流	交流	交流
电压等级/V	48	220	240	220	240	380	380	10000	380	380	380	380	220	220
保障等级	不间断电源	不间断电源	不间断电源	不间断电源	不间断电源	不间断电源	市电电源/柴油发电机电源	市电电源/柴油发电机电源	市电电源/柴油发电机电源	不间断电源	市电电源/柴油发电机电源	市电电源/柴油发电机电源	不间断电源	市电电源/柴油发电机电源

数据中心市电可由 10kV（或 20kV）电压等级或 110kV（或 220kV）电压等级引入。引入的电压等级主要由数据中心园区用电负荷决定。本书以数据中心园区市电 110kV 电压等级引入方式描述数据中心电气设备系统的典型架构。

3. 电气设备系统典型架构

数据中心基础设备的电气设备系统典型架构如图 3-1-1 所示，110kV 电源经变电站降压变压器转换后输出 10kV 电源，10kV 电源输入数据中心机房楼高压供配电系统进行逻辑控制，分配、输出至各楼层变压器，楼层变压器和低压成套配电柜组成的变配电系统输出 380V 电源，380V 电源为不间断电源系统供电，经不间断电源系统输出至配电列头柜，由配电列头柜为传输核心和 IT 等设备提供不间断电源。

柴油发电机系统组网接入 10kV 高压供配电系统或 380V 变配电系统，为数据中心电气设备系统提供应急保障电源。

10kV 和 380V 电源同时为数据中心空调系统及其他用电设备提供可靠的保障电源。

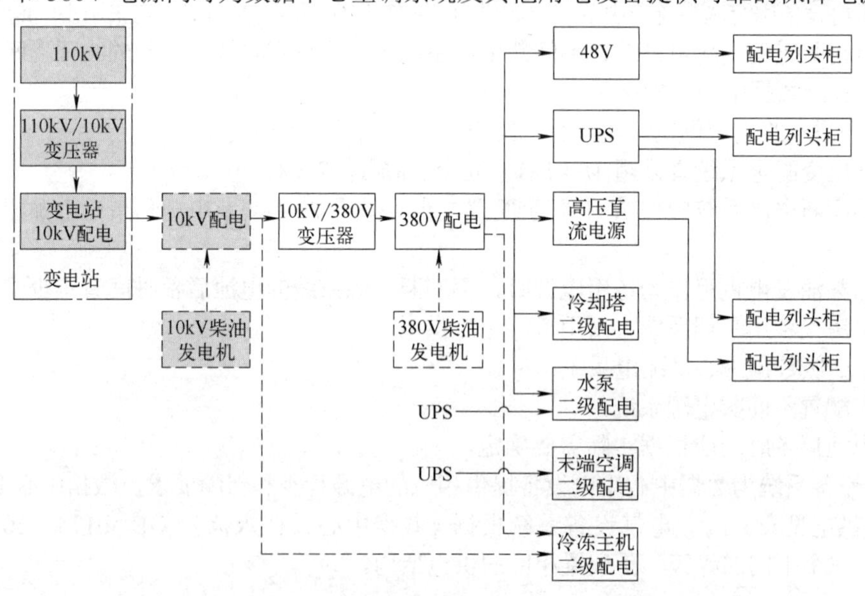

图 3-1-1　数据中心基础设备的电气设备系统典型架构示意图

二、电气设备系统各子系统架构

数据中心电气设备系统作为数据中心基础设备中不可或缺的重要组成部分，涵盖了多个子系统，这些子系统共同协作，确保了电气设备安全、高效、稳定地运行。

1. 变电站系统典型架构

数据中心变电站系统典型架构如图 3-1-2 所示，由气体绝缘金属封闭成套开关设备、电力变压器、10kV 配电输出馈线分路，以及相应的操控机构和保护机构组成，实现市电 110kV（或 220kV）引入，通过气体绝缘金属封闭成套开关设备的控制及分配，由电力变压器将市电降压，每台变压器对应的 10kV 配电输出馈线分路对各数据中心机房楼高压配电系统供电。

10kV 各段间设有相应的控制逻辑，以实现变压器的调控及应急供电联络。

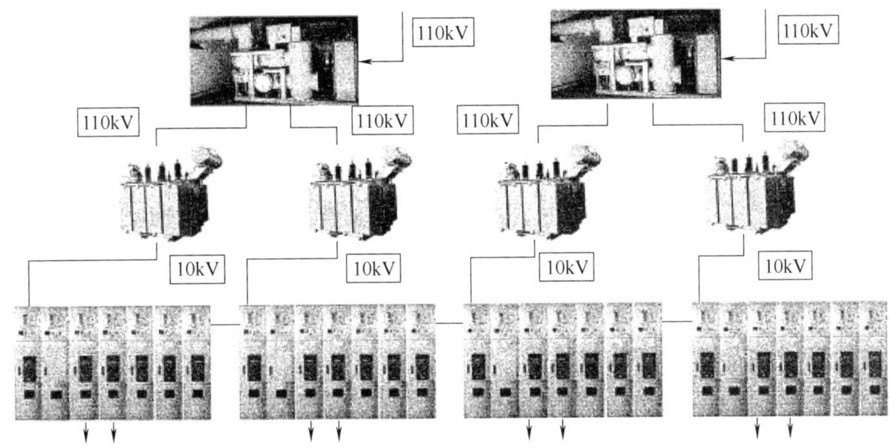

图 3-1-2　数据中心变电站系统典型架构

2. 高压供配电系统典型架构

高压供配电系统典型架构一如图 3-1-3 所示，电源输入侧仅为市电，每段高压由单一市电电源输入，实现了对负载馈电输出的控制。虚线表示在此基础上增加了联络柜，两段市电输入和联络柜采用互锁控制，实现了供电的联络与调度。

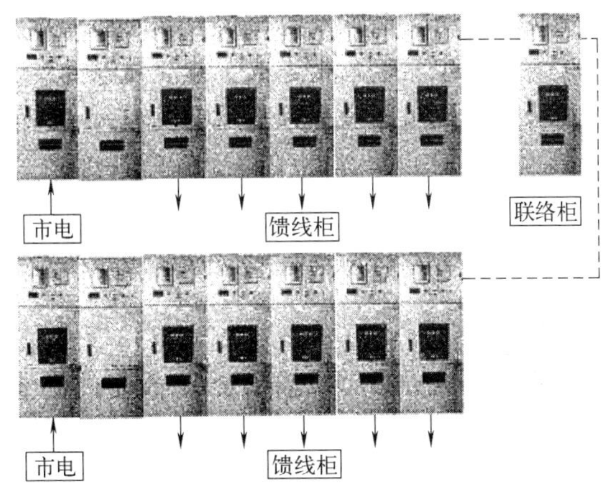

图 3-1-3　高压供配电系统典型架构一

高压供配电系统典型架构二如图 3-1-4 所示。在图 3-1-3 所示的基础上，电源输入侧增加了柴油发电机电源，实现了柴油发电机电源和市电电源的双路保障，完成了负载馈线输出供电。其中，市电输入柜、柴油发电机输入柜和联络柜有严格的互锁和逻辑控制要求，以实现电能的安全调度与应急供电。

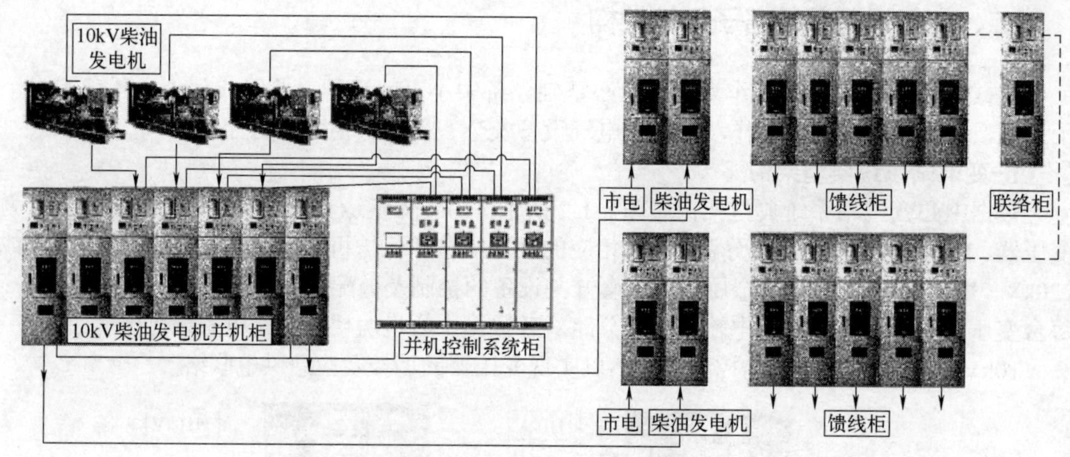

图 3-1-4　高压供配电系统典型架构二

3. 变配电系统典型架构

变配电系统典型架构一如图 3-1-5 所示，变压器的低压侧输入低压成套开关柜，两套变压器和低压成套开关柜组合的系统为同一负载区域供电，实现负载 2*N* 供电方式。虚线表示在此基础上增加联络柜，配置联络柜的变配电系统实现了两进线一母联的互锁机制及安全应急供电。

变配电系统典型架构二如图 3-1-6 所示。在图 3-1-5 所示的基础上，低压成套开关柜增加了柴油发电机电源，通过两路市电输入和柴油发电机电源输入以及联络柜的逻辑控制，实现了多种供电组合的安全供电机制。

4. 柴油发电机系统典型架构

数据中心柴油发电机系统典型架构有高压柴油发电机组与高压配电系统、低压柴油发电机组与变配电系统两种组合，如图 3-1-4、图 3-1-6 所示。柴油发电机并机系统如图 3-1-7 所示，多台柴油发电机工作时由并机控制系统控制启动，由柴油发电机并机柜合闸并机，由输出馈线柜合闸供电。

5. 不间断电源系统典型架构

数据中心不间断电源系统由交流配电屏、不间断电源、输出柜、蓄电池等组成。不间断电源系统包括-48V、240V、336V 直流不间断电源系统和交流不间断电源系统。

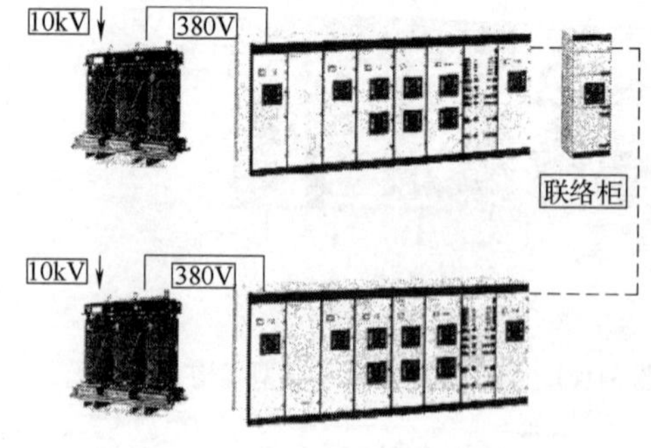

图 3-1-5　变配电系统典型架构一

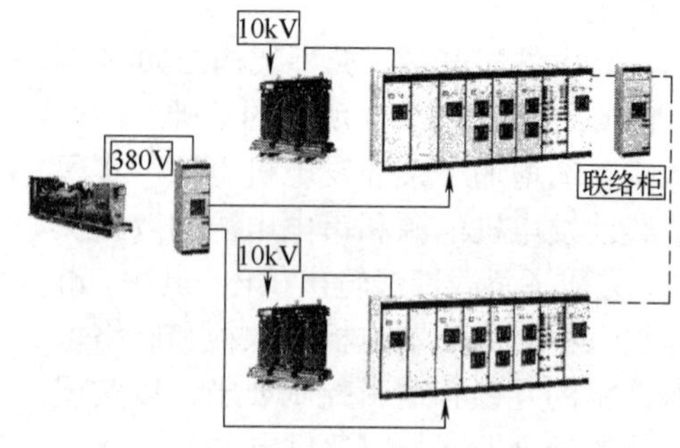

图 3-1-6　变配电系统典型架构二

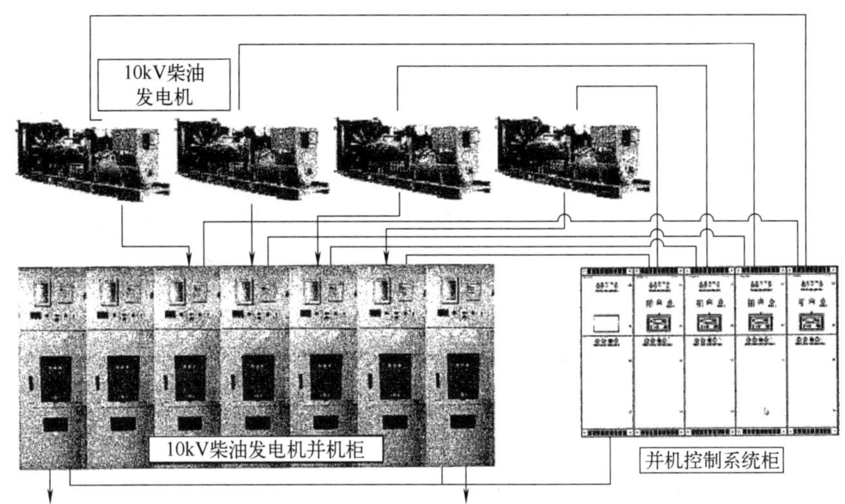

图 3-1-7　柴油发电机并机系统典型架构

UPS 系统的主要作用是在市电电源中断、发电机启动之前，确保数据中心对所带的负载持续供电。因此，UPS 系统包含了储能设备，如蓄电池或飞轮。此外，传统 UPS 系统还具有隔离市电侧浪涌、防止电压骤升和骤降等作用。

UPS 系统是数据中心供电连续性的重要保障，其可靠性直接影响数据中心的可靠性。同时，绝大多数数据中心的 UPS 系统的损耗占 IT 设备能耗的10%以上。因此，提高 UPS 系统的可靠性，同时降低其损耗，就成为设计数据中心 UPS 系统架构的主旋律。

数据中心基础设备不间断电源 2*N* 典型架构如图 3-1-8 所示，服务器机柜由两套独立的不间断电源系统的输出分路进行双路供电。

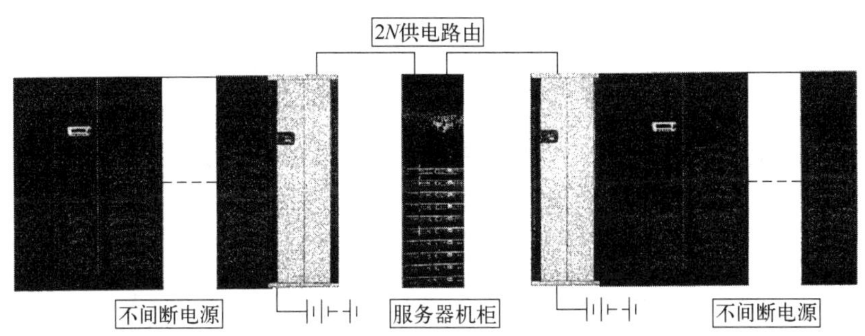

图 3-1-8　不间断电源 2*N* 典型架构

三、变电站系统架构

为减少市电引入带来的投资，数据中心的市电应优先选择从公共变电站引接。当数据中心用电容量超过当地供电部门允许引接的公共变电站的最大容量，而且用电需求已影响到当地供电部门的电网规划时，数据中心需自己建设变电站。数据中心自建变电站等级有 220kV、110kV、35kV，以下介绍常见的 110kV 变电站。

1. 变电站的分类

变电站按照建筑形式和电气设备布置方式，分为户内式变电站、户外式变电站（图 3-1-9）、半户内式变电站（图 3-1-10）三种。户外式变电站的变压器、配电装置均为户外布置；半户内式变电站的变压器为户外布置，配电装置为户内布置；户内式变电站的变压器、配电装置均为户内布置。

图 3-1-9　户外式变电站

图 3-1-10　半户内式变电站

相同容量，户外式变电站占地面积最大，适合建设在城市中心区以外土地资源宽松的地区；半户内式变电站占地面积次之，适用于用地相对宽松的地区；户内式变电站占地面积最小。数据中心专用变电站宜采用户内式变电站，条件允许时采用模块化预装式变电站。

2. 110kV 变电站组成

① 110kV 设备区。该区域的设备包括线路设备（断路器、隔离开关、电流互感器、电压互感器和避雷器等）、母线和母线设备（断路器、隔离开关、电流互感器、电压互感器和避雷器等），用于把 110kV 电压等级的电能进行分配和传输。

② 35kV 设备区。我国正在逐渐取消这个电压等级，多数地方已经取消。该区域的设备同 110kV 设备区相似，只是采用 35kV 开关柜对电能进行分配、变换。

③ 10kV 高压室。该区域的设备包括线路设备（断路器、隔离开关、电压互感器、电流互感器、避雷器等）、母线和母线设备（断路器、隔离开关、电流互感器、电压互感器和避雷器等等）、无功补偿设备（电容器、放电线圈等），采用 10kV 开关柜对 10kV 电压等级的电能进行分配和传输。

④ 主控楼。包括中央控制室（对全站设备进行控制）、继电保护室（保护全站设备的安全，迅速移除故障设备，确保系统安全运行）、通信设备室（用于变电站与外界的通信）、蓄电池等（为控制设备、保护设备、通信设备提供电源）。

3. 变电站基础知识

（1）电力系统电压等级

电力系统电压等级有 220V/380V（0.4kV）、3kV、6kV、10kV、20kV、35kV、66kV、110kV、220kV、330kV、500kV。随着电动机制造工艺的提高，10kV 电动机已批量生产，所以 3kV、6kV 已较少使用，20kV、66kV 也很少使用。供电系统以 10kV、35kV 为主。输配电系统以 110kV 以上为主。发电厂发电机有 6kV 与 10kV 两种，现在以 10kV 为主，用户采用 220V/380V（0.4kV）低压系统。《城市电力网规定设计规则》规定：输电网为 500kV、330kV、220kV、110kV，高压配电网为 110kV、66kV，中压配电网为 20kV、10kV、6kV，低压配电网为 0.4kV（220V/380V）。发电厂发出 6kV 或 10kV 电压，除发电厂自己使用（厂用电）之外，将 10kV 电压发送给发电厂附近用户，10kV 供电范围为 10km，35kV 供电范围为 20～50km，66kV 供电范围为 30～100km，110kV 供电范围为 50～150km，220kV 供电范围为 100～300km，330kV 供电范围为 200～600km，500kV 供电范围为 150～850km。

（2）变电站种类

电力系统各种电压等级均通过电力变压器来转换，电压升高为升压变压器（变电站为升压站），电压降低为降压变压器（变电站为降压站）。一种电压变为另一种电压的选用两个线圈（绕组）的双圈变压器，一种电压变为两种电压的选用三个线圈（绕组）的三圈变压器。变电站除有升压与降压之分外，还以规模大小分为枢纽站、区域站与终端站。枢纽站有三个电压等级（三圈变压器），即 550kV/220kV/110kV。区域站有三个电压等级（三圈变压器），即 220kV/110kV/35kV 或 110kV/35kV/10kV。终端站接到用户，有两个电压等级（两圈变压器），即 110kV/10kV 或 35kV/10kV。用户本身的变电站有两个电压等级（双圈变压器），即 110kV/10kV 或 35kV/0.4kV 或 10kV/0.4kV，其中以 10kV/0.4kV 使用最多。

（3）变电站一次回路

变电站一次回路接线是指输电线路进入变电站之后，所有电力设备（变压器及进出线开关等）的相互连接方式。其接线方案有线路变压器组、桥形接线、单母线、单母线分段、双母线等。

① 线路变压器组。变电站只有一路进线与一台变压器，而且再无发展的情况下，采用线路变压器组接线。

② 桥形接线。变电站有两路进线、两台变压器，而且再无发展的情况下，采用桥形接线。针对变压器，联络断路器在两个进线断路器之内为内桥接线，联络断路器在两个进线断路器之外为外桥接线。

③ 单母线。变电站进出线较多时，采用单母线，有两路进线时，一路供电、一路备用（不同时供电），二者设备用电源互自投，多路出线均由一段母线引出。

④ 单母线分段。有两路以上进线、多路出线时，选用单母线分段，两路进线分别接到两段母线上，两段母线用母联开关连接起来，出线分别接到两段母线上。单母线分段运行方式多一路主供，一路备用（不合闸），母联合上，当主供断电时，备用合上，主供、备用与母联互锁。备用电源容量较小时，备用电源合上后，要断开一些出线。对于特别重要的负荷，两路进线均为主供，母联开关断开，当一路进线断电时，母联合上，来电后断开母联，再合上进线开关。单母线分段有利于变电站内部检修，检修时停掉一段母线；如果是单母线不分段，检修时全站停电，利用旁路母线不停电，旁路母线只用于电力系统变电站。

⑤ 双母线。双母线用于发电厂及大型变电站，每路线路都由一个断路器经过两个隔离开关分别接到两条母线上，在母线检修时，利用隔离开关将线路接在一条母线上。双母线有分段与不分段两种，双母线分段再加旁路断路器，虽接线方式复杂，但检修方便，停电范围减少。

（4）变电站二次回路

变电站二次回路包括测量回路、控制回路与信号回路等。

① 测量回路分为电流测量回路与电压测量回路。电流测量回路中各种设备串联于电流互感器二次侧（5A），电流互感器将原边负载电流统一变为 5A 测量电流。计量与保护分别使用各自的互感器（计量用互感器精度要求高），计量串接于电流表及电度表、功率表与功率因数表电流端子。保护串接于保护继电器的电流端子。微机保护将计量及保护集中于一体，分别有计量电流端子与保护电流端子。电压测量回路中，220V/380V 低压系统直接接在 220V 或 380V 线路上，3kV 以上高压系统全部经过电压互感器将各种等级的高电压变为统一的 100V 电压，电压表及电度表、功率表与功率因数表的电压线圈经其端子并接在 100V 电压母线上。

② 控制回路。

a. 合分闸回路：通过合分闸转换开关进行操作，常规保护为操作人员提示及事故跳闸报警，转换开关选用预合—合闸—合后—预分—分闸—分后多挡转换开关。利用不对应接线进行合分闸提示与事故跳闸报警，国家已有标准设计。采用微机保护以后，要进行远分合闸操作，还要就地进行转换开关对位操作，失去远分操作意义，因而取消不对应接线，选用中间自复位的只有合闸与分闸的三挡转换开关。合分闸回路经合分闸母线为操作机构提供电源。

b. 防跳回路：当合闸回路出现故障时进行分闸，或短路事故未排除又进行合闸（误操作），会出现断路器反复合分闸，不仅容易引起或扩大事故，还会引起设备损坏或人身事故，高压开关控制回路应设计防跳回路。防跳回路选用电流启动、电压保持的双线圈继电器。电流线圈串接于分闸回路作为启动线圈。电压线圈接于合闸回路作为保持线圈，当分闸时，电流线圈经分闸回路启动。如果合闸回路有故障，或处于手动合闸位置，电压线圈启动并通过其常开接点自保持，其常闭接点马上断开合闸回路，保证断路器在分闸过程中不能马上再合闸。防跳继电器的电流回路通过其常开接点将电流线圈自保持，减轻保护继电器的出口接点断开的负荷，降低保护继电器的保持时间要求。有些微机保护装置具有防跳功能，不再设计防跳回路。断路器操作机构选用弹簧储能时，如果选用储能后进行一次合闸与分闸的弹簧储能操作机构，储能都要求 10s 左右。当储能开关经常处于断开位置时，储一次能，合闸之后，将储能开关再处于断开位置，跳一次闸，跳闸之后，要手动储能之后才能进行合闸。对于手车开关柜，手车推出后要进行断路器合分闸试验，应设计合分闸试验按钮。进线与母联断路，应根据要求进行互投联锁或控制。保护跳闸出口经过连接片接于跳闸回路，连接片用于保护调试或运行过程中解除某些保护功能。合分闸回路及其控制回路，都应单独画出。

③ 信号回路。开关运行状态信号由合闸与分闸指示两个装于开关柜上的信号灯组成，经过操作转换开关不对应接线后接到正电源上。采用微机保护后，转换开关取消不对应接线，信号灯正极直接接到正电源上。事故信号有事故跳闸与事故预告两种，事故跳闸信号也要通过转化开关不对应接线后，接到事故跳闸信号母线上，再引到中央信号系统。事故预告信号通过信号继电器接点引到中央信号系统。采用微机保护后，将断路器操作机构辅助接点与信号继电器的接点分别接到微机保护单元的开关量输入端子。需要有中央信号系统时，如果微机保护单元提供事故跳闸与事故预告输出接点，可将其引到中央信号系统；否则，应利用信号继电器的另一对接点引到中央信号系统。中央信号系统为安装于值班室内的集中报警系统，由事故跳闸与事故预告两套声光报警系统组成，光报警用光字牌，不用信号灯，光字牌分集中与分散两种。采用变电站综合自动化系统后，不再设中央信号系统，或将其简化，只设集中报警作为计算机报警的后备报警。

（5）变电站继电保护

① 变电站继电保护的作用。变电站继电保护能够在变电站运行过程中发生故障（三相短路、两相短路、单相接地等）和出现不正常现象时（过负荷、过电压、低电压、低周波、出现瓦斯、超温、控制与测量回路断线等），迅速有选择性地发出跳闸命令，将故障切除或发出警报，从而减小故障造成的停电范围和降低电气设备的损坏程度，保证电力系统稳定运行。

② 变电站继电保护的基本工作原理。变电站继电保护是根据变电站运行过程中发生故障时因电流增加、电压升高或降低、频率降低、出现瓦斯、温度升高等引起参数数值超过继电保护的整定值（给定值）或超限值后，在整定时间内，有选择地发出跳闸命令或报警信号。根据电流值来进行选择性跳闸的称为反时限保护，电流值越大，跳闸越快。根据时间来进行选择性跳闸的称为定时限保护，定时限保护在故障电流超过整定值后，经过给定的时间后才出现跳闸命令。瓦斯与温度保护等为非电量保护。可靠系数为一个经验数据，计算继电器保护动作电流值时，要将计算结果再乘以可靠系数，以保证继电保护动作的准确与可靠，其范围为 1.3～1.5。发生故障时的最小电流值与保护动作电流值之比为继电保护的灵敏系数，为 1.2～2，应根据设计规范进行选择。

（6）微机保护装置

① 微机保护的优点。

a. 可靠性高，由微机保护单元实现多种保护与监测功能，代替多种保护继电器和测量仪表，简化开关柜与控制屏的接线，从而减少相关设备的故障，提高了可靠性。微机保护单元采用高集成度的芯片，软件具有自动检测与自动纠错功能，也提高了可靠性。

b. 精度高，速度快，功能多。测量部分数字化，提高测量精度。CPU 使各种事件以毫秒来计时。软件保护功能的提高通过各种复杂的算法完成。

c. 灵活性大。通过软件可很方便地改变保护与控制特性，利用逻辑判断实现各种互锁。硬件利用不同软件，可构成不同类型的保护。

d. 维护、调试方便。硬件种类少，线路统一，外部接线简单，减少了维护工作量，保护调试与整定利用输入按键或上位机下传来进行，调试简单、方便。

e. 经济性好，性价比高。微机保护的多功能性使变电站测量、控制与保护部分的综合造价降低。其高可靠性与高速度减少了停电时间，节省了人力，提高了经济效益。

② 微机保护装置的使用范围。中小型发电厂及其升压变电站、110kV/35kV/10kV 区域变电站、城市 10kV 电网、10kV 开闭所、用户 110kV/10kV 或 35kV/10kV 总降压站、用户 10kV 变电站。

③ 220V/380V 低压配电系统微机监控系统。220V/380V 低压配电系统的保护现在仍采用低压断路器或熔断器。220V/ 380V 低压配电系统只有监控没有保护。监控包括电流、电压、电度、频率、功率、功率因数、温度等的测量（遥测），开关运行状态、事故跳闸与事故预告（过负荷、超温等）报警（遥信），以及电动开关远方合分闸操作（遥控）三个内容（简称三遥）。

220V/380V 低压配电系统一次回路均为单母线或单母线分段，两台以上变压器均为单母线分段，有几台变压器就分几段。用户变电站变压器不采用并列运行，目的是减小短路电流，降低短路容量，否则，低压断路器的断开容量过大。

220V/380V 低压配电系统进线、母联、大负荷出线与低压联络线因容量较大，一路（一个断路器）占用一个低压柜。根据供电负荷电流大小的不同，一个低压开关柜内有两路出线（安装两个断路器）、四路出线（安装四个断路器），以及五、六、八与十路出线，但高压配电系统一个断路器占用一个开关柜。因此，低压监控单元就要有一路、两路或多路之分，要根据每个低压开关的出线数与低压监控单元的规格来进行设计。

低压断路器除手动操作外，还可选用电动操作。大容量低压断路器有手动操作和电动操作之分，设计时选用带遥控的低压监控单元；小容量低压断路器在设计时，大多选用只有手动操作的断路器，低压监控单元的遥控出口不接线，或选用不带遥控的低压监控单元。

（7）回路设计

测量回路的二次接线与高压部分一样，电流表串联于电压互感器的二次回路，电压表并联于电压测量回路。220V/380V 低压配电系统没有电压互感器，电压表直接接到 220V/380V 母线上，和电度表电压回路一样不加熔断器保护，柜内接线应尽量短，最好加熔断器保护，以便于检修。电度表可选用自带电源、有脉冲输出的脉冲电度表。对于有计算功率和电度功能的低压监控单元，只作为内部计费使用时，不再选用脉冲电度表。选用有显示功能的低压监控单元时，不再设电流表、电压表；选用不带显示功能的低压监控单元时，还应设电流表或电压表，不应两种都设。信号回路设计时，低压断路器要增加一对常开接点，接到低压监控单元开关状态输入端子上。有事故跳闸报警输出接点时，将其接到低压监控单元事故预告端子上。控制回路设计时低压监控系统的遥控设计简单，电动操作的低压断路器都有一对合分闸按钮，将低压监控单元合分闸输出端子分别并在合分闸按钮上即可，必要时，设计就地与遥控操作转换开关，防止就地检修开关时，遥控操作引起事故。

4. 变电站电气设备

变电站内的电气设备可分为一次设备和二次设备。一次设备是用来传输、汇集、分配、使用电能的设备。一次设备包括变压器、断路器、隔离开关、互感器、电力电容器、电抗器、母线、避雷器等。由一次设备连接成的系统称为电气一次系统或电气主接线系统。二次设备是对一次设备进行保护、控制、测量、计量的设备。二次设备包括测量和计量仪表、继电保护和自动装置、远程装置、通信装置、操作电源系统。由二次设备按一定的顺序连成的电路称为二次电路或二次回路。它包括交流电压回路、交流电流回路、控制回路、信号回路、继电保护及自动装置回路、操作电源系统回路。

（1）变电站一次设备

电力变压器：变换电压等级。

母线：汇集、分配、传送电能。

高压断路器：常见的有油断路器、空气断路器、六氟化硫断路器，具有完善的灭弧装置和高速传动机构，用于通断各种情况下高压电路中的电流。

隔离开关：隔离电源、倒闸操作、分合小电流。

互感器：分电压互感器和电流互感器两大类，在供电系统中用于测量和保护。

避雷器：泄放过电压能量，保护设备。

电抗器：限制短路电流和高次谐波，维持母线具有较高残压。

（2）变电站二次设备

电压互感器二次回路：

① 接线方式应满足测量仪表、远动装置、继电保护和自动装置的要求。

② 应装设短路保护。

③ 安全接地（保护接地）。

④ 应采取防止二次回路向一次回路反馈电压的措施。

⑤ 对于双母线，应有可靠的二次切换回路。

电流互感器二次回路：

① 接线方式应满足测量仪表、远动装置、继电保护装置和自动装置的要求。

② 应采取防止开路的措施。

③ 安全接地（保护接地）。

④ 保证电流互感器的准确度，二次负载不应大于允许值。

⑤ 保证极性连接正确。

（3）操作电源

为信号测量装置及继电保护装置提供可靠的工作电源。

① 蓄电池直流电源：蓄电池直接供电。

② 电源变换式直流电源：UPS+整流。

③ 复式整流直流电源：由变压器、电流互感器及铁磁谐振稳压器组成，经过整流后提供直流电。

④ 晶闸管整流电容储能直流电源：晶闸管整流设备和电容器，用于小容量、终端变电站。

⑤ 交流操作电源：用于终端变电站。

（4）隔离开关控制与闭锁回路（五防）

① 防止带负荷拉合刀闸。

② 防止误入带电间隔。

③ 防止误分、合断路器。

④ 防止带电挂接地线（检修时可挂接地线）。

⑤ 防止带地线合刀闸。

（5）中央信号系统

① 事故跳闸信号：断路器因事故跳闸时，发出信号引起人们的注意。灯光信号便于判断发生故障的设备及故障的性质。事故音响信号采用蜂鸣器（电笛、电喇叭）。

② 事故预告信号：包括过负荷保护动作、变压器轻瓦斯保护动作、变压器油温过高、电压互感器二次回路断线、交直流回路绝缘损坏、控制回路断线及操作机构异常等。预告音响信号采用电铃。

③ 二次接线图：二次接线图是用二次设备特定的图形和文字符号表示二次设备互相连接的电气接线图，包括二次电路图和安装接线图。

④ 二次电路图：用于详细描述二次电路、设备的基本组成部分、作用原理和连接关系，并作为编制安装接线图的依据。其包括原理接线图和展开接线图。

⑤ 安装接线图：用于二次回路的安装接线。

5. 变电站系统架构

变电站系统构架可分为：枢纽变电站、终端变电站；升压变电站、降压变电站；电力系统的变电站、工矿变电站、铁路变电站（27.5kV、50Hz）；1000kV、750kV、500kV、330kV、220kV、110kV、66kV、35kV、10kV、6.3kV 等电压等级的变电站；10kV 变电所；箱式变电站。利用计算机技术、现代电子技术、通信技术和信息处理技术等实现对变电站二次设备（包括继电保护、控制、测量、信号、故障录波、自动及远动等设备）的功能进行重新组合、优化设计，对变电站全部设备的运行情况执行监视、测量、控制和协调的综合性的自动化系统。在电力行业中输变电为 35～1000kV 的称为输变电，10kV 及以下的称为配网。输变电能够简单地分为输电线路和变电站两个主要部分。从电厂发出来的电压低，不通过升压，根据交流电 UI 的份额，线路上的电流大，线路的发热与电阻和电流有关，电流越大，相对同一条线路产生的热量大，电厂发出来的电就会大部分损失在线路上。线路的热量越大，对线路的损害也就越大。为了避免以上的不利影响，应采取措施提高电压，使电流减小，这就需要升压站。从电厂出来的电要通过升压变电站（低压进、高压出）。变电站有升压变电站和降压变电站，电压等级从小到大是 35kV、110kV、220kV、500kV、1000kV，是电力系统的一部分，其功用是变换电压等级、聚集配送电能。变电站主要包括变压器、母线、线路开关设备、建筑物及电力系统安全和控制所需的设备。变电站按电压等级来区分所能服务的规模，电压等级越高的变电站所服务的规模越大。我国现已拥有具有自主知识产权的世界上仅有的正在商业运行的交流 1000kV 电压等级的变电站，500kV 变电所现在能够普及。

四、不间断电源系统

不间断电源（uninterruptible power supply，UPS）是将蓄电池（多为铅酸免维护蓄电池）与主机相连接，通过主机逆变器等模块将直流电转换成市电的系统设备。

UPS保障计算机系统可在停电之后继续工作一段时间，以使用户能够紧急存盘，避免数据丢失。按其工作方式，分为离线式、在线式、线上互动式，用于给单台计算机、计算机网络系统或电磁阀、压力变送器等提供稳定、不间断的电力。当市电输入正常时，UPS将市电稳压后供应给负载使用，同时向机内电池充电；当市电中断时，UPS立即将电池的直流电能通过逆变器转换为220V交流电，向负载继续供电，使负载维持正常工作并保护负载软、硬件不受破坏。UPS通常对电压过高或电压过低提供保护。

1. 不间断电源系统结构

UPS系统由五部分组成：主路、旁路、电池等电源输入电路，进行AC/DC转换的整流器（REC），进行DC/AC转换的逆变器（INV），逆变和旁路输出切换电路，以及蓄电池。UPS系统的稳压功能通常是由整流器实现的，整流器采用晶闸管或高频开关整流器，本身具有可根据外电的变化控制输出幅度的功能，从而实现当外电发生变化时（该变化应满足系统要求），输出幅度基本不变的整流电压。净化功能由蓄电池来实现，整流器不能消除瞬时脉冲干扰，整流后的电压仍存在干扰脉冲。蓄电池除具有存储直流电能的功能外，对整流器来说就像接了大电容器，其等效电容量的大小与蓄电池容量大小成正比。电容器两端的电压是不能突变的，即利用电容器对脉冲的平滑特性消除脉冲干扰，起到净化的作用，也称对干扰的屏蔽。频率的稳定则由逆变器来实现，频率稳定度取决于逆变器的振荡频率的稳定程度。为方便UPS系统的日常操作与维护，设计了系统工作开关、主机自检故障后的自动旁路开关、检修旁路开关等。

2. 不间断电源系统功能

不间断电源（UPS）保证相关设备仪器的不间断运行，防止计算机数据丢失、电话通信网络中断或仪器失去控制等。

不间断电源广泛应用于矿山、航天、工业、通信、国防、医院、计算机业务终端、网络设备、数据存储设备、应急照明系统、铁路、航运、变电站、发电站、消防安全报警系统、太阳能储存能量转换设备、控制设备及其紧急保护系统、个人计算机等领域。

（1）按需扩容的柔性规划

地市级中心机房的建设不是一步到位的，考虑今后5～10年的需求，UPS是一步到位的。如一次安装两套大功率的UPS并机，结果初期负载只有规划容量的10%～20%，未承载所规划的负载就进入设备淘汰期。这不仅造成投资的浪费，也无法使UPS运行在较高的效率点，造成电能的浪费。要避免这种情况的发生，需要从UPS系统考虑，包括以下方面。

① 供电方案设计。UPS供电方案有分散供电、集中供电两种。分散供电的特点是一台UPS为一台或多台负载设备供电。分散供电的优点是分散风险，不会因为一台UPS供电异常而造成大面积停电；缺点是UPS分散布置不便管理，布线不易规划。集中供电是指由一套大功率的UPS系统直接对机房的所有负载供电。集中供电的优点是便于规划、方便管理、方便维护；缺点是如果UPS系统异常，容易引起大面积停电事故，此缺点可通过采用各种并联构架来避免。以上两种方案各有优缺点，中心机房大多采用集中供电方案。当机房UPS装机总容量超过一定限度时，建议将机房按几期规划，分成几个区域进行供电。

② UPS在线并机扩容功能。机房UPS容量的规划，根据不同时期的负载容量，要求采用逐步扩容的方案，使投资方案更经济，同时也能使UPS工作于较佳的效率点。目前，中、大功率的UPS均已经具备冗余并机功能，不仅可提高系统的可靠性，同时也可为机房扩容提供条件。只要规划时在UPS前后配电箱预留足量的空气开关，并在机房规划相应的空间，即可实现UPS并机扩容功能。并机扩容的过程处理是关键，多种品牌的UPS并机时需要对UPS的设置进行修正，要求UPS必须在维修旁路状态工作，UPS由市电直接带载，如果此时市电波动较大甚至停电，会造成系统大面积瘫痪。并机扩容必须具备在线并机功能，即UPS并机扩容时，只需要将新增UPS的软件修改至与原UPS系统一致后，在不关闭原有UPS系统的情况下直接将新增UPS并入原有系统即可。扩容前后，UPS均工作于在线模式，可避免切换至旁路供电的高风险操作。

③ 采用模块化UPS实现逐步扩容。模块化UPS已经开始在国内应用。模块化UPS的特点包括可扩容、平均故障修复时间（MTTR）短、可经济实现“*N*+*X*”冗余并机。以台达C系UPS为例，每个模块容量为20kV·A，整个系统最大可扩容至160kV·A，根据机房的实际容量需求，可逐步扩容，只要在机房初期规划好配电容量即可。实现“*N*+*X*”冗余划算，以60kV·A的容量实现“*N*+1”冗余为例，传统方案必须扩容一台60kV·A UPS，而采用模块化UPS，则只需扩容一个20kV·A的模块即可，节省了大笔资金。

（2）提高UPS自身能效，优化负载效率曲线

UPS均为在线式双变换构架，在其工作时，整流器、逆变器均存在功率损耗。以一个容量为60kV·A的UPS为例，每度电按1.2元计算，UPS效率每提高1%，一年节省的电费为5045.76元。提高UPS的工作效率，可为数据中心节省一大笔电费，是降低整个机房能耗的最直接方法。因此采购UPS时应尽量采购效率更高的UPS。

UPS效率高不仅是指满载时效率高，同时也必须具备一个较好的效率曲线，特别是在“1+1”并机系统时，根据系统规划，每台UPS容量不得大于50%，如果并机后效率为90%以下，就算满载效率达到95%以上，也没有意义，要求对UPS必须采取措施优化效率曲线，使UPS效率在较低负载时也能达到较高的效率。

除了提高UPS自身的效率之外，UPS的功能也可加以利用。如ECO经济运行模式，其原理是在较好的市电环境中激活此功能，使UPS由静态旁路直接供电，此时逆变器处于待机状态，正常工作但不输出能量，一旦市电异常，UPS立即切换到逆变器供电状态，切换时间在1ms以内。逆变器处于待机状态，自身损耗很小。UPS的整机效率达到97%以上，比正常模式减少3%以上的损耗。

使用ECO模式必须具备两个条件：一是静态旁路必须采用两组高可靠晶闸管，不得采用接触器加晶闸管的组合，因为接触器吸合时接触点会打火，工作数百次之后就不能正常工作，而晶闸管不存在此问题，同时可缩短切换时间；二是建议在较好的电力环境中使用，如一级供电单位等。

（3）降低输入电流谐波，提高功率因数

谐波产生的根本原因是电力线路呈现一定阻抗，等效为电阻、电感和电容构成的无源网络。非线性负载产生的非正弦电流会造成电路中电流和电压畸变，该电流称为谐波。谐波的危害包括：引起电气组件附加损耗和发热（如电容器、变压器、电动机等），电气组件温度升高，效率降低，加速绝缘老化，使用寿命缩短；干扰设备的正常工作，无功功率增加，电力设备有功容量降低（如变压器、电缆、配电设备），供电效率降低，出现谐振，柴油发电机发电时更严重，空开跳闸、熔丝熔断、设备无故损坏。UPS对电网而言是一个非线性负载，在工作时会产生大量的谐波。以配置6脉冲整流器的UPS为例，其输入功率因数为0.75左右，谐波大于30%。

（4）电池管理及配电管理技术

UPS都配备蓄电池（电池组），用户在蓄电池上的投资往往占整个UPS系统投资的很大比例，超过UPS本身的投资，而蓄电池的使用年限明显少于UPS主机。蓄电池的材料是重金属铅、硫酸和不易分解的塑料，都会对环境造成严重的污染。因此，减少蓄电池使用数量，延长蓄电池循环使用寿命，不仅节省直接和间接的蓄电池投资，而且还减少对环境的污染。UPS通过以下几项技术实现蓄电池的节能。

① 并机共用蓄电池组。共用蓄电池组的原理是通过特殊的整流器隔离故障，使并机系统中的两台或多台UPS的整流器同步，母线均流，将系统中的各台UPS母线直接并联，然后将满足系统后备时间要求的蓄电池并联后接入并联母线系统，实现蓄电池的共享，减少蓄电池的投资。以“1+1”为例，传统的UPS方案，系统后备1h，考虑其中一台UPS故障时，UPS2的电池

不能为UPS1所使用，UPS1和UPS2必须各配置一套4h的蓄电池组，才能保障系统在断电后还能备用1h。采用共用蓄电池组方案后，因为UPS1故障后系统中的蓄电池仍能为UPS2提供能量，整个系统仅需配置一套1h蓄电池即可。这不仅节省对蓄电池的直接投资，同时也节约了机房在空间、承重及空调等方面的投资，还可降低对环境的污染。

② 智能蓄电池管理技术。影响蓄电池寿命的因素有很多，包括温度、充电、放电、循环次数等。如果对上述几个因素进行综合处理，则能延长蓄电池的使用寿命、更换周期，以及节约对蓄电池的投资。UPS的智能蓄电池管理包括蓄电池均浮充管理、充电智能放电终止电压控制功能，除此之外还应具备电动检测和蓄电池漏液检测功能。对于选压范围较宽的UPS，可减少蓄电池放电次数。

通过上述技术，可延长蓄电池寿命2～3年。

3. 不间断电源系统工作原理

不间断电源系统的基本组成是将交流电变为直流电的整流器和充电器、将直流电再变为交流电的逆变器。蓄电池在交流市电正常供电时储存能量且能维持在一个正常的充电电压上，一旦市电供电中断，蓄电池立即对逆变器供电以保证UPS的交流输出电压。

UPS的保护作用首先表现在对市电电源进行稳压。UPS的输入电压范围宽（170～250V），而输出电压的质量相当高，后备式UPS输出电压偏差范围在5%～8%，输出频率偏差范围在±1Hz；在线式UPS输出电压偏差范围在±3%以内，输出频率偏差范围在±0.5Hz。在市电正常时，UPS相当于交流市电稳压器；市电对蓄电池进行充电，相当于充电器。在市电突然掉电的情况下，UPS自动切换到蓄电池供电，使设备维持正常工作，保护软、硬件不受损害。

4. 不间断电源系统功能特点

（1）高效率、高可靠性

由于IT设备不断增多、用电量加剧、机房面积紧张、低耗节能需求等客观因素的存在，高效率、高可靠性的UPS技术备受关注。为提高UPS运行效率，高性能电力电子器件不断被研发成功并投入实际应用，如IGBT、MOSFET、GTR、智能功率模块IPM、MOS控制晶闸管（MCT）等，变流技术也需要随着电力电子器件的更新而更新。目前正逐步推广UPS内部多模块冗余并联运行、多台UPS组成系统冗余运行等技术。在并联运行中，当单一模块或单机发生故障时，其功能则自动转由冗余单元承担，提高UPS系统的可靠性。

（2）大功率化、模块化

IT行业迅猛发展，数据中心的数据量也爆炸式地增长，随之而来的是功率消耗增大。UPS一方面朝着更大功率方向发展；另一方面，为应对不间断电源容量分期扩充需求，产品模块化已呈不可阻挡的趋势。更个性化的用户需求、更庞大的数据中心规模及更高的维护成本使UPS已不再是单纯的不间断供电设备，针对不同领域的全套电源供应与管理解决方案将备受市场青睐。

行业内针对模块化UPS解决方案基本形成两个方向：一是单机冗余化，即通过多模块冗余并联构成大功率单相或三相UPS，其可用性指标得到质的飞跃；二是全模块化结构，即一个模块是一台完整的UPS，通过冗余并联直接构成中等功率UPS，在兼顾可用性指标的同时，还具有良好的性价比。

（3）高频化

相比传统工频UPS，高频UPS采用功率因数校正技术和高频软开关技术，省去工频电能转换环节，因此运行效率更高，对电网的谐波污染及无功消耗极少，完全能够满足国内外相关电力行业标准的要求。高频电能变换装置在减小磁性部件体积和质量、降低制造成本、遏制运行噪声、节能环保等方面效果显著，因此越来越得到用户的认可。

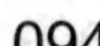

（4）数字化、智能化、网络化

数字化技术的优势在当今信息社会中愈加明显。在UPS产品的研发和制造过程中采用全数字化技术可有效缩小产品体积、降低生产成本、提高产品的可靠性及对用户需求的匹配性；数字化控制技术则会在UPS系统运行过程中准确、及时地进行信号采样、处理、控制（包括电压环、电流环等）、通信等工作，并将各环节的控制参数优化统一后发送给UPS综合控制单元，从而使UPS系统的运行更具效率，实现更简单、更稳定的通信与均流，并获取优良的电磁兼容指标。智能化贯穿于UPS系统的控制、检测与通信过程中，完全由计算机管理。计算机及其外设能自主应付一些可预见的问题，进行自动处理和调整，发出预警、报警信息等。通信设备所处环境日趋复杂，使维护难度增大，对电源设备的网络化监控管理提出了新的要求。网络化技术可通过对UPS配置与计算机互连的软、硬件接口，实现计算机网络系统及数据资料的双重保护、网络远程事件记录和监测控制、故障报警、参数自动测试分析等功能，使维护人员更为轻松、安全、高效地通过互联网进行数据查询、控制等维护工作。

（5）绿色、节能、环保

在世界能源格局变化加剧、国际油价剧烈震荡、全球能源供应紧张的形势下，节能环保已成为UPS厂商进行产品技术创新的指导原则。对UPS而言，输入功率因数的高低表明其吸收电网有功功率的能力及对电网影响的程度。降低电源的输入谐波，不但能改善UPS对电网的负载特性，减少给电网带来的严重污染，也能降低对其他网络设备的谐波干扰。已有许多UPS厂商推出的产品功率因数接近1，可最大限度地减少无功功率的消耗。

不间断电源的优点在于不间断供电能力。在交流市电输入正常时，UPS把交流电整流成直流电，然后把直流电逆变成稳定无杂质的交流电，再给后级负载使用。一旦交流市电输入异常，如欠压或停电或频率异常，UPS会启用备用能源——蓄电池，UPS的整流电路会关断，相应地，会把蓄电池的直流电逆变成稳定、无杂质的交流电，继续给后级负载使用。这是UPS不间断供电能力的由来。

UPS的不间断供电时间不是无限的，时间受制于蓄电池自身储存能量的大小。如果发生交流停电，在UPS的蓄电池供电时间内，应尽快恢复交流电，如启用备用交流电回路、启用柴油发电机发电，或者紧急存盘，保存劳动成果，等待交流电恢复正常后继续使用。

5. 不间断电源系统使用方法

当市电为正常380V/220VAC时，直流主回路有直流电压，供给DC-AC逆变器，输出稳定的220V或380V交流电压，同时市电经整流后对蓄电池充电。当市电欠压或突然掉电时，则由蓄电池组通过隔离二极管开关向直流回路馈送电能。从电网供电到蓄电池供电没有切换时间。当蓄电池能量即将耗尽时，不间断电源发出声光报警，并在电池放电下限点停止逆变器工作，长鸣报警。不间断电源还有过载保护功能，当发生超载（150%负载）时，跳到旁路状态，并在负载正常时自动返回。当发生严重超载（超过200%额定负载）时，不间断电源立即停止逆变器输出并跳到旁路状态，此时前面输入空气开关也可能跳闸。消除故障后，只要合上开关，重新开机即恢复工作。

UPS系统开、关机介绍如下。

① 第一次开机。按以下顺序合闸：蓄电池开关→自动旁路开关→输出开关依次置于“ON”。

按UPS启动面板“开”键，UPS系统将徐徐启动，“逆变”指示灯亮，延时1min后，“旁路”灯熄灭，UPS转为逆变供电，完成开机。

经空载运行约10min后，按照负载功率由大到小的顺序启动负载。

② 日常开机。按UPS面板“开”键，约20min后即可开启计算机或其他仪器使用。通常等UPS启动进入稳定工作状态后，方可打开负载设备电源开关（注意：手动维护开关在UPS正常运行时呈“OFF”状态）。

③ 关机。先将计算机或其他仪器关闭，让UPS空载运行10min，待机内热量排出后，再按面板“关”键。

6. 不间断电源系统使用维护

① 安装UPS的环境应避免阳光直射，并留有足够的通风空间，保持工作环境的温度不高于25℃。如果工作环境温度超过25℃，每温升增加10℃，蓄电池的寿命就会缩短一半左右。

② 不宜在UPS的输出端使用大功率晶闸管负载、晶闸管桥式整流型负载或半波整流型负载，此类负载易造成逆变器末级驱动晶体管被烧毁。

③ 严格按照正确的开、关机顺序进行操作，避免因负载突然增加或突然减少时，UPS的电压输出波动大，从而使UPS无法正常工作。

④ 禁止频繁地关闭和开启UPS，要求在关闭UPS后，至少等待30s后才能再次开启。造成中小型UPS故障高发的原因是：用户频繁地开机或关机，UPS带负载进行逆变器供电和旁路供电切换。

⑤ 实践证明，对于绝大多数UPS而言，将其负载控制在50%～60%额定输出功率范围内是最佳工作方式。禁止超负载使用，UPS的最大启动负载最好控制在80%之内，如果超载使用，在逆变状态下，时常会击穿逆变三极管。不宜过度轻载运行，这种情况容易因为电池放电电流过小而造成蓄电池失效。

⑥ 定期对UPS进行维护工作：观察工作指示灯状态，除尘，测量蓄电池电压，更换不合格蓄电池，检查风扇运转情况及检测调节UPS的系统参数等。

⑦ UPS适合带微电容性负载；不适合带电感性负载，如空调、电动机、电钻、风机等。如果UPS负载为电阻性或电感性负载，必须酌情减小其负载量以免超载运行。

⑧ 保持适宜的环境温度。影响蓄电池寿命的重要因素是环境温度，蓄电池要求的最佳环境温度为20～25℃。温度的升高对蓄电池放电能力有所提高，但蓄电池的寿命缩短。据试验测定，环境温度一旦超过25℃，每升高10℃，蓄电池的寿命就要缩短一半。达不到规定的环境要求，蓄电池寿命的长短就有很大的差异。另外，环境温度的提高会导致蓄电池内部化学活性增强，从而产生大量的热能，又会反过来促使周围环境温度升高，这种恶性循环，会加速缩短蓄电池的寿命。

⑨ 定期充电、放电。UPS的浮充电压和放电电压在出厂时均已调试到额定值，而放电电流的大小是随着负载的增大而增加的，使用中应合理调节负载，如控制微机等电子设备的使用台数。一般情况下，负载不宜超过UPS额定负载的60%。在这个范围内，蓄电池就不会出现过度放电。UPS因长期与市电相连，在供电质量高、很少发生市电停电的使用环境中，蓄电池长期处于浮充电状态，日久就会导致蓄电池化学能与电能相互转化的活性降低，加速老化而缩短使用寿命。因此，每隔2～3个月应完全放电一次，放电时间可根据蓄电池的容量和负载的大小确定。一次全负荷放电完毕后，按规定再充电8h以上。

⑩ 利用通信功能。大多数大中型UPS都具有与微机通信和可由程序控制等功能。在微机上安装相应的软件，通过串/并口连接UPS，运行该软件使微机与UPS进行通信。UPS一般具有信息查询、参数设置、定时设定、自动关机和报警等功能。通过信息查询，获取市电输入电压、UPS输出电压、负载利用率、蓄电池容量利用率、机内温度和市电频率等信息；通过参数设置，设定UPS基本特性、蓄电池可维持时间和蓄电池用完报警等。通过信息化的操作，可方便对UPS及其蓄电池的管理。

⑪ 及时更换废/坏蓄电池。大、中型UPS配备的蓄电池数量从3块到80块不等，甚至更多。当蓄电池组中某些蓄电池损坏时，维护人员应对每块蓄电池进行检查、测试，找出损坏的蓄电池。更换新的蓄电池时，应该力求购买同厂家、同型号的蓄电池，禁止防酸蓄电池和密封蓄电池、不同规格的蓄电池混合使用。

7. 不间断电源系统故障

在使用不间断电源系统的过程中，人们往往片面地认为蓄电池是免维护的而不加重视。然而有资料显示，因蓄电池故障而引起UPS主机故障或工作不正常的比例大约为1/3。由此可见，加强对UPS蓄电池的正确使用与维护，对延长蓄电池的使用寿命，降低UPS系统的故障率，有着重要的意义。除了选配正规厂家的蓄电池以外，应从以下几个方面正确地使用与维护蓄电池。

① 灰尘带入机内沉积，当遇潮湿空气时，会引起主机控制紊乱，造成主机工作失常，并发生不准确报警。大量的灰尘也会造成器件散热不好。每季度应彻底清洁一次。在除尘时，检查各连接件和插接件有无松动和接触不牢的情况。

② 蓄电池组都采用免维护蓄电池，但这只是免除了以往的测比、配比、定时添加蒸馏水的工作，外因对蓄电池的影响并没有改变，不正常工作状态对蓄电池造成的影响也没有改变，这部分的维护、检修工作仍是非常重要的，UPS系统的大量维护、检修工作在蓄电池部分。

蓄电池全部工作在浮充状态，在这种情况下至少应每年进行一次放电。放电前应先对蓄电池组进行均衡充电，以达到全组蓄电池的均衡。放电前要清楚蓄电池组已存在的落后蓄电池。放电过程中如有一块达到放电终止电压，应停止放电，继续放电时先消除落后蓄电池。

平时每个蓄电池组至少应有8块蓄电池作为标示电池，作为了解全蓄电池组工作情况的参考，对标示电池应定期测量并做好记录。

日常维护中需要经常检查的项目：清洁并检测蓄电池两端的电压、温度；连接处有无松动、腐蚀现象，检测连接条压降；蓄电池外观是否完好，有无壳变形和渗漏；极柱、安全阀周围是否有酸雾逸出；主机设备是否正常。

蓄电池维护，要做到运行、日常管理的周到、细致和规范性，保证设备（包括主机设备）保持良好的运行状况，从而延长使用年限；保证直流母线保持合格的电压和蓄电池的放电容量；保证蓄电池运行和人员的安全、可靠。这是蓄电池维护的目的，也是蓄电池运行规程中包含的内容。

③ 当UPS系统出现故障时，应先查明原因，分清问题是出在负载还是UPS系统，是出在主机还是蓄电池组。虽然UPS主机有故障自检功能，但它对面而不对点，对更换配件很方便，但要维修故障点，仍需要做大量的分析、检测工作。自检部分发生故障时，显示的故障内容则可能有误。

④ 主机出现击穿、熔断器损坏或烧毁器件的故障时，一定要查明原因并排除故障，之后才能重新启动，否则会接连发生相同的故障。

⑤ 在蓄电池组中发现电压反极、压降大、压差大和酸雾泄漏现象的蓄电池时，应及时采取相应的方法恢复和修复，对不能恢复和修复的蓄电池要进行更换，但不能把不同容量、不同性能、不同厂家的蓄电池连在一起，否则可能会对整组蓄电池带来不利影响。对寿命已过期的蓄电池组要及时更换，以免影响到主机。

8. 不间断电源系统技术指标

新型UPS中的逆变器大多采用PWM（脉冲宽度调制）技术，同时采用石英晶体振荡控制逆变器的频率，通过电压负反馈电路确保输出电压的稳定。它具有开关电源的一系列优点，通过精确调整脉冲宽度保证功率稳定输出。同时，开关电源技术的应用，也使其自身损耗降低。技术指标如下：

① 额定输出功率和最大输出功率。

② 切换时间。

③ 输出电压稳定度，参考值为±0.5%～±2%。

④ 输出频率稳定度，参考值为±0.01%～±0.5%。

⑤ 输出波形纯正（正弦波输出），电压畸变小于1%，不存在谐波失真的问题。

⑥ 效率高、损耗低，参考指标高于90%。

⑦ 无故障工作时间。由于微处理器监控技术和先进的IGBT（绝缘栅双极晶体管）驱动型SPWM（正弦脉冲宽度调制）等技术的应用，UPS已达到极高的可靠性。对于大型UPS，其单机的平均无故障时间（MTBF）已超过20万小时。如果采用双总线输出的多机“冗余”型UPS系统，其MTBF可达1000万小时数量级。

⑧ 稳压精度，指输出端电压的相对变化量，为一百分数，越小越好。当输入电压或负载发生变化时，UPS的输出电压也会升高或降低，变化越小说明稳压精度越高。

单元二　数据中心对供配电系统的要求

一、 基本要求

由于数据中心连续工作的特性，它对电力的要求比较高，为了保证数据中心整体电力供应的安全、稳定，综合各方面考虑，数据中心电力供应一般选用双路市电，而且取自当地供电部门不同城市区域变电站或同一区域变电站的不同母线段。当双路市电掉电或有其他情况发生时，数据中心依靠自己配备的柴油发电机组也可保证其电力供应安全。此外，数据中心还设计有不间断电源（如 UPS、DPS），可放电时间应大于或等于柴油发电机组启机、并机、送电等过程所消耗的时间。

1. 基本要求

由于以上工作特性，数据中心对其供配电系统也提出了基本要求：

① 连续：指电网不间断供电。

② 稳定：指电网电压频率稳定，波形失真小。数据中心要求电源供电稳定是为了保证数据和设备的安全，具体技术要求见表 3-2-1。

表 3-2-1　电网电压稳定性技术要求（GB 50174—2017）

项目	技术要求	备注
稳态电压偏差范围/%	−10～+7	交流供电时
稳态频率偏差范围/Hz	±0.5	交流供电时
输入电压波形失真度/%	≤5	电子信息设备正常工作时
允许断电持续时间/ms	0～10	不同电源之间进行切换时

表 3-2-1 中各项稳态指标的提出，意味着数据中心机房必须配置 UPS（不间断电源），因为在双路市电的架构下，电网也无法长时间处于上述指标范围内，所以配置 UPS，通过 UPS 的输出保证电网稳定。其余指标的技术要求见《数据中心设计规范》(GB 50174—2017)。

③ 平衡：主要指三相电源的平衡，即相角要平衡、电压要平衡和电流要平衡。要求负载

在三相之间平衡分配，主要是为了保护供电设备（如UPS）和负载。

④ 分类：是指对IT设备及周围辅助设备按照其重要性分开处理供配电。分类的实质源于各负荷可靠性要求的不一致，为不同可靠性要求的负荷配置不同的供配电系统，能够在保证安全的前提下有效地节约成本。

2. 电源要求

数据中心电气设备系统输出电源分为交流电源和直流电源，对其要求分别如下所述。

（1）交流电源

数据中心由市电或柴油发电机组提供交流电，称为交流电源。

① 额定电压和频率。交流电源的额定电压一般有220kV、110kV、10kV、380V等。额定频率为50Hz。

② 电压偏移范围。使用低压380V交流电的不间断电源设备、空调设备、通信设备等，其电源输入端的允许电压偏移范围为额定电压值的-15%～+10%；使用10kV交流电的用电设备，其电源输入端的允许电压偏移范围为额定电压值的±10%。

③ 频率偏移范围。交流电源频率偏移的变动范围为额定值的±4%，交流电源输入电压波形的失真度不大于5%。

④ 谐波电流要求。当变配电系统中总谐波电流大于10%时，应适当进行谐波处理。

⑤ 功率因数要求。市电接入处的功率因数应按照当地供电部门的要求进行无功补偿。供配电系统中出现容性无功功率时，最好采用有源无功功率补偿装置。

（2）直流电源

输出直流电的电源称为直流电源。

① 额定电压。数据中心直流电源的额定电压有-48V、240V、336V。

② 电压偏移范围。若使用-48V直流电，用电设备受电端电压偏移范围为-57～-40V；若使用240V直流电，用电设备受电端电压偏移范围为192～288V；若使用336V直流电，用电设备受电端电压偏移范围为260～400V。

③ 全程线压降。直流放电回路全程线压降符合以下规定：若使用-48V直流电，直流放电回路全程线压降应不大于3.2V；若使用240V、336V直流电，直流放电回路全程线压降应不大于12V。

目前，新一代数据中心对供配电系统还提出了容量更大、寿命更长、可靠性更高、大集中和大分散的供电方式及用分散构建集中的要求。

二、电能质量要求

随着科技生产力的高速发展，在数据中心运行中广泛应用了大量的非线性负载，这对电能的质量与品质提出了更高的要求。目前，非线性负载与供配电系统呈现出电能质量问题，主要表现在功率因数较低、谐波污染、电压扰动等一系列问题，这些问题也引起了数据中心运维部门的高度重视。良好的电能质量和稳定的供配电系统，已成为数据中心运维工作的重点。

电能质量指的是电力系统的供电质量，包括电压和电流质量、供电和用电质量。

电能质量指标如下所述。

（1）电压偏差

通常情况下，将实际电压偏离额定电压的百分比称为电压偏差，而无功功率传输是造成用电设备实际电压偏离额定电压的主要原因。无论是数据中心自身用电负荷的变化还是电力系统运行方式的变化，都会给实际电压带来偏差。一般来说，持续时间越长，造成的电压偏差就越大。供电电压偏差标准规定：当供电电压≥35kV 时，电压偏差不能超过±10%；当供电电压≤10kV 时，电压偏差不能超过±7%；当 220V 单相供电时，电压偏差的范围为-10%～+7%。电压偏差的衡量点为供用电产权分界处或电能计量点。

（2）电压波动和闪变

电压波动是指电压幅值不超过0.9～1.1倍额定电压的随机变动或有规律的波动。电压闪变是指电压波动造成灯光照度波动的人眼视感。电压波动主要原因有用电设备是冲击负荷或是波动负荷、系统发生短路故障、系统设备自动投切时产生操作波、系统遭受雷击等。电压波动的规定：当供电电压≤10kV时，电压波动范围为2.5%；当供电电压为35～110kV时，电压波动范围为2%；当供电电压≥220kV时，电压波动范围为1.6%。电压闪变的规定：对照明要求较高，推荐值为0.4%；一般照明负荷，推荐值为0.6%。

还要注意的是：电压波动和闪变的衡量点为电网公共连接点（PCC），取实测95%概率值；给出闪变电压限值和频度的关系曲线，可以根据电压波动曲线查得允许值，并给出算例；对测量方法和测量仪器做出基本规定。

（3）频率偏差

在电力系统中，系统的频率偏差是指系统正常工作时，系统频率的实际值与标称值之差。我国电力系统规定：正常频率偏差范围为±0.2Hz，当系统容量较小时，频率偏差值可达±0.5Hz。

（4）谐波

谐波是指在从傅里叶级数分解周期性的非正弦电量中得到的一系列大于电网基波频率的分量。谐波的产生加大了电力企业的运行成本，降低了电网供电的可靠性，影响了通信系统的正常工作，严重时还会造成恶性事故的发生。

（5）三相电压不平衡

三相电压不平衡是指在电力系统中出现三相电流或电压幅值不一致且幅值差超过规定范围的现象。三相不平衡的程度称为不平衡度，它用电压或电流负序分量与正序分量的方均根值的百分比表示。电网的谐波、系统故障、大容量非对称电荷的接入等原因都会造成三相电压不平衡。三相电压不平衡的规定：正常允许2%，短时不超过4%；每个用户一般不得超过1.3%。

还要注意的是：各级电压要求一样；衡量点为PCC，取实测95%概率值，或日累计超标不超过72min并且每30min中超标不超过5min；对测量方法和测量仪器做出规定；提供不平衡度算法。

数据中心机房的供配电应满足《计算机场地通用规范》（GB/T 2887—2011）的规定，其供配电系统的频率为 50Hz，单相电压为 220V 或三相电压为 380V，需要提供的电源相数为三相五线制或者三相四线制，单相为单相三线制。计算机和网络主干设备对交流电源的质量要求十分严格，对交流电的电压和频率、对电源波形的正弦性、对三相电源的对称性、对供电的连续性、对供电的可靠性、对供电的稳定性和抗干扰性等指标都要求保持在允许偏差范围内。供配电系统容量应该视机房所配备设备的情况而定，同时考虑系统的扩展与升级可能预留备用容量。此外，《数据中心设计规范》（GB 50174—2017）中还特别强调：电子信息设备供电电源质量应根据数据中心的等级按本规范的附录 A 中要求执行，当电子信息设备采用直流电源供电时，供电电压应符合电子信息设备的要求；数据中心采用不间断电源系统供电的空调设备和电子信息设备，不应由同一组不间断电源系统供电；测试电子信息设备的电源和用于电子信息设备正常工作的电源，应采用不同的不间断电源系统。

单元三　高压变配电系统接线典型方案

1. 高压变配电系统

数据中心高压变配电系统是数据中心供配电系统联系市电供电网络和用户的中间环节，起着变换和分配电能的作用。该系统主要涉及 35kV、10kV、6kV、3kV 等电压等级。在国内数据中心的建设中，高压变配电系统的设计和实施的过程通常是由具备资质的专业设计机构和当地的供电机构协商完成的。

2. 高压变配电系统典型方案

常见高压变配电系统典型方案如图 3-3-1 所示，市电是电源输入侧，每段高压由单一市电电源输入，实现对负载馈电输出控制。双电源负载在此电路中实现两段市电互锁控制，完成供电的联络与调度。

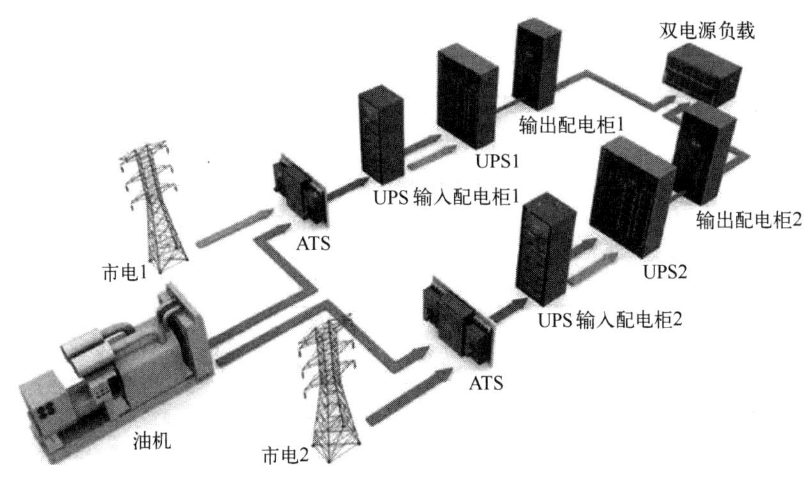

图 3-3-1　高压变配电系统典型方案

一、电压选择

1. 标准电压

数据中心高压变配电系统电压根据用电容量、用电设备特性、供电距离、供电线路的回路数、当地公共电网现状及其发展现状等因素综合考虑决定。根据国家标准《标准电压》（GB/T 156—2017）规定，我国三相交流系统的标称电压和设备的最高电压见表 3-3-1。

表 3-3-1　系统标称电压和相关设备的最高电压　　单位：kV

分类	系统标称电压（额定电压）	系统最高电压	发电机额定电压	电力变压器额定电压	
				一次绕组	二次绕组
低压	0.38	—	0.4	0.22、0.38	0.23、0.4
	0.66	—	0.69	0.38、0.66	0.4、0.69
高压	3（3.3）	3.6	3.15	3、3.15	3.15、3.3
	6	7.2	6.3	6、6.3	6.3、6.6
	10	12	10.5	10、10.5	10.5、11
	—	—	13.8、15.75、18	13.8、15.75 、18	—

续表

分类	系统标称电压（额定电压）	系统最高电压	发电机额定电压	电力变压器额定电压	
				一次绕组	二次绕组
	20	24	20，22，24，26	20、22、24、26	21、22
	35	40.5	—	20	38.5
	66	72.5	—	35	72.6
	110	126	—	66	121
高压	220	252	—	110	242
	330	363	—	220	363
	500	550	—	330	550
	750	800	—	500	820
	1000	1100	—	750	1100
	—	—	—	1000	—

2. 送电能力

送电能力（容量）取决于线路的电压等级，电压等级又受制于线路种类和供电距离，见表3-3-2。

表 3-3-2 送电能力

标称电压/kV	线路种类	送电容量/MW	供电距离/km	标称电压/kV	线路种类	送电容量/MW	供电距离/km
6	架空线	0.1～0.2	4～15	10	电缆	5	6 以下
6	电缆	3	3 以下	35	架空线	2～8	20～50
10	架空线	0.2～2	6～20	35	电缆	15	20 以下

数据来源：《工业与民用配电设计手册》。

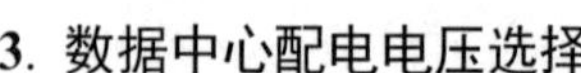

3. 数据中心配电电压选择

对于数据中心，目前多采用 10kV 和 35kV 配电电压。当前数据中心的高压变配电系统选用最多的是 10kV 变配电系统。相比 6kV 变配电系统，10kV 变配电系统有以下几个优势：

① 10kV 变配电系统相比较 6kV 变配电系统能够提供更大的负荷容量。

② 在配电线路方面，同样输送功率和输送距离的条件下，配电电压越高，线路电流越小，因此线路采用的导线和电缆截面面积越小，从而可降低线路的初期投资和金属消耗量，并且减少线路的电能损耗和电压损耗。

③ 在开关设备的投资方面，实际使用的 6kV 开关设备的型号规格与 10kV 基本相同，因此，10kV 变配电系统相比 6kV 变配电系统没有增加投资额。

④ 在可靠性、安全性和适应性方面，10kV 变配电系统优于 6kV 变配电系统。

4. 高压系统中性点运行方式

高压系统中性点运行方式分为以下三种：

① 中性点不接地；

② 中性点经绕组（电阻或消弧线圈）接地；

③ 中性点直接接地。

前两种为非有效接地系统或小电流接地系统，后一种为有效接地系统或大电流接地系统。确定高压系统中性点运行方式，应从供电可靠性、内阻电压、对通信线路的干扰、继电保护，以及确保人身安全等全方面综合考虑，如图 3-3-2 所示。

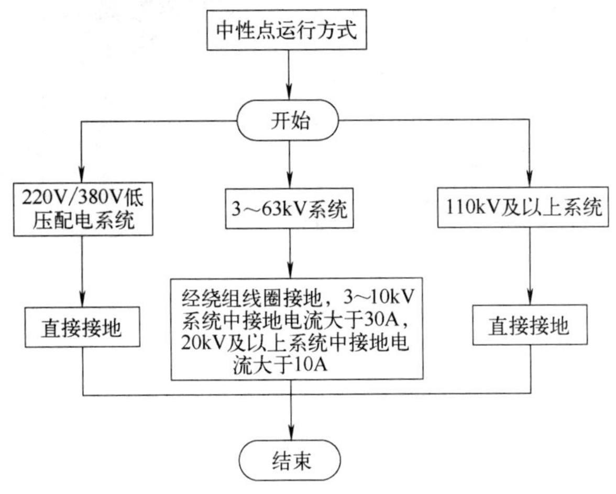

图 3-3-2　中性点运行方式

二、高压开关柜原理、组成及运行与维护

1. 高压开关柜原理

高压开关柜又称为高压配电柜，它的工作原理是通过对电流的控制和保护，确保配电系统的正常运行和故障时的安全操作。电压等级为 3.6～550kV 的电气产品的高压开关柜如图 3-3-3 所示。

高压开关柜有以下性能要求：

① 运行连续性要求。高压开关柜运行连续性要求是指打开主回路的一个隔室时，其他隔室或功能单元可以保持带电，即高压开关柜需要维修时，高压配电系统仍具备供电能力。

② 高压开关柜内燃弧耐受能力要求。为保证操作人员的安全，高压开关柜必须耐受机械冲击和热冲击，柜体必须将电弧的影响限制在柜体局部范围，避免由于内燃弧而造成危害。

图 3-3-3　高压开关柜

③ 高压开关柜五防要求如下：

a. 防止误分、误合断路器。

b. 防止带负荷拉、合隔离开关或手车触头。

c. 防止带电挂（合）接地线（接地刀开关）。

d. 防止带接地线（接地刀开关）合断路器（隔离开关）。

e. 防止误入带电间隔。

2. 高压开关柜组成

高压开关柜是将主母线、断路器、接地开关、电流互感器、电压互感器、控制系统、保护系统、监测系统等装配在封闭的金属柜体内，在电力系统中接收和分配电能的装置。如图 3-3-4 所示，高压开关柜的结构分为 A 区断路器隔室、B 区继电仪表隔室、C 区高压母线隔室、D 区电缆隔室。每个隔室都是独立且封闭的空间，根据设备隔室可触及的程度，将设备的隔室分为联锁控制的可触及隔室、基于程序的可触及隔室、基于工具的可触及隔室和不可触及隔室。

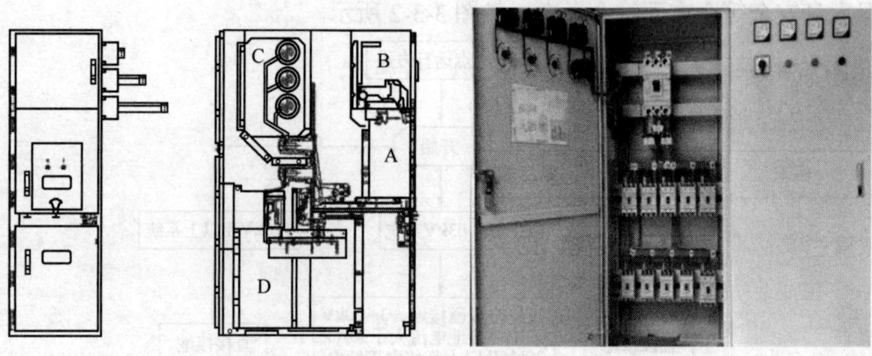

图 3-3-4　高压开关柜结构示意图

A—断路器隔室；B—继电仪表隔室；C—高压母线隔室；D—电缆隔室

① A 区断路器隔室是高压开关柜可移出式断路器手车隔室，通过高强度手车导轨可以在线移出或推进断路器，达到很好的互换性和可维护性，提高了供电的可靠性。A 区断路器隔室要求断路器位置与接地开关联锁、金属活门与断路器室门联锁、二次插头与断路器位置联锁，并具有独立的压力释放装置。A 区断路器隔室内设有防凝露加热器。

② B 区继电仪表隔室是高压开关柜二次设备的汇总处，负责高压开关柜一次设备的控制、保护。B 区是独立封闭的整体组装结构。

③ C 区高压母线隔室用于高压开关柜高压母线和高压路由的引入，是高压配电系统中高压母线路由的一部分。C 区是独立封闭的隔室，具有独立的压力释放装置。

④ D 区电缆隔室是高压开关柜与外部连接电缆的汇接室，完成断路器端与外部电缆的连接。D 区电缆隔室必须与电缆室门有机械联锁，以确保五防要求。其中，进线柜（隔离柜）采用电磁铁与柜门进行闭锁；馈线柜则是柜门与接地开关联锁（纯机械）。D 区电缆隔室具有独立的压力释放装置，内设有防凝露加热器。

3. 高压开关柜主要器件

高压开关柜主要器件如图 3-3-5 所示。

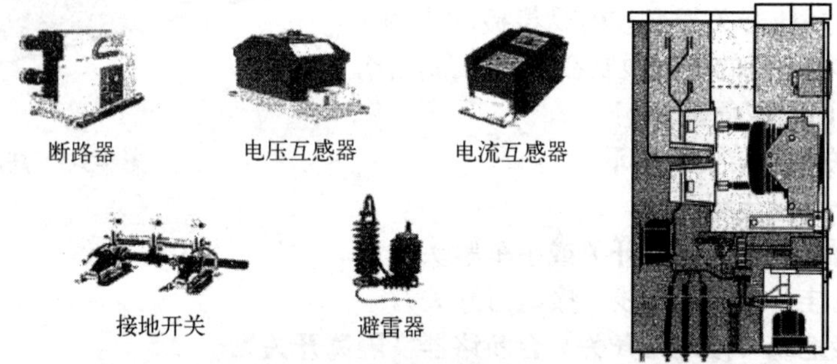

图 3-3-5　高压开关柜主要器件

① 断路器。高压配电系统中的断路器根据灭弧介质分为油断路器、SF_6 断路器、真空断路器。数据中心常用真空断路器。

② 接地开关。接地开关的作用是将高压线路与开关柜底部的地端连接，保证操作人员的绝对安全（电压为零）。

③ 避雷器。避雷器是一种能释放过电压能量、限制过电压幅值的保护设备。

④ 电压互感器。电压互感器的作用是将交流高电压变换成低电压，供给测量仪表及继电保护装置的电压线圈。

⑤ 电流互感器。电流互感器的作用是将一次侧电流变换成小电流（5A 或 1A），供给测量仪表及继电保护装置的电流线圈。

⑥ 综合保护装置。高压开关柜综合保护装置简称综保，是高压开关柜中不可或缺的一部分，它对电路中的不正常情况（如电路短路、断路、缺相等）起到保护作用。常见结构外形如图 3-3-6 所示。

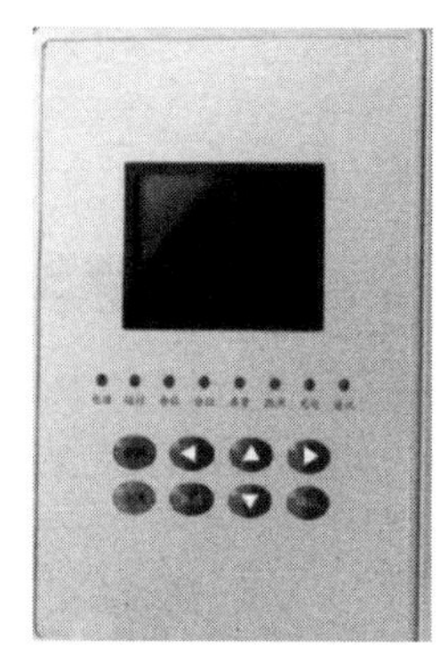

图 3-3-6　综合保护装置

4. 高压开关柜运行与维护

（1）高压开关柜运行

高压开关柜的运行状态由高压断路器的运行状态决定，主要有工作状态和试验状态。

① 工作状态。高压开关柜的工作状态可分为合闸通路状态和分断隔离状态。

a. 合闸通路状态。断路器输入/输出主触点与高压开关柜输入/输出静触点接通，断路器合闸，供电路由接通。此时柜面板指示：断路器位置指示灯为红色，断路器状态指示灯为红色。

b. 分断隔离状态。断路器输入/输出主触点与高压开关柜输入/输出静触点接通，断路器分闸，供电路由断开。此时柜面板指示：断路器位置指示灯为红色，断路器状态指示灯为绿色。

② 试验状态。断路器输入/输出主触点与高压开关柜输入/输出静触点断开，二次控制航空插头保持连接状态不变。此时柜面板指示：断路器位置指示灯为绿色。

（2）高压开关柜运行控制

改变高压开关柜运行状态的控制方式有“远方”控制和“就地”控制两种模式，可以在高压开关柜面板上转换“远方”“就地”模式。

① “远方”控制模式下，高压开关柜接受远方逻辑程序控制。

② “就地”控制模式下，高压开关柜接受面板控制转换开关控制。

（3）高压开关柜操作

① 分闸操作。高压开关柜的手动分闸操作用于负载侧断电或配电检修等。操作步骤如下所述。

a. 控制模式变更。在高压开关柜面板上将“远方”模式转换为“就地”模式。

b. 操作解锁。将操作钥匙插入并解锁。

c. 分闸。断路器分合闸开关向“分闸”位置旋转，此时断路器分闸动作，高压开关柜面板断路器位置指示灯为红色，断路器状态指示灯为绿色，如图 3-3-7 所示。

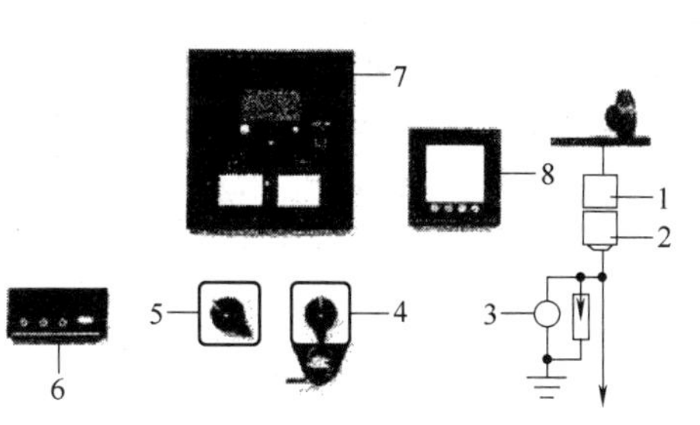

图 3-3-7　高压开关柜分闸操作示意

1—断路器位置状态指示；2—断路器分合闸状态指示；3—接地刀开关分合闸状态指示；4—断路器分合闸开关；5—就地/远方转换开关；6—带电指示；7—综合保护装置；8—智能电表

② 断路器移出至转运小车操作。断路器移出至转运小车的操作用于高压配电检修或应急更换断路器。操作步骤如下所述。

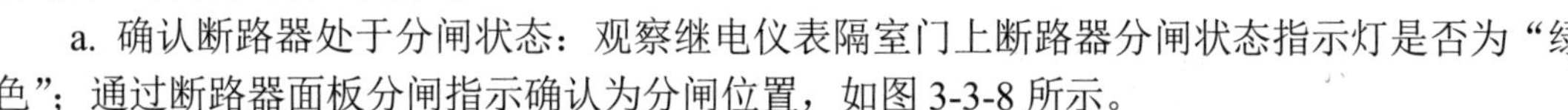

a. 确认断路器处于分闸状态：观察继电仪表隔室门上断路器分闸状态指示灯是否为“绿色”；通过断路器面板分闸指示确认为分闸位置，如图 3-3-8 所示。

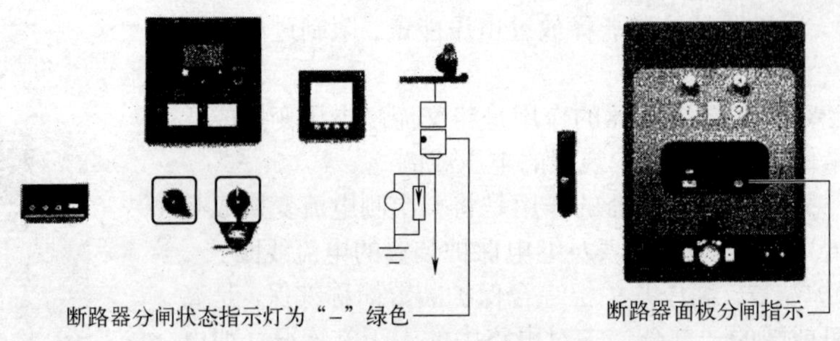

图 3-3-8　断路器处于分闸状态示意

b. 将操作把手插入操作孔，逆时针摇动手柄将断路器转运小车摇到试验位置。继电仪表隔室门上断路器位置状态指示灯为“绿色”，如图 3-3-9 所示。

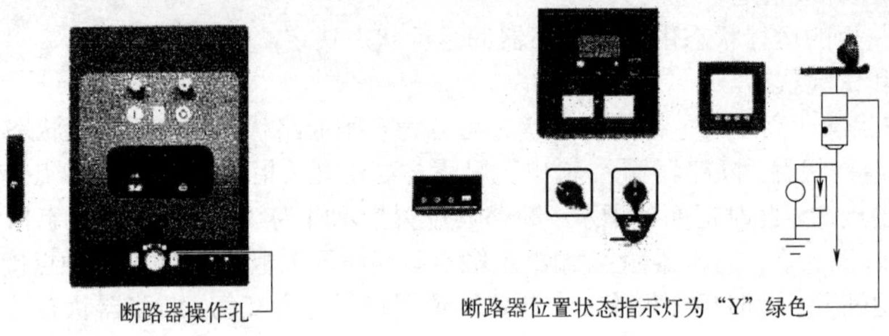

图 3-3-9　断路器处于试验位置示意

c. 打开断路器室门，掰开航空插头的扣板，拔出航空插头，将插头挂在小车面板的固定螺栓上，脱离二次控制线缆，如图 3-3-10 所示。

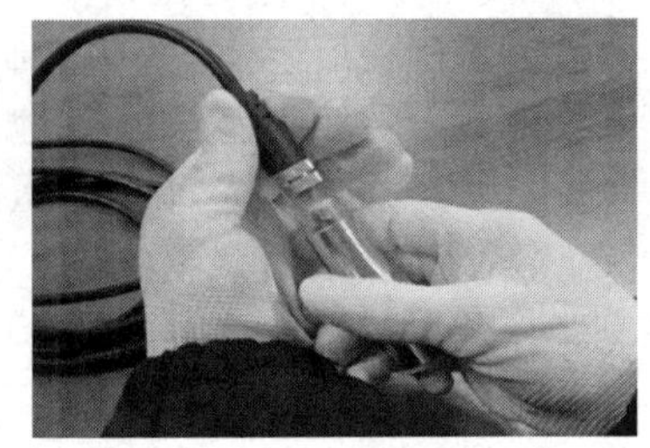

图 3-3-10　航空插头操作示意

d. 小车定位，将转运小车前部定位锁插入高压开关柜柜体的水平隔板插孔，并锁定在高压开关柜上，向后拉小车，确定小车锁定。

e. 向内侧移动断路器转运小车横梁上的定位手柄，将断路器移动到转运小车上并确定断路器定位锁紧，向左侧拉小车上的手杆，解除小车和开关柜的联锁。将小车从开关柜上移开，放置到安全位置。

③ 转运小车上的断路器进入高压柜运行位置操作。转运小车上的断路器进入高压柜试验位置的操作用于高压配电检修或应急更换断路器。操作步骤如下所述。

a. 打开高压开关柜柜门，将带断路器的转运小车前部定位锁插入水平隔板插孔并锁定在高压开关柜上，向后拉小车确定小车锁定。

b. 确认接地开关处于分闸状态，确认活门处于关闭状态，将断路器转运小车移入开关柜的试验位置。小车到位后其横梁定位销把手应处于外侧极限位置。

c. 将航空插头插到插座上，压下扣板使航空插头完全置入插座内，关上高压开关柜的断路器隔室门，继电仪表隔室门上断路器位置状态指示灯为“绿色”。

d. 插入小车手柄，顺时针把断路器转运小车摇到运行位置，到位时手柄有明显的机械制动，观察断路器位置状态指示灯为“红色”。

④ 接地开关合、分闸操作。接地开关合、分闸操作用于验证断路器合闸时机构互锁以及

高压配电柜检修。操作步骤如下所述。

a. 先确认电缆隔室门关闭，以及确认断路器处于试验位置或检修位置。压下接地开关联锁滑片，插入接地开关操作手柄，顺时针旋转 180°，合上接地开关，如图 3-3-11 所示。

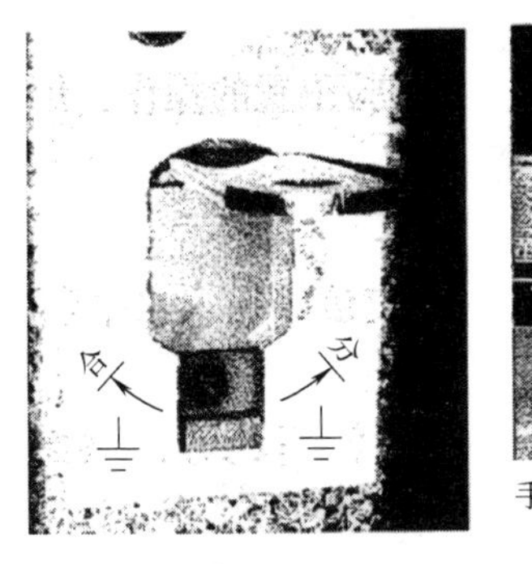

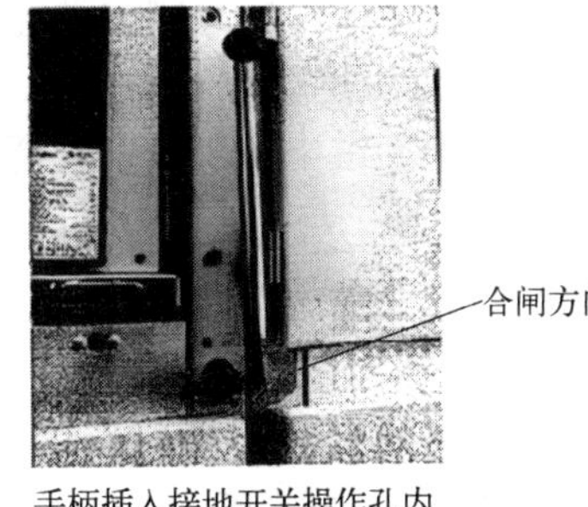

图 3-3-11　合上接地开关操作示意图

b. 在取出接地开关操作手柄时，用手握住操作手柄端部直接拔出。接地开关合闸过程中，能够听到开关弹簧机构动作的撞击声。可以从低压室面板指示灯、接地开关操作孔指示器及接地开关主轴分合闸指示牌看到开关状态为合闸状态。

c. 分闸操作：确认柜内清洁、无异物；确认电缆隔室门关闭且锁紧。插入接地开关操作手柄，逆时针旋转 180°，分闸接地开关。可以从低压室面板指示灯、接地开关操作孔指示器及接地开关主轴分合闸指示牌看到开关状态为分闸状态。

（4）高压开关柜维护

① 日常维护内容如下所述。

a. 面板来电指示灯、继电保护指示灯、报警指示灯是否正常。

b. 面板电压、电流数据是否正确。

c. 面板断路器位置和状态指示灯、接地开关状态指示灯颜色是否正确。

d. 二次电源是否正常。

e. 柜门是否紧闭完好。

f. 是否有异常声响、异常气味、弧光等。

② 预防性维护与检修内容如下所述。

a. 高压开关柜继电仪表隔室的维护与检修。

检修目的：更换二次回路部分隐患器件、紧固二次线连接等。

检修步骤：电压表和电流表指针归零，确认控制回路、储能回路、信号回路、交流回路不带电，如图 3-3-12 所示。

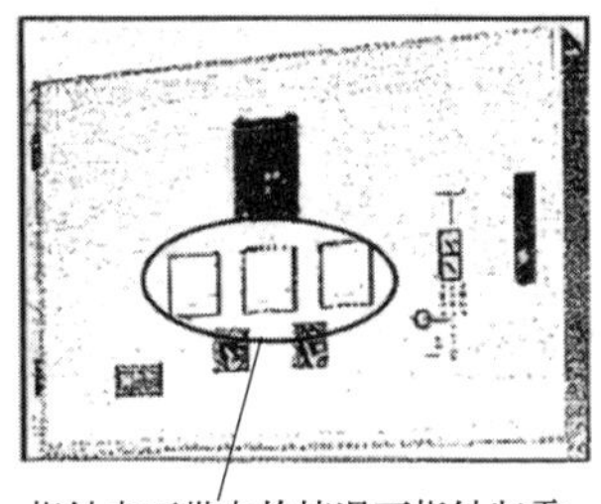

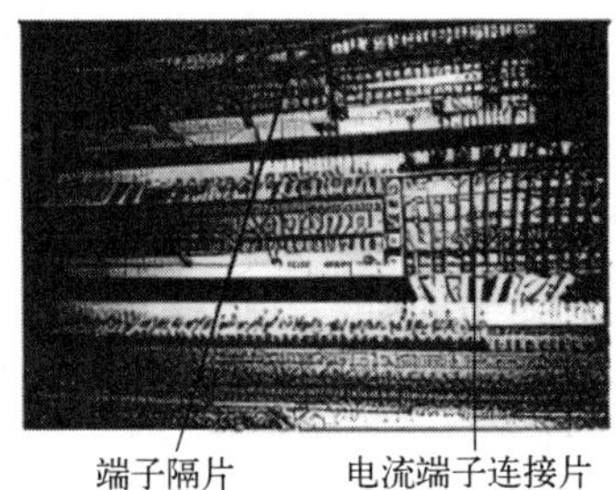

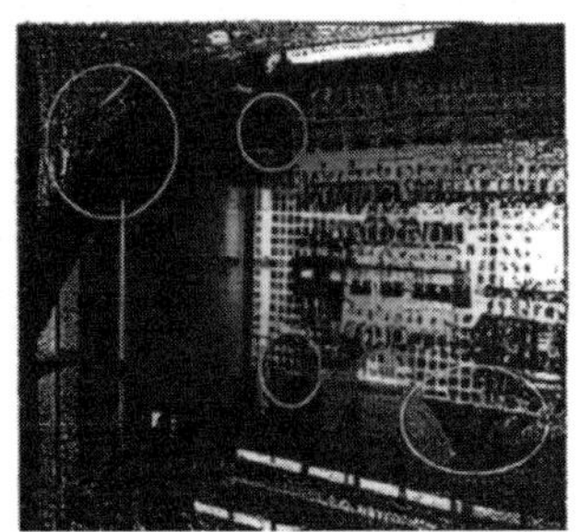

图 3-3-12　继电仪表隔室检修示意图

• 检查二次元器件、二次线固定螺栓是否松动，检查端子上安装的隔片是否移位。

• 检查二次微型空气开关及其辅助开关，以及断电仪表隔室门及网板上所安装的二次元器件是否有烧灼、破裂现象。

• 检查电压端子、信号端子二次线固定螺栓以及电流端子中间滑片固定螺栓、二次线固定螺栓是否有松动。

• 检查各元器件、端子、继电仪表隔室内部是否清洁、卫生。

b. 高压开关柜主母线的维护与检修。

检修目的：主母线紧固，清理蜘蛛网、灰尘，去湿，避免微放电现象。

检修步骤：确保主母线不带电、辅助电源不带电且采取安全措施，检修时必须严格遵守所有相关的安全规定，如图 3-3-13 所示。

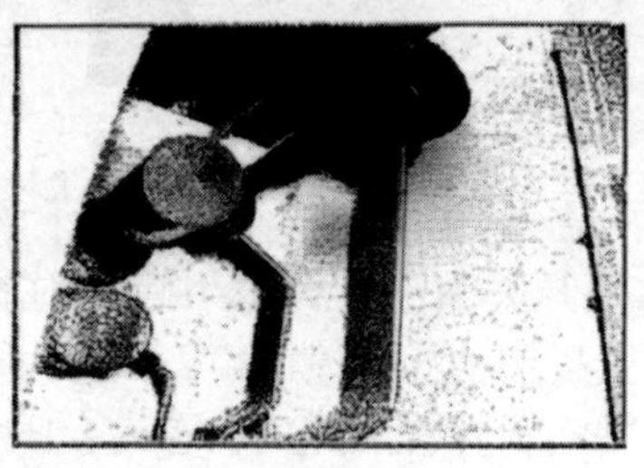

图 3-3-13　开关柜主母线检修示意图

• 首先拆除柜顶的泄压板和母线绝缘罩等。

• 检查穿墙套管的固定螺栓、主母线连接螺栓是否锁紧。

• 检查主电缆隔是否清洁。

• 检查主母线、分支母线、各侧板及连接螺栓是否受潮、生锈。

c. 高压开关柜电缆隔室的维护与检修。

检修目的：紧固接头，避雷器和加热器等隐患器件的检修或更新，机械传动部分润滑，隔室内清理。

检修步骤：确保主母线不带电、辅助电源不带电且采取安全措施，检修时必须严格遵守所有相关的安全规定。

• 合上接地开关，打开电缆隔室门。

• 检查各元器件及封板螺栓是否有锈蚀。

• 检查电力电缆线鼻子、避雷器线鼻子、连接铜排是否有锈蚀。

• 检查电力电缆和避雷器与连接铜排的连接螺栓是否紧固。

• 检查温湿度传感器及加热器是否有损坏，二次插头是否紧固。

• 检查电流互感器和铜排连接螺栓、接地开关静触点固定螺栓、接地软铜线固定螺栓及接地铜排固定螺栓是否紧固。

• 检查接地开关动触点、静触点、传动伞齿轮是否清洁，润滑脂是否涂抹均匀。

• 检查电缆连接铜排上安装的绝缘护罩及其固定尼龙螺栓是否完好。

• 检查一、二次电缆孔的封堵是否完好，保持各元器件及室内的清洁、卫生。

• 关上电缆隔室门，分、合接地开关，检查闭锁机构及机械指示是否正常。

d. 高压开关柜断路器隔室维护与检修。

检修目的：检查静触点、闭锁件是否灵活；机械传动部分润滑；隔室内清理。

检修步骤：确保主母线不带电、接地开关处于合闸状态且采取安全措施，检修时必须严格遵守所有相关的安全规定，如图 3-3-14 和图 3-3-15 所示。

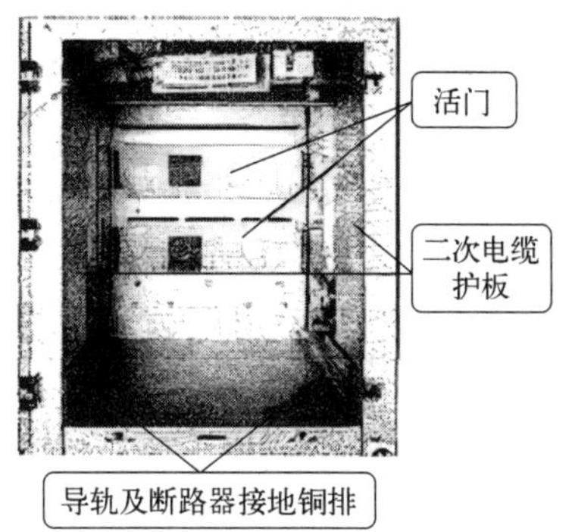

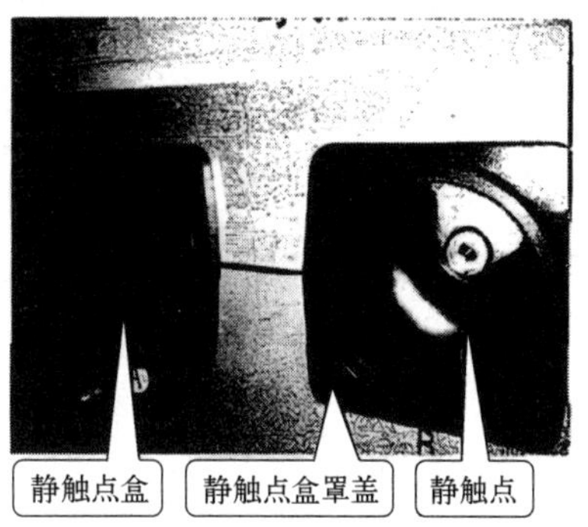

图 3-3-14　开关柜断路器隔室静触头检修示意图

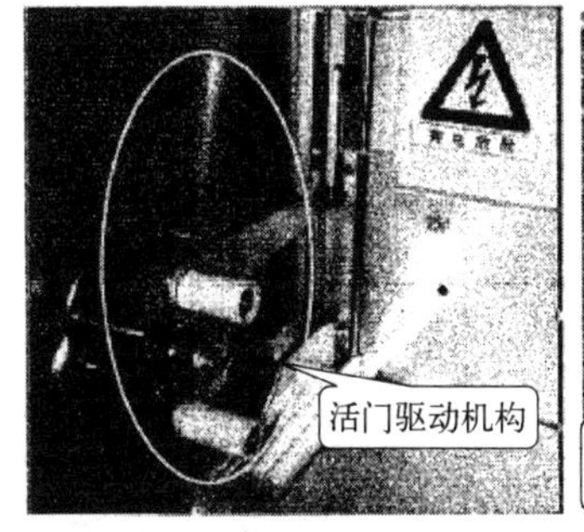

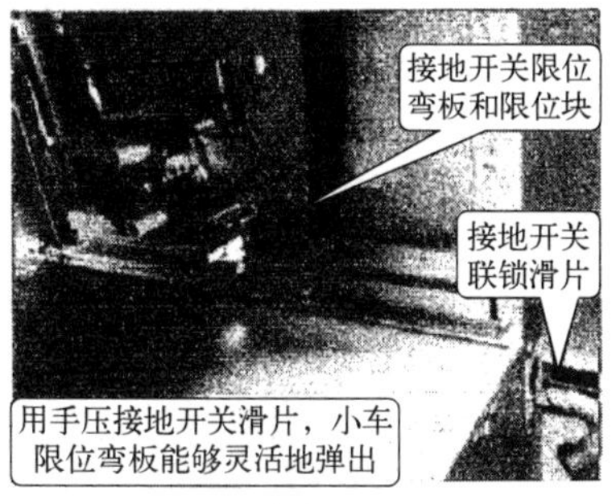

图 3-3-15　开关柜断路器的检修示意图

- 移出断路器转运小车，把小车放到安全位置。
- 将两颗 M8 螺栓插到驱动机构的重叠孔中，打开活门驱动机构。
- 检查静触点盒及罩盖是否有烧灼现象。
- 检查静触点是否有表面腐蚀严重、损伤、严重过热痕迹、镀银层磨损等现象。
- 检查断路器隔室内各钣金件、螺栓是否有受潮锈蚀现象。
- 检查静触点盒、静触点、水平隔板、活门、左右封板、航空插头闭锁装置、导轨及断路器接地铜排是否清洁。
- 检查活门驱动机构是否变形，活门动作是否灵活。
- 检查断路器转运小车和接地开关的联锁机构是否灵活，机械运动器件是否涂上了润滑脂。
- 把断路器从转运小车上移到断路器隔室门的试验位置，插上航空插头。
- 可以正常关上断路器隔室门。
- 分、合接地开关，摇进、摇出小车，检查小车和接地开关之间的联锁装置是否正常。

③ 故障对策：高压开关柜故障与对策详细内容见表 3-3-3。

三、高压双电源柜组成及运行与维护

1. 高压双电源柜的组成

高压双电源柜是具有两路输入电源且可以选择性切换的供电装置，具有两个具有机械联锁和电气联锁的真空断路器和相应的控制回路，如图 3-3-16 所示。

表 3-3-3　高压开关柜故障与对策

故障现象	原因分析	对策处理
小车无法从试验位置摇到工作位置	（1）小车横梁定位销未到位 （2）断路器处于合闸状态 （3）接地开关为合闸 （4）小车位置闭锁电磁铁未吸合 （5）活门没有打开	（1）将定位销复位 （2）将断路器分闸 （3）将接地开关分闸 （4）检查原因或更换 （5）检查活门驱动机构
小车无法从工作位置摇到试验位置	（1）断路器合闸 （2）小车位置闭锁电磁铁未吸合	（1）将断路器分闸 （2）检查原因或更换
接地开关滑片不能压下	（1）小车未在试验位置或柜外 （2）闭锁电磁铁未吸合	（1）将小车摇到试验位置或移到柜外 （2）检查原因或更换
接地开关分闸后滑片不能弹回原位	接地开关传动轴没有完全到位	插入操作手柄，逆时针旋转到极限位置，拔出手柄后分闸的机械指示处于操作孔的正下方
电缆隔室门无法关闭或打开	接地开关分闸或传动轴合闸后未到位	合上接地开关且使操作手柄顺时针至极限位置后再拔出手柄
断路器无法电动合闸	（1）控制电源未送上 （2）断路器航空插头未插上 （3）小车未处于试验位置或工作位置 （4）断路器未储能 （5）合闸闭锁电磁铁没有吸合 （6）合闸脱扣器没有吸合	（1）投入控制电源 （2）插上航空插头 （3）将断路器完全摇到试验位置或工作位置 （4）断路器储能 （5）检查电源或更换 （6）检查电源或更换

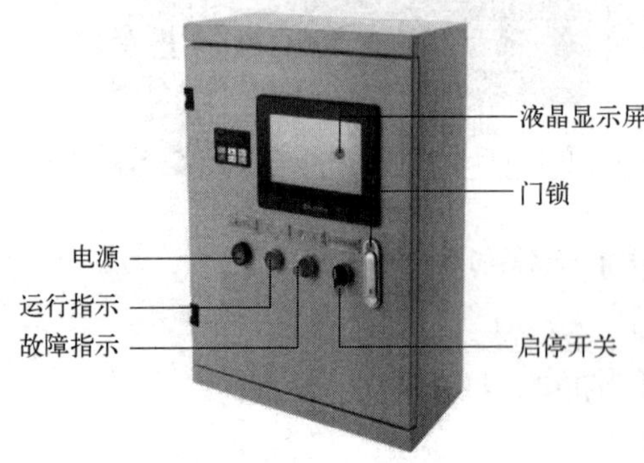

图 3-3-16　电气联锁与机械联锁的高压双电源柜示意图

高压双电源柜由以下四个关键部分组成：

① 有两路输入电源和开关设备的进线柜体，包括母线系统、电压互感器、电流互感器、避雷器、快速接地开关、液晶显示屏、电缆连接分支、线路保护及二次设备。

② 主回路转换执行机构的真空断路器和综合保护装置。

③ 自动转换、动作可靠的智能控制系统，就地转换或远方自控转换等多种转换方式的冗余控制系统。

④ 安全运行的联锁系统，具有可靠的电气联锁和机械联锁装置。

2. 高压双电源柜的运行操作

（1）自动转换

① 两路10kV电源都正常的情况下，备用电源高压开关柜分闸，而且断路器转运小车自动退出至隔离位置，主用电源高压开关柜合闸供电，负载由主用电源高压开关柜供电。

② 主用电源停电，主用电源高压开关柜分闸，而且断路器转运小车自动退出至隔离位置，备用电源高压开关柜断路器转运小车自动进入工作位置并合闸，负载由备用电源高压开关柜

供电。

③ 主用电源恢复，备用电源高压开关柜分闸，而且断路器转运小车自动退出至隔离位置，主用电源高压开关柜断路器转运小车自动进入工作位置并合闸，负载恢复由主用电源高压开关柜供电。

④ 两路10kV电源都停电，主用电源高压开关柜分闸，而且断路器转运小车自动退出至隔离位置，备用电源高压开关柜分闸，断路器转运小车也自动退出至隔离位置。

（2）手动转换

① 控制器控制面板切换至“就地”操作模式，转换系统退出自动控制逻辑。

② 根据选择的供电路由，分闸断路器切换至另外一路供电。

③ 控制面板操作模式下，电气联锁和机械联锁仍同时具备。

（3）紧急转换

当自动逻辑异常或就地旋钮发生故障时，需要人工手动操作。

① 通过断路器本体机械分闸按钮进行分闸操作，并将小车摇出至隔离位置。

② 手动操作手柄摇进准备合闸的断路器至工作位置，并以手动操控方式合闸断路器。

③ 紧急操作时，电气联锁和程序联锁都失效，仅具备机械联锁功能。

④ 紧急操作时，必须先将断路器分闸并退出隔离位置，再操作另一路断路器。

3. 高压双电源柜的维护

（1）日常维护基本要求

① 遵循电气安全操作规程，操作期间应遵守一人操作、一人监护的原则，实行操作唱票制度，切断电源前任何人不得进入带电防护区。

② 高压检修时应按停电—验电—放电—接地—挂牌—检修的程序进行。停电检修时，应先停低压，后停高压，先断负荷开关，后断隔离开关；送电顺序则相反。

③ 在切断电源后，进行检查有无电压、安装三相线上移动地线装置、更换熔断器等工作时，均应使用防护工具。

④ 悬挂“有人工作，切勿合闸”等告示牌后方可进行维护和检修工作，告示牌只许原挂牌人或监视人撤去。

⑤ 10kV高压配电设备前后均应铺设相应等级的绝缘垫；10kV高压配电室内设置参观通道，非专业维护人员不得跨越和触碰设备；10kV高压配电室走线架孔洞需要封闭，地下走线通道出口需要堵实封闭，门口需要设防小动物挡板。

⑥ 继电保护和报警信号应保持正常，严禁切断报警铃和信号灯。

（2）预防性维护

高压双电源柜预防性维护内容见表3-3-4。

表3-3-4 高压双电源柜预防性维护内容

序号	维护作业内容	工作要求	周期
1	高压配电设备清理	高压配电设备表面及室内无杂物，环境清洁	日常
2	高压双电源柜运行检查	无异常声响、无异味，记录电压、电流、功率	日常
3	检查高压双电源柜工作状态	检查断路器、接地开关的位置状态指示灯指示正常，“远方”“就地”设置正确，无报警信息	日常
4	直流系统运行检查	整流模块工作正常，合母、控母分路正常，记录电压、电流	日常
5	10kV反措智能系统设备工作状态	工作状态指示灯指示正确，无报警	日常
6	10kV反措智能操作系统平台工作状态	系统平台运行正常，状态显示正确，记录运行数据	日常

续表

序号	维护作业内容	工作要求	周期
7	检查安全防护工器具是否齐全	指示挂牌、绝缘鞋和绝缘手套、高压验电笔、接地、操作工具、断路器转运小车齐全	日常
8	检查高压双电源柜继电仪表隔室	操作电源正常，断路器状态正常，红外热成像仪测试温度<550K	月度
9	检查直流系统蓄电池	蓄电池外观、极柱、连接条、安全阀、壳体等清洁，无爬酸、腐蚀现象，无损伤、变形	月度
10	检查直流系统电气设备	整流模块清洁，断路器状态正常，红外热成像仪测试温度<500K	月度
11	检测直流系统蓄电池端电压	整流模块清洁，蓄电池端电压范围为13.38～13.62V/块	季度
12	模拟停电测试	模拟10kV输入故障，测试10kV系统倒换与柴油发电机供电正常	半年
13	检查电缆沟槽与室外相通的孔洞	封闭严实，根据施工情况动态检查封堵	年度
14	高压配电设备检修，耐压和综保测试	高压双电源柜各隔室设备检修，耐压和综保定值测试正常	两年

（3）高压双电源柜应急处理流程

① 一路市电停电应急处理流程如图3-3-17所示。

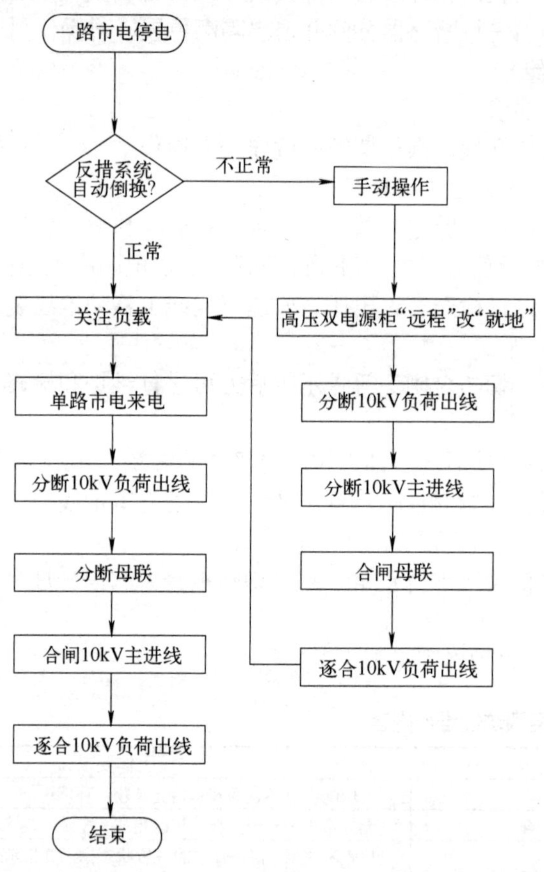

图3-3-17　一路市电停电应急处理流程

② 两路市电停电应急处理流程如图3-3-18所示。

③ 高压馈线合闸不成功应急处理流程如图3-3-19所示。

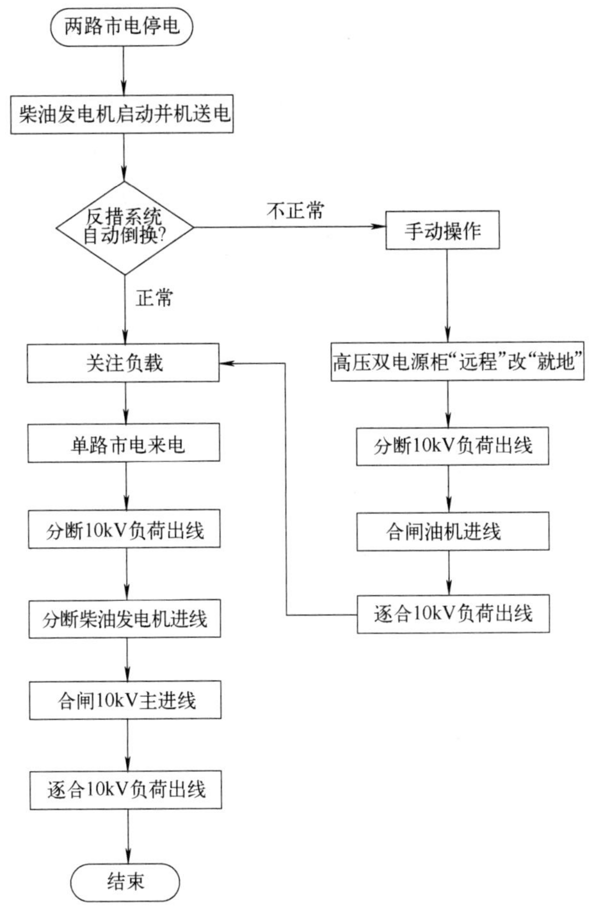

图 3-3-18　两路市电停电应急处理流程

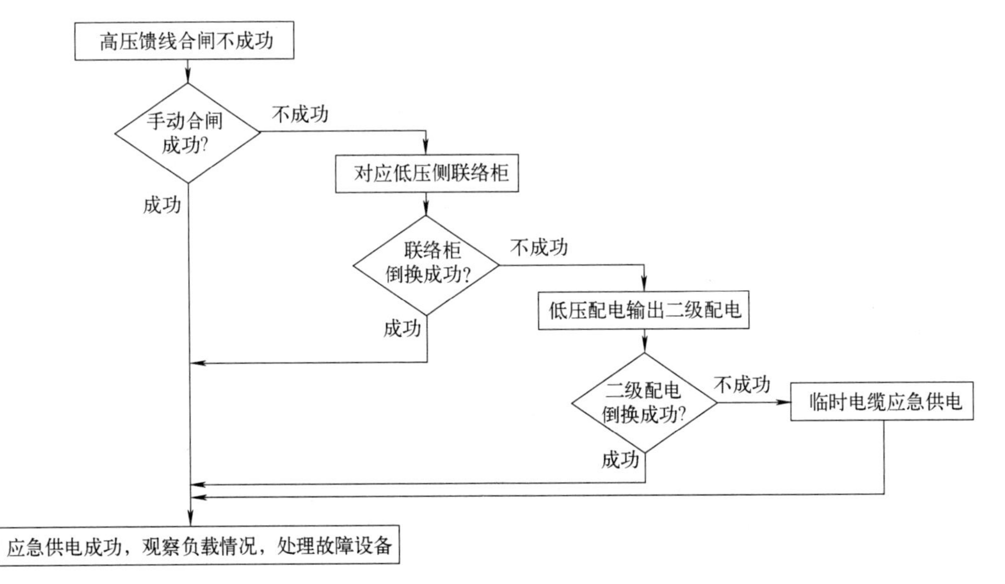

图 3-3-19　高压馈线合闸不成功应急处理流程

四、高压变配电系统接线

高压变配电系统的主要接线形式通常分为有汇流母线和无汇流母线两大类。汇流母线主要起汇集和分配电能的作用，也称汇流排。无汇流母线是指直接将电源与负载相连，避免通过汇流母线来分配电流，这种接线方式适用于直流电源和小型的交流电源。

① 有汇流母线接线形式：单母线，单母线分段，双母线，双母线分段，增设旁路母线或旁路隔离开关、变压器母线组接线等。

② 无汇流母线接线形式：单元接线、桥形接线、角形接线等。

数据中心常用电气高压接线为单母线分段接线形式，此种形式的线路图、接线描述、接线特点与应用介绍见表 3-3-5。

表 3-3-5　电气高压接线为单母线分段接线的形式

形式	接线示意图	接线描述	特点与应用
单母线分段接线	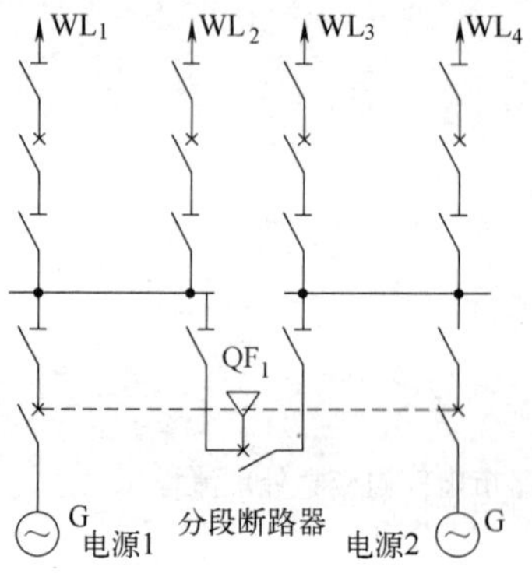 WL_1 WL_2 WL_3 WL_4 QF_1 G 电源1 分段断路器 电源2 G	有两种运行方式：分段断路器接通运行；分段断路器断开，分段单独运行 （1）简单、清晰、设备少 （2）运行操作方便且有利于扩建 （3）缩小了母线故障的影响范围，可靠性有所提高 （4）母线分段的数目通常以 2～3 段为宜	（1）6～10kV 配电装置出线数为六回及以上 （2）35kV配电装置出线数为四至八回 （3）110～220kV配电装置出线数为三至四回 （4）可供一级负载

③ 高压变配电网接线：高压变配电网是指从总降压变电所至各功能变电所和高压用电设备端的高压电力电路，起着输送与分配电能的作用。高压变配电网配电形式包括放射式、树干式、普通环式及拉手环式，数据中心一般为放射式变配电形式，见表 3-3-6。

五、高压配电一次接线典型方案

考虑到数据中心对电力设备系统的高要求、高标准，以 10kV 市电进线为例，数据中心高压配电系统一般采用两路供电电源、两台或以上变压器的 10kV 变电所。

两路供电电源、两台或以上变压器的 10kV 变电所接线典型方案如图 3-3-20 所示。变电所由两路外供电源供电。两路电源均设置电能计量柜。备用电源的投入方式可采用手动投入，也可采用自动投入。低压进线柜放置在中间，而低压出线柜放置在两侧，以便于扩建时添加出线柜。

变压器一次侧、二次侧均采用单母线分段接线。

⊡ 表 3-3-6 放射式变配电形式一览表

形式	接线示意图	应用	特点
放射式单回路	HSS或HDS HDS STS STS	一般供二、三级负荷或专用设备，供二级负荷时宜有备用电源	（1）放射式接线的特点是变配电母线上每路或两路馈电出线仅给一个负荷点单独供电 （2）放射式接线线路故障影响范围小，因而可靠性较高，而且易于控制和实现自动化，适用于对重要负荷的供电
放射式双回路	HSS或HDS 10kV STS STS	可供二级负荷专用设备，若双回路来自两个独立的电源，还可供一级负荷专用设备	

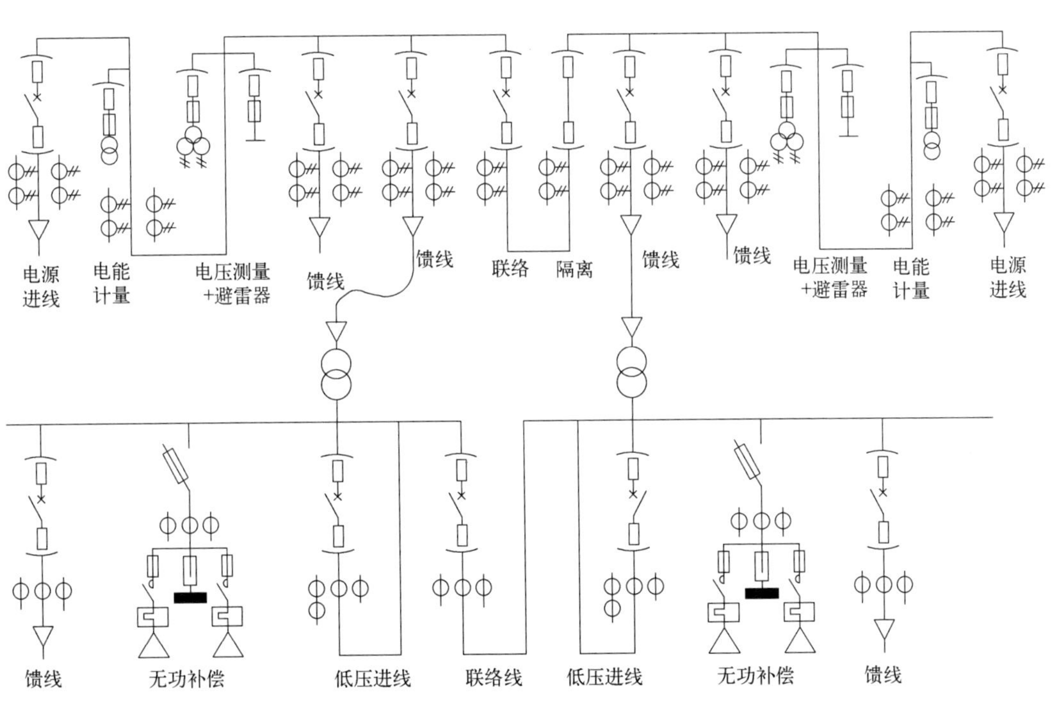

图 3-3-20 高压配电一次接线典型方案

单元四　低压配电系统常见故障分析

一、低压电器概述

低压系统的建设首先涉及的就是低压电器，低压电器通常是指工作在交流为 1200V 或直流为 1500V 以下的电器，在供电系统和用电设备的电路保护中起保护、控制、调节、转换和通断的作用。

数据中心的低压配电设计特指频率为 50Hz、交流电压为 1000V 及以下的配电方案及产品设计。低压配电系统由两部分组成：一部分由 UPS 及机房空调、照明、动力系统的输入配电系统组成，统称为数据中心输入低压配电系统；另一部分由 UPS 输出配电系统组成。

低压电器分类如下：

① 配电保护用电器：用于电网系统，主要是指低压熔断器、低压隔离电器（刀开关、隔离开关、负荷开关等）、低压断路器（自动开关）等。技术要求是通断电流能力强、限流效果好、保护性能好、抗电动力和热耐受性好。

② 控制用电器：用于电力拖动及自动控制系统，主要是指接触器、启动器和各种控制继电器、主令电器等。技术要求是有相应的转化能力、操作频率高、电寿命和机械寿命长。

二、低压成套配电原理及组成

1. 低压成套配电原理

变配电系统中干式变压器次级 380V 电源输出至低压成套配电，低压成套配电负责交流 380V 电能的传输、控制、分配、测量和保护。对低压成套配电有以下性能要求：

① 短路耐受强度要求。低压成套配电水平母线和垂直母线在短时耐受电流和峰值耐受电流的指标要求内，将产生的电弧控制在开关柜内部，接触外壳时没有触电危险，对开关柜进行简单检查、处理后能正常运行。

② 内燃弧耐受能力要求。低压成套配电在内燃弧耐受能力的指标要求内，开关柜必须耐受机械和热冲击，柜体必须将电弧的影响限制在柜体局部范围，避免由于内燃弧而造成危害。

2. 低压成套配电系统组成

低压成套配电系统一般由进线柜、联络柜、补偿柜、双电源切换柜、负载柜组成，如图 3-4-1 所示。

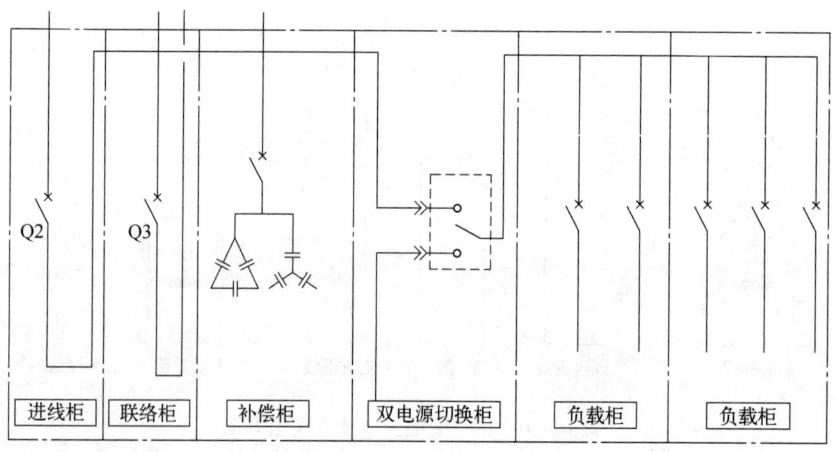

图 3-4-1　低压成套配电系统示意图

① 进线柜连接变压器低压输出和低压成套配电输入，承载低压成套配电系统总容量。

② 联络柜是与另一套低压成套配电之间的联络路由，两个进线柜和联络柜必须实现互锁保护。

③ 补偿柜是根据配电负载特性，进行容性和感性无功补偿。

④ 双电源切换柜是市电供电和油机供电的转换柜。

⑤ 负载柜负责负载线路的输出控制。

3. 低压成套配电主要器件

低压成套配电主要器件包括低压成套配电柜体、低压断路器、无功补偿设备、双电源转换开关、二次设备及保护设备。

（1）低压成套配电柜体

低压配电柜俗称低压开关柜，又称低压成套配电柜体，是将一个或多个低压开关设备及与之相关的控制、测量、信号、保护、调节等设备，由制造厂家完成所有内部的电气和机械连接，用结构部件完整地组装在一起的一种电器设备。电力供电经变压器降压低压侧引入到低压配电柜，再到各个用电系统的配电盘、控制箱和开关箱等。低压配电柜产品示意图如图 3-4-2 所示。

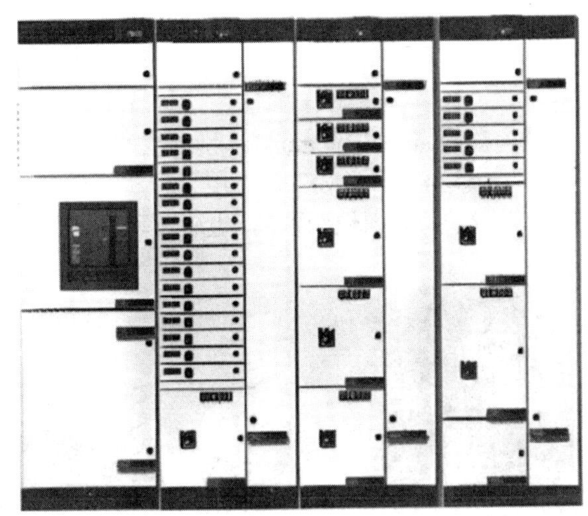

图 3-4-2　低压配电柜产品示意图

低压配电柜主要组成部分包括柜体、母线和功能单元。柜体是指配电柜的外壳骨架及内部的安装、支撑件。母线是一种可与几条电路分别连接的低阻抗导体。功能单元是指完成同一功能的所有电气设备和机械部件的组成体，包括进线单元和出线单元，低压配电柜功能示意图如图 3-4-3 所示。

（2）低压断路器

低压断路器是一种不仅能接通和分断电路中的正常负载电流、电动机的工作电流和过载电流，而且能接通和分断短路电流的开关电器。低压断路器的灭弧介质为空气，所以也称为空气断路器。

① 低压断路器的分类：

a. 断路器在电路中按用途可分为配电用断路器、电动机保护用断路器、照明用断路器、漏电保护用断路器及特殊用途断路器等。

b. 按断路器在短路情况下的短时耐受电流选择性保护要求，可分为非选择型断路器和选择型断路器。

c. 按断路器的结构形式可分为框架断路器、塑壳断路器和微型断路器。

② 低压断路器的保护控制：在低压配电系统中，负载必须遵循逐级保护、自下往上的断路器保护原则，在实际运维中根据分路实际负载量及时调整断路器的保护值。

③ 低压断路器的选择：低压配电柜的进线开关一般采用框架断路器，要求有瞬时脱扣、短延时脱扣、长延时脱扣三段保护，宜采用分励脱扣器。负载柜出线开关根据负载容量采用框架断路器或具有短路、过电流、过电压、断相、剩余电流动作等保护功能的多功能塑壳断路器。

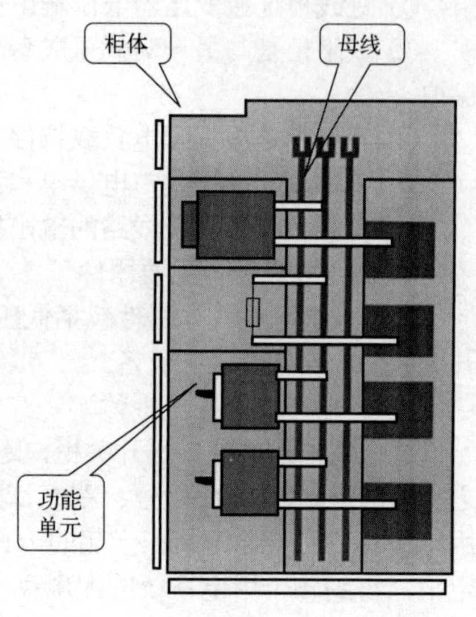

图 3-4-3　低压配电柜功能示意图

（3）无功补偿设备

当实际负载用电功率为非线性特性时，就会造成供电能源的无功损耗。变配电系统实现就地补偿，需要设计和装置无功补偿设备。

（4）双电源转换开关

国际上将双电源转换开关称为 automatic transfer switch，简称 ATS。

① PC 级 ATS：PC 级 ATS 能接通、承载，但不用于分断短路电流，没有短路及过载保护功能。如图 3-4-4 所示，PC 级 ATS 是一体化设备，电磁驱动、切换时间短（100～250ms）。

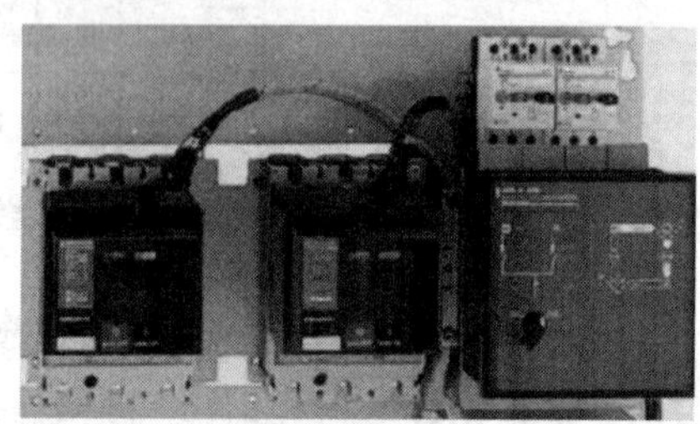

图 3-4-4　PC 级 ATS 设备示意图

PC 级 ATS 由电磁线圈转换执行机构的开关主体和控制器组成。工作原理如图 3-4-5 所示，

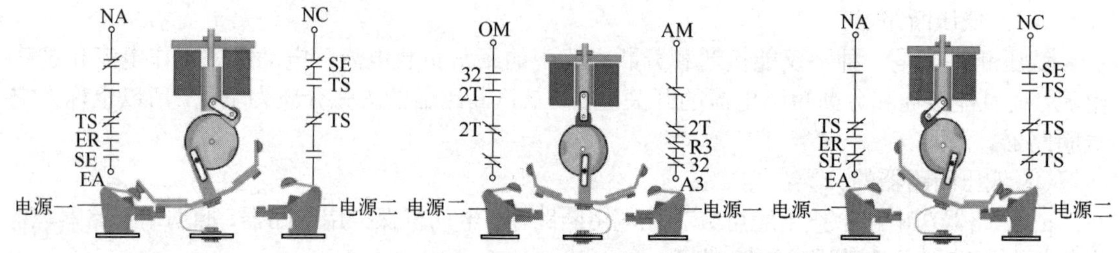

图 3-4-5　PC 级 ATS 工作原理示意图

采用先分后合的转换模式，转换期间负载将瞬间停电。

② CB 级 ATS：CB 级 ATS 配备过电流脱扣器，具有空气灭弧装置，能接通和分断短路电流。CB 级 ATS 是由两个断路器、电动机执行机构、机械联锁、控制单元组成的一体化设备，如图 3-4-6 所示，两个断路器采用机械互锁，采用先分后合的转换模式，切换时间是 PC 级的 10 倍。

图 3-4-6　CB 级 ATS 设备示意图

ATS 供电模式从严格意义上说存在单点隐患，在 ATS 主体故障的情况下，负载难以得到供电维持。根据负载供电的重要性，可选择具备维修旁路的 ATS 或具备维修旁路的低压双电源柜。

（5）二次设备及保护设备

二次设备是对一次设备的运行状态进行监视、测量、控制与保护的设备。

二次设备主要包括以下装置。

① 测量表计。用来监视、测量电路的电流、电压、功率等。

② 绝缘监察装置。用来监察交、直流电网的绝缘状况。

③ 控制和信号装置。控制主要是指采用手动或自动方式，通过操作回路实现配电装置中断路器的合闸、跳闸。

④ 继电保护及自动装置。

⑤ 直流电源设备。包括蓄电池组和硅整流装置。用作开关电器的操作、信号、继电保护及自动装置的直流电源，以及事故照明和直流电动机的备用电源。

⑥ 塞流线圈（又称高频阻波器）。为电力载波通信设备必不可少的组成部分，它与耦合电容、结合滤波器、高频电缆、高频通信机等组成电力线路高频通信通道。塞流线圈起到阻止高频电流向变电站或支线泄漏、减小高频能量损耗的作用。

⑦ 综合自动化设备。

二次电路也叫辅助电路，二次设备接线回路包括测量回路、继电保护回路、开关控制及信号回路、操作电源回路、断路器和隔离开关的电气闭锁回路等全部低压回路。

三、低压熔断器

1. 低压熔断器的概念及功能特性

低压配电系统中的熔断器是一种起安全保护作用的电器，熔断器广泛应用于电网保护和用电设备保护，当电网或用电设备发生短路故障或过载时，可自动切断电路、避免电器损坏、防止事故蔓延。

熔断器中的主要构成部件是金属熔件，由铅、锡、锑、锌、铜等金属制成。熔件制成金属丝状的称为熔丝，俗称保险丝。熔件制成片状的称为熔片。熔件的熔点低、电阻大、截面面积小。当通过熔件的电流超过其额定电流时，与同一回路的导线和电气设备比较，熔件发热量多，断得快，从而能够起到保护电气线路和电器的作用。

熔件在运行中温度不超过 80～100℃，长期通过熔件的电流称为熔件的额定电流。通过熔件的电流超过其额定电流时，熔件温度就会上升，以致熔断。熔件开始熔断时的电流称为熔断电流，熔断电流约等于额定电流的 1.5～2 倍。在熔件熔断切断电路的过程中会产生电弧，为了安全、有效地熄灭电弧，一般将熔件安装在熔断器壳体内，采取措施，快速熄灭电弧。

熔断器具有结构简单、使用方便、价格低等优点，在低压系统中被广泛应用。

2. 低压熔断器的类型及用途

低压熔断器的类型、用途和型号见表 3-4-1。

表 3-4-1　低压熔断器类型、用途和型号

<table>
<tr><th>分类方法</th><th colspan="2">类型</th><th>含义、用途或常用型号</th></tr>
<tr><td rowspan="3">分段范围</td><td colspan="2">ACB</td><td>框架式断路器（ACB），也称为万能式断路器，所有零件都装在一个绝缘的金属框架内，常为开启式，可装设多种附件，更换触头和部件较为方便。它适用于电源端总开关，具有长延时、短延时、瞬时及接地故障四段保护，每种保护整定值均根据其壳架等级在一定范围内调整。框架式断路器适用交流 50Hz，额定电压 380V、660V，额定电流为 200～6300A 的配电网络中，主要用来分配电能和保护线路及电源设备免受过载、欠电压、短路等故障的危害</td></tr>
<tr><td colspan="2">MCCB</td><td>塑壳式断路器（MCCB），也被称为装置式断路器，其接地线端子外触头、灭弧室、脱扣器和操作机构等都装在一个塑料外壳内。塑壳式断路器通常含有热磁跳脱单元，而大型号的塑壳断路器会配备固态跳脱传感器。它一般用于配电馈线控制和保护，小型配电变压器的低压侧出线总开关，动力配电终端控制，也可用于各种生产机械的电源开关</td></tr>
<tr><td colspan="2">MCB</td><td>微型断路器（MCB），是建筑电气终端配电装置中使用最广泛的一种终端保护电器。用于 125A 以下的单相、三相的短路、过载、过压等保护，包括单极 1P、二极 2P、三极 3P、四极 4P 四种</td></tr>
<tr><td rowspan="2">使用类别</td><td colspan="2">G 类</td><td>一般用途，如“G”为一般用途全范围分断能力的熔断体</td></tr>
<tr><td colspan="2">M 类</td><td>保护电动机，如“gM”为保护电动机电路全范围分断能力的熔断体、“aM”为保护电动机电路的部分范围分断能力的熔断体</td></tr>
<tr><td rowspan="6">结构及原理</td><td colspan="2">插入式</td><td>RC1A</td></tr>
<tr><td colspan="2">螺旋式</td><td>RL6、RL7</td></tr>
<tr><td colspan="2">无填料密闭管式</td><td>RM10</td></tr>
<tr><td rowspan="3">有填料密闭管式</td><td>刀型触头</td><td>RT10、RT16、RT17、RT20、NT</td></tr>
<tr><td>螺栓连接</td><td>RT12、RT15</td></tr>
<tr><td>圆筒帽形</td><td>RT14、RT18、RT19、RT30</td></tr>
</table>

四、低压隔离器

1. 低压隔离器定义

当对电气设备带电部分进行维修时，隔离器分断能保证将电路中的电流通路切断，并保持有效的隔离距离，一般规定 660V 及以下的隔离距离应大于 25mm，对地距离不小于 20mm，对于需要频繁接通和分断的电气控制线路不起作用。

2. 低压隔离器分类

① 隔离器（开关）一般属于无载通断电器，只能接通或分断“可忽略的电源”，但有一定的载流能力。

② 刀开关主要供无载通断电路使用，当满足隔离功能时可用来隔离电源。

③ 隔离开关结构变化后（增加灭弧和耐受能力等），可作为开断小容量过载电流使用，称为负荷开关。

④ 负荷开关和熔断器串联组合成一个单元，简称刀熔开关，具有隔离和故障保护功能。在一定范围内可以代替低压断路器。

低压隔离器按级数可分为单级和多级刀开关，按切换功能（位置）可分为单投和双投开关，按操纵方式又可粗分为中央手柄式、侧面操作式、带连杆机构式等。

3. 主要技术参数

① 额定电压：指在规定条件下，开关在长期工作中能承受的最大电压值。

② 额定电流：指在规定条件下，开关在合闸位置允许长期通过的最大电流值。

③ 通断能力：指在规定条件下，在额定电压下能可靠接通和分断的最大电流值。

④ 机械寿命：指在需要修理或更换机械零件前所能承受的无载操作次数。

⑤ 电寿命：指在规定的正常工作条件下，不需要修理或更换零件情况下，带负载操作的次数。

4. 低压隔离器选用

选用低压隔离器时，其额定电流应低于被隔离的电路中的各负载电流的总和；用于控制电动机时，其额定电流一般取电动机额定电流的 1.5～2.5 倍。

五、低压断路器

1. 低压断路器的定义

低压断路器俗称自动空气开关，用来接通和分断负载电路，具有过载和短路保护等功能，是电网中一种重要的保护电器，是数据中心低压配电系统的重要组成部分。

2. 低压断路器工作原理

断路器实现过载及短路保护，主要是靠断路器内部的脱扣器来实现的。目前，应用的断路器脱扣器主要有热磁脱扣器和电子脱扣器两种。

① 热磁脱扣器包含热脱扣、磁脱扣两个功能。热脱扣是通过双金属片过电流延时发热变形推动脱扣传动机构，主要实现断路器的过载保护；磁脱扣是通过电磁线圈的短路电流瞬时推动衔铁带动脱扣传动机构，主要实现断路器的短路保护。

② 电子脱扣器包含过载及短路保护功能，并可以方便地进行整定。电子脱扣器使用电子元件构成的电路，用来检测、放大电路电流，然后推动脱扣传动机构动作以实现保护。

热磁脱扣器性能稳定且不受电压波动影响、寿命长、灵敏度低、不易整定，一般用于 200A 以下的小容量断路器。电子脱扣器的功能完善、灵敏度高、整定方便，但是相对容易受到电源影响，主要用于大容量断路器。

3. 低压断路器的分类

低压断路器按照结构构造的不同可分为三类：微型断路器［图 3-4-7（a）］，容量以 1～63A 为主；塑壳断路器［图 3-4-7（b）］，容量以 80～800A 为主；框架断路器［图 3-4-7（c）］，容量以 800～3200A 为主。

(a) 微型断路器

(b) 塑壳断路器

(c) 框架断路器

图 3-4-7　低压断路器类型

4. 低压配电方式

低压配电系统由配电装置和配电线路组成。低压配电方式是指低压干线的配电方式。低压配电方式有放射式、树干式、链式与混合式四种形式。低压配电方式如图 3-4-8 所示。

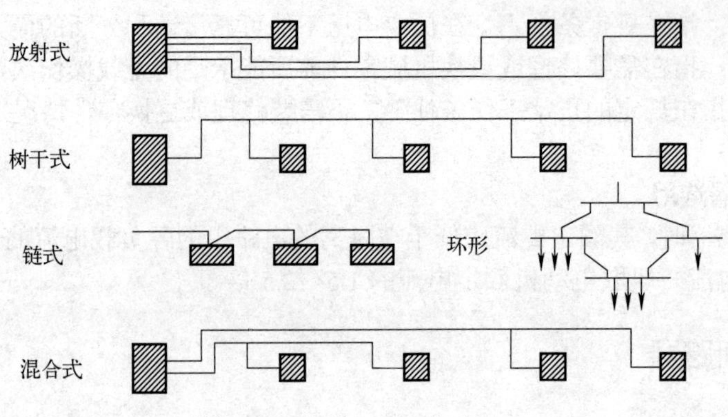

图 3-4-8　低压配电方式

（1）放射式

放射式是由总配电箱直接供电给分配电箱或负载的配电方式。优点各负荷独立受电，一旦发生故障，只局限于本身而不影响其他回路；供电可靠性高，控制灵活，易于实现集中控制。缺点：线路多，有色金属消耗大，系统灵活性较差。这种配电方式适用于设备容量大、要求集中控制的设备，要求供电可靠性高的重要设备、配电回路，以及有腐蚀介质和爆炸危险等场所。

（2）树干式

树干式是指在总配电箱与各分配电箱之间采用一条干线连接的配电方式。优点是投资费用低、施工方便、易于扩展。缺点是干线发生故障时，影响范围大，供电可靠性较差。这种配电方式常用于明敷设回路，设备容量较小、对供电可靠性要求不高的设备。

（3）链式

链式是指在一条供电干线上带多个用电设备或分配电箱，与树干式不同的是，其线路的分支点在用电设备上或分配电箱内，即后面设备的电源引自前面设备的端子。优点是线路上无分支点，适合穿管敷设或电缆线路，节省有色金属。缺点是检修线路或者设备及线路发生故障时，相连设备全部停电，供电的可靠性差。这种配电方式适用于暗敷设线路、供电可靠性要求不高的小容量设备，一般串联的设备不宜超过 3～4 台，总容量不宜超过 10kW。

（4）混合式

混合式是指以上三种形式混合使用的情况。在实际应用中较常见，结合项目的特点，按照安全可靠、经济合理的原则进行优化组合。

5. 低压配电柜

在数据中心电力系统中，低压配电设备基本上是以交流配电柜的形式出现在数据中心的设备序列中。

（1）交流低压配电柜定义

由一个或多个低压开关设备和相应的控制、测量、信号、保护、调节等电气元件或设备通过所有内部的电气、机械相互连接与结构部件组装成的一种组合体，称为低压成套开关设备和控制设备，也称为低压开关柜、低压配电柜（屏）、低压控制屏。

（2）交流低压配电柜使用条件

① 空气温度：−5～+40℃，一昼夜平均温差不超过 35℃。

② 安装海拔：不高于 2000m，超过时要经过特殊设计，如电气元件降额使用。

③ 周围空气湿度：在最高温度为+40℃时，相对湿度不超过 50%；在降低温度时，允许有较大的相对湿度（如 20℃时允许为 90%），但要考虑凝露，内部需要设置防凝露装置。

④ 安装角度：设备安装时与垂直面的倾斜度不超过 5°。

⑤ 使用环境：无火灾、爆炸危险、没有足以破坏绝缘的腐蚀性气体，没有激烈振动和冲击。

（3）交流低压配电柜分类（按照结构特性和用途）

① 固定面板式开关柜：常称开关板或配电屏，只有正面有防护作用，防护等级低，只能用于对供电连续性和可靠性要求比较低的工矿企业，做变电室集中供电用。

② 防护式（封闭式）开关柜：除安装面外，其他所有侧面都被封闭起来的一种低压开关柜；防护式开关柜主要用于工艺现场的配电装置。

③ 动力、照明配电控制箱：多为封闭式垂直安装。因适用的场合不同，外壳防护等级也不等同。主要作为工矿企业生产现场的配电装置。

④ 抽屉式开关柜：这类开关柜采用钢板制成封闭外壳，进出线回路的电气元件都安装在可抽出的抽屉中，构成能完成某一类供电任务的功能单元。抽屉式开关柜有较高的可靠性、安全性和互换性，是比较先进的开关柜，目前市场生产的开关柜，多数是抽屉式开关柜或该类开关柜的改进型。它们适用于要求供电可靠性较高的工矿企业、高层建筑，作为集中控制的配电中心。

六、低压成套配电系统运行与维护及常见故障处理

1. 低压成套配电运行操作流程

① 移出操作流程。

操作目的：框架断路器移出低压成套配电，用于设备检修或应急更换。

操作步骤：

a. 操作断路器分闸，确认断路器处于分闸状态。

b. 拔出摇杆，插入操作孔。

c. 按下解锁按钮，解除对位置机构的锁定。

d. 逆时针旋转摇杆。

e. 机构锁定弹出，断路器状态指示测试位置。

f. 重复 c、d 步骤，断路器状态指示脱离位置。

g. 拉出断路器导轨，如图 3-4-9（a）所示。

h. 抬出断路器，放置在合适位置，如图 3-4-9（b）所示。

② 就位操作。

操作目的：框架断路器低压成套配电就位操作用于设备检修或应急更换。

操作步骤：

a. 拉出导轨，将断路器抬至导轨上，确认支撑点正确，如图 3-4-9（c）、（d）所示。

b. 推进断路器，不要推控制单元。

c. 将导轨推入正确位置。

d. 拔出摇杆，插入操作孔。

e. 按下解锁按钮，解除对位置机构的锁定。

f. 顺时针旋转摇杆。

g. 机构锁定弹出，断路器状态指示测试位置。

h. 重复 e、f 步骤，断路器状态指示工作位置。

i. 将摇杆拔出，摇杆插入原位。

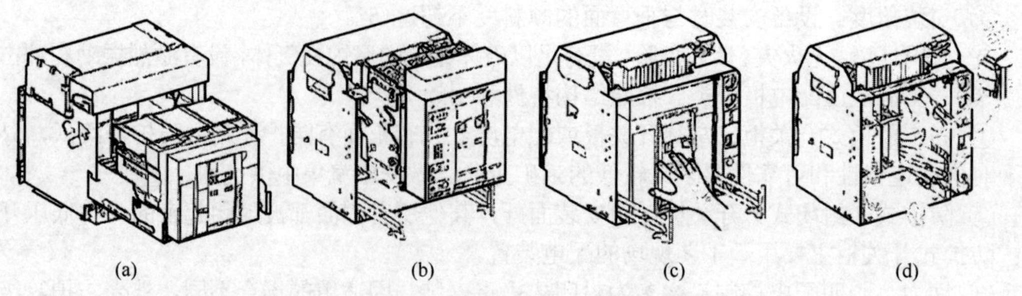

图 3-4-9　断路器移除操作示意图

③ 合、分闸操作。

操作目的：框架断路器合、分闸操作，完成路由的接通、断开。

操作步骤：

a. 将断路器储能操作手柄来回下拉约六次，直至听到一声“咔嗒”，储能标示位指示“charged”已储能。

b. 按下机械按钮“ON”，断路器动作，工作位置将指示“ON”，标示断路器已合闸，路由接通。

c. 按下机械按钮“OFF”，断路器动作，工作位置将指示“OFF”，标示断路器分闸，路由断开。

d. 操作时需确认储能标识指示。通电状态时，断路器将会电动储能。手动储能如图 3-4-10 所示。

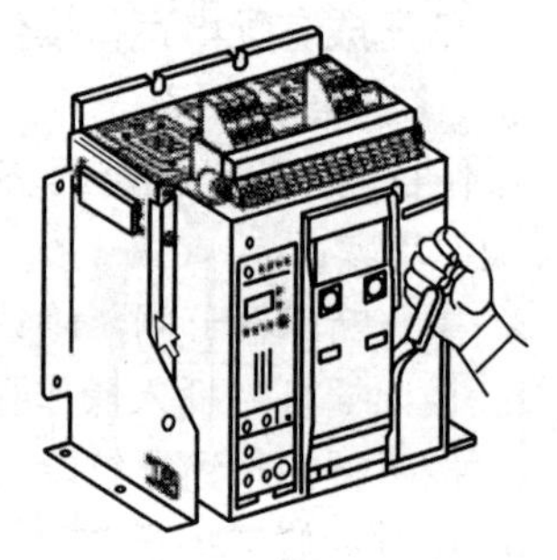

图 3-4-10　断路器手动储能操作示意图

2. 负载单元操作

操作目的：将负载单元抽屉移出更换，用于设备检修或应急更换。

操作步骤：

① 将负载单元断路器断开，同时断路器运行状态已解锁。此时一次回路和二次回路都是接通状态，如图 3-4-11（a）所示。

② 按下释放按钮解锁，抽出负载单元抽屉至试验位置，此时一次回路已断开，二次回路处于接通状态，如图 3-4-11（b）所示。

③ 按下释放按钮解锁，抽出负载单元抽屉至断开位置，此时一次回路、二次回路已断开，如图 3-4-11（c）所示。

④ 此时负载单元抽屉已无锁定机构，可以抽离低压成套配电柜，如图 3-4-11（d）所示。

3. 低压成套配电维护

（1）预防性维护

① 断路器整定值检查设置。

调节目的：根据日常实际运行中负载的变化情况，检查、调节、设置断路器整定值，起到有效保护负载的作用，避免误操作影响供电。

调节原则：

a. 通常情况，断路器的长期负载<整定值的 80%；当采用 2N 供电方式时，断路器的负载<整定值的 40%。

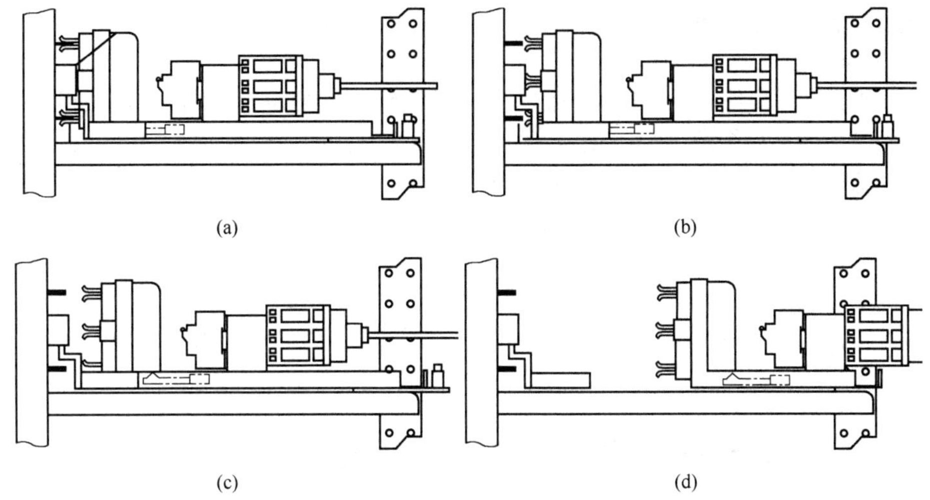

图 3-4-11　负载单元抽屉操作示意图

b. 在低压配电系统中，负载必须逐级保护，采取自下往上的断路器保护原则，在实际运维中根据分路实际负载量及时调整断路器的保护值。

调节步骤：

a. 长延时保护 I、t，调整设置。

b. 短延时保护 I_u、t_{sd}，调整设置。

c. 瞬时保护 I_1调整设置。

② 低压双电源柜预防性维护。

a. 检查控制面板“自动”状态设置正常，无告警指示。

b. 点温测试，温升正常。

c. 清洁 ATS 主体，吸尘器清理表面颗粒，防止机构卡死和影响润滑。

d. 检查连线无松动、无振动脱离。

（2）预防性测试

① 低压双电源 ATS 自动转换性能测试。

测试目的：测试 ATS 主备用电源自动模式下的转换性能。

测试步骤：

a. 主用电源断路器分闸。

b. ATS 瞬间转备用电源供电，确认正常。

c. 主用电源断路器合闸送电。

d. ATS 根据设置的恢复时间由备用电源转主用电源供电，确认正常。

② 低压双电源 ATS 手动转换性能测试。

测试目的：测试 ATS 在手动操作模式下的转换性能。

测试步骤：

a. 核对主、备用电源正常。

b. 备用电源断路器分闸。

c. 主用电源断路器分闸。

d. 维护操作手柄插入操作孔，操作备用电源闭合。

e. ATS 主体备用电源指示“闭合”。

4. 常见故障与处理方法

（1）短路故障

故障原因：支撑母线的绝缘底座或插入触点的绝缘部分被污染、受潮或机械损坏，电气元件选用不当（如断路器分断能力不足），负荷操作隔离开关不当，以及小动物引起短路等。

处理方法：清理钢丝排绝缘底座上的污垢，及时擦干受潮、损坏的设备，及时更换被机器损坏的设备，选择容量适当的断路器，执行操作规程时仔细操作，安装防护网预防小动物进入等。

（2）母线连接线过热

故障原因：接触不良和对接螺栓太紧或太松。

处理方法：如果母线接触不良，可采取转移负荷、停电检修或更换母线等措施，拧紧对接螺栓时松紧度要适当。

单元五　UPS 输出列头柜配电系统运维

一、UPS 分类及定义

不间断电源（uninterruptible power supply，UPS）是提供电力备份和保障电力持续供应的设备。UPS 是利用电池化学能作为后备能量，在市电断电或发生异常等电网故障时，不间断地为用户设备提供（交流）电能的能量转换装置，又叫不间断供电系统。从广义上说，UPS 包含交流不间断电源系统和直流不间断电源系统。在数据中心中，UPS 起着非常重要的作用，在电网停电或电力波动时提供短期电力支持，保证数据中心设备持续、稳定地运行，有足够的时间来启动备用电源，如柴油发电机组。

我国市电供电电源质量一般为：电压波动±10%，频率 50Hz±0.5Hz。市电电网中接有各种设备，来自外部、内部的各种噪声，会对电网形成污染或干扰，使电网污染十分严重。污染主要包括电压浪涌、电压尖峰、电压瞬变、噪声电压、过压、电压跌落、欠压、电源中断等，以上污染或干扰对数据中心设备运行带来不良影响。例如：电源中断，可能造成硬件损坏；电压跌落，可能使硬件提前老化、文件数据受损；过压或欠压、浪涌电压等，可能损坏驱动器、存储器、逻辑电路，还可能产生不可预料的软件故障；噪声电压和瞬变电压，以及电压叠加，可能损坏逻辑电路和文件数据等。

UPS 利用蓄电池的储能给设备供电。当市电正常时，将市电转化为化学能储存起来；当市电不正常时，由化学能转化为电能给设备供电。UPS 发展初期，仅被视为备用电源。电压浪涌、欠压，甚至电压中断等电网质量问题，使设备的电子系统受到干扰，造成敏感元件受损、信息丢失、磁盘程序被冲掉等严重后果，引起巨大的经济损失。UPS 日益受到重视，并逐渐发展成具备稳压、稳频、滤波、抗电磁和射频干扰、防电压浪涌等功能的电力保护系统。

1. UPS 的基本组成

UPS 的输入和输出均为交流电，基本组成方框图如图 3-5-1 所示。各部分的功能如下所述。

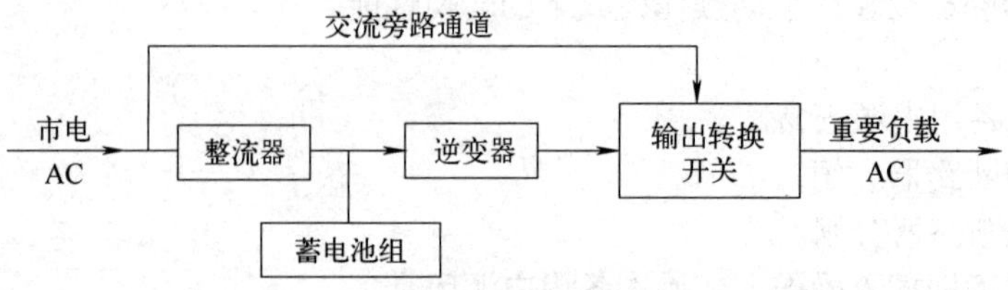

图 3-5-1　UPS 基本组成方框图

（1）整流器

整流器是整流装置，简单来说是将交流（AC）转化为直流（DC）的装置。有两个主要功能：

① 将交流电（AC）变成直流电（DC），经滤波后供给负载，或者供给逆变器。

② 为蓄电池组提供充电电压，又起到充电器的作用。

整流器除了能输出所需要的直流电压、电流外，还能使UPS满足输入功率因数不小于0.95、输入电流谐波成分小于25%的要求（不同档次的UPS有差别）。单相输入的UPS应采用含有源功率因数校正环节的高频开关整流器。三相输入的UPS，当额定输出功率超过10kV·A时，可采用无源功率因数校正环节的三相桥式整流器（采用二极管作为整流元件）；额定输出功率为10～100kV·A时，宜采用三相六管高频开关整流器；额定输出功率在100kV·A以上时，采用输入端装有5次谐波滤波器的6脉冲整流器以及输入端装有11次谐波滤波器的12脉冲整流器。

（2）逆变器

逆变器是将直流电（DC）转化为交流电（AC）的装置，由逆变桥、控制逻辑和滤波电路组成，也称为DC/AC变换器，常用的逆变器按选用的开关器件可分为晶体管逆变器和晶闸管逆变器，按逆变器输出电压的波形，可分为方波逆变器和正弦波逆变器。

（3）蓄电池组

蓄电池组是UPS用来储存电能的装置，由若干个蓄电池串联而成，容量大小决定了维持放电（供电）的时间。其主要功能是：当市电正常时处于浮充状态，由整流器（充电器）为蓄电池组补充充电，将电能转换成化学能储存在电池内部，使之存储的电量充足；当市电异常（停电或超出允许变化范围）时，蓄电池组将化学能转换成电能提供给逆变器或负载；市电恢复正常后，整流器（充电器）对其进行恒压限流充电，然后自动转为正常浮充状态。

（4）输出转换开关

输出转换开关是进行由逆变器向负载供电或由市电经旁路通道向负载供电的自动转换开关。结构有带触点的开关（如继电器或接触器）和无触点的开关（一般采用晶闸管）两类。后者没有机械动作，称为静态开关。静态开关（static switch）又称静止开关，是用两个晶闸管（SCR）反向并联组成的交流开关，闭合和断开由逻辑控制器控制，分为转换型和并机型两种。转换型开关主要用于两路电源供电的系统，作用是实现从一路到另一路的自动切换；并机型开关主要用于并联逆变器与市电或并联多台逆变器。

2. UPS分类及定义

按照运行方式，UPS分为离线式、在线式、线交互式、双变换式。

（1）离线式UPS（standby UPS）

离线式UPS（不间断电源）是常见的UPS类型，也被称为“脱机式UPS”或“standby UPS”。其主要工作原理是在主电源正常供电时，将输入的交流电直接传递给输出负载，通过内置的蓄电池保持充电状态。当主电源发生故障或电压异常时，UPS切换到蓄电池供电，以维持对输出负载的稳定供电。离线式UPS原理框图如图3-5-2所示。

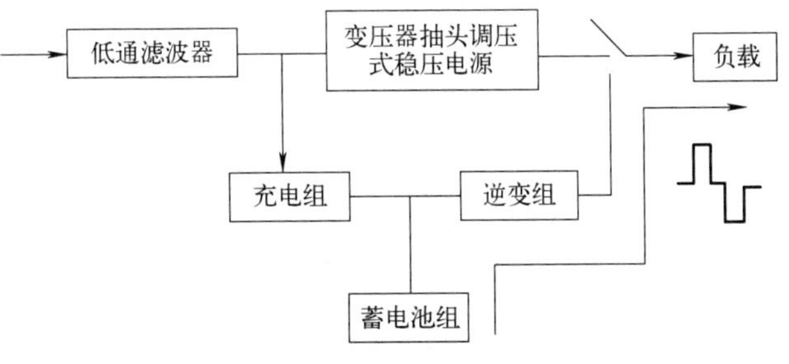

图3-5-2　离线式UPS原理框图

离线式 UPS 的工作过程如下所述：

① 主电源供电阶段：在正常运行情况下，主电源提供稳定的交流电源，UPS 直接传递电能给负载，并用来充电内置的蓄电池。

② 蓄电池充电阶段：当主电源可用时，UPS 利用其来充电内置蓄电池，确保蓄电池始终处于充满状态，以备发生主电源故障时使用。

③ 主电源异常阶段：主电源发生故障或电压异常（如断电或过压/欠压）时，UPS 检测到这种情况，并快速切换至蓄电池供电模式，以避免输出负载受到影响。

④ 蓄电池供电阶段：一旦 UPS 切换到蓄电池供电模式，内置的蓄电池直接向输出负载提供直流电源，以维持向负载供电。这个过程是相当迅速的，在几毫秒内完成，输出负载很少“察觉”到电源的切换。

⑤ 恢复主电源供电阶段：一旦主电源问题得到解决，UPS 将再次迅速切换回主电源供电模式，继续充电蓄电池，准备下一次可能的故障。

在正常运行方式下，负载由交流输入电源的主电源经由 UPS 开关供电。可能需要结合附加设备（如铁磁谐振变压器或者自动抽头切换变压器）对供电进行调节。离线式 UPS 的定义如图 3-5-3 所示。

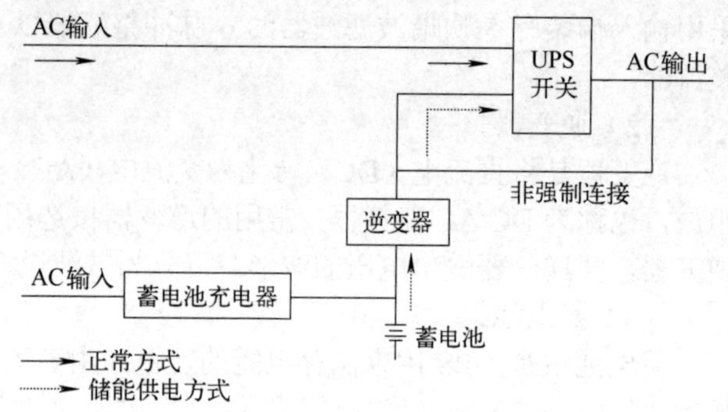

图 3-5-3　离线式 UPS 的定义

注意：术语“离线式 UPS”也有“不在主电源（not-on-the-mains）”之意。实际上，在正常运行方式下，负载主要由主电源供电，为避免术语混淆，不使用“离线”这一术语，而使用“后备运行”（standby）术语。

离线式 UPS 的主要优点是成本较低，但在切换过程中可能产生短暂的断电。其适用于相对不关键的应用，如个人计算机（PC）和小型办公室设备。在主电源异常时存在短暂的切换时间和较低的输出电压波形质量，这种类型的 UPS 不适用于对电源质量和切换时间要求非常高的关键应用。对可靠性和电源质量有更高要求的应用，应采用其他类型的 UPS，如在线式 UPS 或双变换式 UPS。离线式 UPS 性能见表 3-5-1。

表 3-5-1　离线式 UPS 性能

项目	描述
容量范围	0 至几千伏安，多为 1kV·A 以下，且多为 500V·A
技术特性	为准方波输出，对市电没有净化功能；逆变器为后备工作方式，掉电转逆变工作有时间间隔
结构	采用工频变压器进行能量传递，电源笨重且体积大
优点	价格低，结构简单，可靠性高
缺点	没有净化功能，稳压特性差，掉电切换电源有时间间隔
适用场合	只能处理断电问题，仅适合在比较简单、不是很重要的环境使用，如办公或家用 PC、不重要的网上终端等

（2）在线式 UPS（online UPS）

在线式 UPS 在正常情况下，输入电力先经过整流器转换为直流电，再经过逆变器转换为交流电供给输出设备。备用蓄电池也在充电状态。这种 UPS 的输出始终由逆变器提供，无论输入电源是否正常。在线式 UPS 的优点是切换时几乎没有断电，输出波形较为稳定，适用于对电力质量要求较高的数据中心。在线式 UPS 原理框图如图 3-5-4 所示。

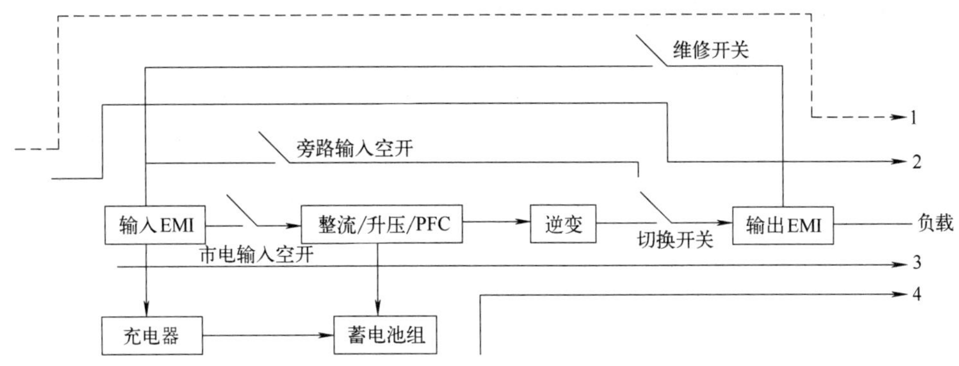

图 3-5-4 在线式 UPS 原理框图

交流输入的供电电压超出 UPS 预定允差时，逆变器和蓄电池将在储能供电运行方式下保持负载电力的连续性，并由电源切口切断交流输入电源，以防止逆变器反向馈电。UPS 单元在储能供电时间内，或者在交流输入电源恢复到 UPS 设计的允差之前（按照两者的较短时间），运行于储能供电方式之下。

在线式 UPS（不间断电源）是高级 UPS 类型。在线式 UPS 工作原理与离线式 UPS 不同，在正常情况下输出负载始终由蓄电池供电，而主电源主要用于充电蓄电池和提供电能。这种设计使在线式 UPS 对电源质量的控制更加精细，提供更高的电源稳定性和保护功能。

在线式 UPS 的工作过程如下所述。

① 主电源供电阶段：在正常运行情况下，主电源提供稳定的交流电源，不直接传递给输出负载。相反，主电源主要给电池充电，供应给 UPS 的内部电路。

② 蓄电池供电阶段：在线式 UPS 将蓄电池直接连接到输出负载，输出负载始终从蓄电池获得电力，而不是从主电源。确保输出负载在任何时候都能得到稳定的、纯净的交流电源供应，不会受到主电源的波动和干扰。

③ 主电源监测和转换阶段：主电源的电压和频率受到在线式 UPS 的持续监测。主电源出现异常时，如断电、过压或欠压，UPS 会做出反应，自动切换到蓄电池供电模式，通过内置的逆变器将蓄电池的直流电转换为稳定的交流电，以维持对输出负载的稳定供电。

④ 恢复主电源供电阶段：主电源问题解决，UPS 再次迅速切换回主电源供电模式，并将蓄电池重新充电，应对下一次可能的故障。

在正常运行方式下，由合适的电源通过并联的交流输入和 UPS 逆变器向负载供电。逆变器或电源接口的操作是为了调节输入电压和/或给蓄电池充电。UPS 的输出功率取决于交流输入频率，在线式 UPS 的定义如图 3-5-5 所示。

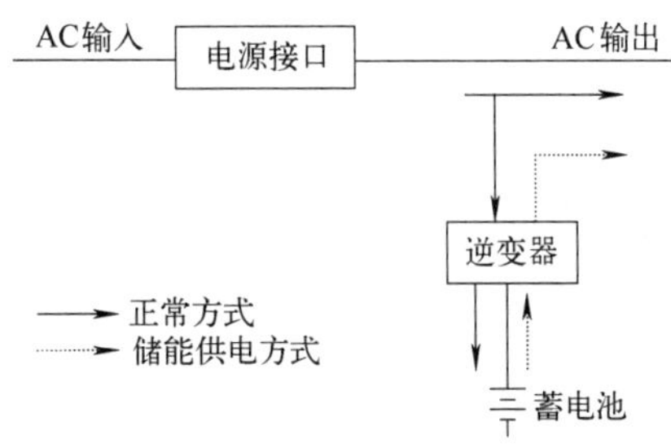

图 3-5-5 在线式 UPS 定义

在线式 UPS 始终保持输出负载从蓄电池供电，切换时间极短，在几毫秒内完成，输出负载几乎感觉不到电源的切换。这种设计还提供更高的电源质量，过滤掉主电源中的噪声和干扰，保护输出负载免受电源问题的影响。

在线式UPS适用于对电源质量和可靠性要求非常高的关键应用，如数据中心、医疗设备、通信基站等。尽管在线式UPS的成本相对较高，但提供的可靠性和保护性能成为许多关键应用的首选解决方案。在线式UPS性能见表3-5-2。

表3-5-2 在线式UPS性能

项目	描述
容量范围	几百伏安到几十万伏安（单机）
技术特性	正弦波输出，逆变器主供电，掉电转蓄电池没有中断时间，对市电进行完全净化
结构	绝大部分采用高频变换技术，能量的变换用高频变压器来完成，体积小、质量轻、噪声小
优点	对市电完全净化
缺点	价格比较高，效率相对较低
适用场合	提供全面、彻底的保护，10kV·A以上的UPS大都采用这种技术，适合大型数据网络中心和其他关键用电领域，如服务器及其他重要仪器、设备、控制系统等

（3）线交互式UPS（line interactive UPS）

线交互式UPS结合了离线式UPS和在线式UPS的特点。在正常情况下，输入电力直接供给输出设备，并充电备用电池。当输入电力异常时，线交互式UPS通过自动变压器调整输出电压，以维持输出设备的稳定供电。这种UPS既具有在线式UPS的输出稳定性，又具有离线式UPS的成本优势。图3-5-6为线交互式UPS原理图。

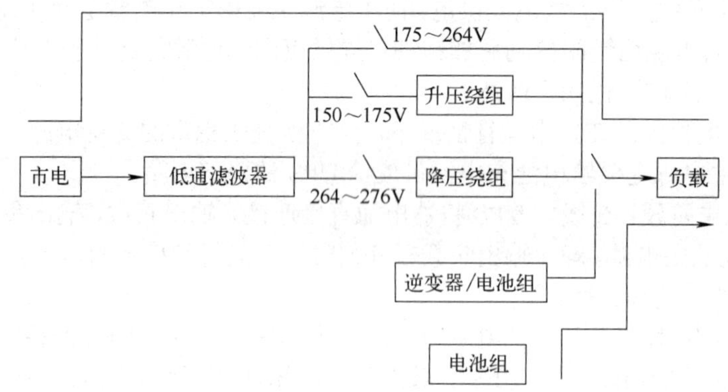

图3-5-6 线交互式UPS原理图

线交互式UPS的工作过程如下所述。

① 主电源供电阶段：在正常运行情况下，主电源提供稳定的交流电源，线交互式UPS传递给输出负载，并通过内部的自动稳压器（AVR）进行调整和稳定，以确保输出电压在安全范围内。

② 蓄电池充电阶段：主电源给内置的蓄电池充电，确保蓄电池始终处于充满状态，以备发生主电源故障时使用。

③ 主电源监测和切换阶段：线交互式UPS持续监测主电源的电压和频率。当主电源出现异常时，如断电、过压或欠压，UPS做出反应。

④ 蓄电池供电阶段：一旦主电源发生故障，线交互式UPS迅速切换到电池供电模式，并通过内置的逆变器将蓄电池的直流电转换为交流电，以维持对输出负载的稳定供电。

⑤ 恢复主电源供电阶段：一旦主电源问题得到解决，UPS再次迅速切换回主电源供电模

式，并将蓄电池重新充电，应对下一次可能的故障。

线交互式 UPS 是介于离线式 UPS 和在线式 UPS 之间的 UPS 类型，也被称为“交互式 UPS”或“交流线互动 UPS”。其结合离线式 UPS 和在线式 UPS 的特点，既提供了较好的电源质量和较短的切换时间，也具有较低的成本。线交互式 UPS 适用于许多办公和一般工业应用。

线交互式 UPS 的切换时间较短，在数毫秒内完成，使输出负载几乎感觉不到电源的切换，进行一定程度的电源质量改善，对电压波动和瞬态的调整能力较强，保护输出负载免受电源问题的影响。

线交互式 UPS 适用于对电源质量要求较高但预算有限的应用场景。其提供比离线式 UPS 更好的性能和保护，但相对于在线式 UPS，成本较低。在许多中小型企业和办公环境中，线交互式 UPS 是常见的选择。线交互式 UPS 性能见表 3-5-3。

表 3-5-3 线交互式 UPS 性能

项目	描述
容量范围	多在 5kV·A 以下
技术特性	充电器与逆变器合为一体，没有整流环节，输出电压分段调整，工作在后备方式。当输入变压器抽头跳变时，功率单元作为逆变器工作一段时间，弥补继电器跳变的过程中输出供电的间断
结构	使用工频变压器，电源笨重，体积大
优点	可靠性较高，结构紧凑，成本较低
缺点	后备工作方式，净化功能差，掉电切换蓄电池有间断时间
适用场合	能满足大多数应用场合的要求，如网上路由器、集线器、终端、办公及家用 PC，但不适合大型数据网络中心等用电领域

（4）双变换式 UPS（double conversion online UPS）

双变换式 UPS 是在线式 UPS 的高级形式。采用双转换技术，输入电力先经过整流器转换为直流电，然后再经过逆变器转换为交流电提供给输出设备。双变换式 UPS 下一节详细介绍，这里不做赘述。

二、双变换式 UPS 介绍

双变换式 UPS 是高级的不间断电源设备，在数据中心应用广泛。采用双重转换技术，将输入电源经过两次转换，即先转换为直流电，再转换为稳定的交流电。这种设计使 UPS 输出的电力始终由逆变器提供，无论输入电源是否正常，都能保证输出电力的稳定和纯净。UPS 是解决市电质量不可靠问题而产生的电源系统，可靠性和稳定性是其最为重要的特质，上一节所介绍的四种类型 UPS，只有双变换式 UPS 最能满足数据中心的核心需求。在数据中心应用最为广泛的 UPS 类型就是双变换式大容量 UPS，这里主要围绕双变换式 UPS 展开讨论。

1. 双变换式 UPS 系统原理

在正常方式运行下，由整流器-逆变器组合连续地向负载供电。当输入交流供电超出 UPS 预定的允差值时，UPS 单元转入储能供电运行方式，由蓄电池-逆变器组合在储能供电时间内，或者在交流输入电源恢复到 UPS 设计的允差范围之前（按两者的较短时间），连续向负载供电。这种类型也称为“在线式 UPS”，意思是不论交流输入情况如何，负载始终由逆变器供电。双变换式 UPS 的基本工作原理：市电正常供电时，交流输入经 AC/DC 变换 100%转成直流，一方面给蓄电池充电，另一方面给逆变器供电；逆变器自始至终都处于工作状态，将直流电压经DC/AC逆变成交流电压给用电设备供电。

无论市电是否正常，均由逆变器经相应的静态开关向负载供电。当市电正常时，整流器向逆变器供给直流电，并由整流器或另设的充电器对蓄电池组充电；当市电异常时，蓄电池组放电向逆变器供给直流电。

由整流器-逆变器组合向负载供电，称为正常运行方式；由蓄电池-逆变器组合向负载供电，称为储能供电运行方式。在这两种运行方式的转换过程中，逆变器的输入直流电压不间断，UPS的输出电压保持连续，不会中断。

2. 双变换式UPS组成

UPS主要由整流器（REC）、逆变器（INV）、旁路/逆变静态开关、输入/输出开关组成，双变换式UPS组成如图3-5-7所示。其中空气断路器Q1控制主路交流电源输入，整流模块将交流电源变成直流电源，逆变模块进行DC/AC变换，将整流模块和蓄电池提供的直流电源变成交流电源，经过隔离变压器输出。蓄电池组在交流停电时通过逆变器向负载供电。输入电源通过旁路静态开关从旁路回路向负载供电。另外，要求对负载不间断供电而对UPS内部进行维修时，可使用维修旁路开关Q3BP。

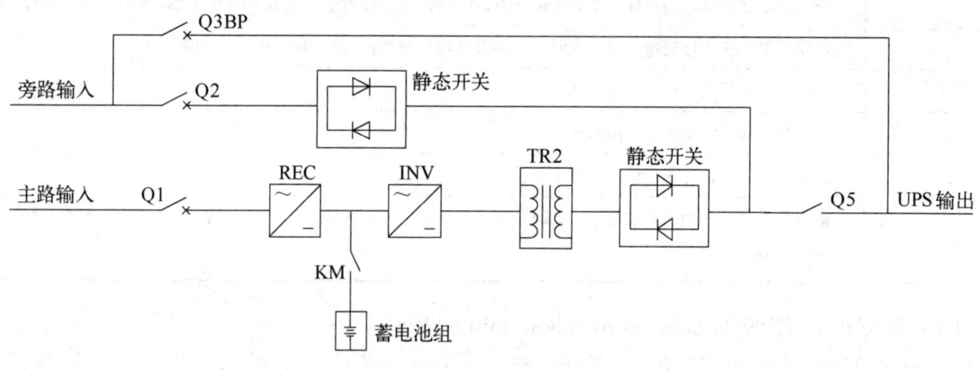

图3-5-7　双变换式UPS组成图

3. 双变换式UPS组成部件功能

双变换式UPS主要组成部件有整流器、逆变器、静态开关。整流器将交流市电转换为直流电，给蓄电池充电，并通过逆变器向负载供电。逆变器为DC/AC单向逆变，当市电存在时，由整流器取得功率后再送到输出端，并保证向负载提供高质量的电源；当市电断电时，由电池通过该逆变器向负载供电。静态开关正常时处于旁路侧断开、逆变侧导通状态；当逆变电路发生故障或者负载受到冲击或故障过载时，逆变器停止输出，静态开关逆变侧关闭，旁通侧接通，由电网直接向负载供电。

4. 双变换式UPS的主要特点

所谓双变换，是指UPS正常工作时，电能经过AC/DC、DC/AC两次变换供给负载。

电路的特点如下所述。

① 输出波形稳定：双变换式UPS通过整流器先将输入电源转换为直流电，然后经过逆变器转换为交流电，输出的电力波形非常稳定，没有电力波动和噪声。这对于对电力质量要求较高的数据中心来说非常重要，可保障服务器和其他设备的稳定运行。

在市电质量较好、频率较稳定时，逆变器的输出频率跟踪市电频率，一旦逆变器过载或出现故障，机内的检测控制电路通过静态开关迅速切换为由市电旁路供电；逆变器恢复正常后，又切换为由逆变器供电。逆变器与市电锁相同步，二者之间能实现安全、平滑的快速切换（切换时间不大于 4ms，甚至不大于 1ms）。静态开关是由晶闸管组成的交流开关，开关速度很快。

② 高效率和能源利用率：双变换式 UPS 采用高效的转换技术，输出的电力质量更高，能源利用率更高。这有助于减少数据中心的能源消耗，降低运营成本。

③ 输入和输出隔离：双变换式 UPS 的输入和输出之间具有完全隔离的电路，这意味着在输入电源发生任何问题时，都能提供完全稳定的输出电力。即使输入电源出现问题，如电压波动、电网停电或电池故障，UPS 都可以提供无间断的电力支持。

逆变器输出标准正弦波，输出电压、频率稳定（若市电频率不稳定，则逆变器不跟踪市电频率而保持输出频率稳定），彻底消除市电电压波动、频率波动、波形畸变及来自电网的电磁干扰对负载的不利影响，供电质量高。

④ 短路和过载保护：双变换式 UPS 配备了完备的保护措施，包括短路保护、过载保护和过热保护等，以确保 UPS 和数据中心设备的安全运行。

⑤ 转换时间几乎为零：输出始终由逆变器提供，双变换式 UPS 在切换电源时没有转换时间，确保数据中心设备在切换时不会出现停电瞬间的影响。

⑥ 可监测性：双变换式 UPS 具备远程监控和管理功能，实时监测 UPS 的状态和性能，提供报警和远程控制，方便管理员进行远程管理和维护。

双变换式 UPS 有带输出隔离变压器和不带输出隔离变压器之分。带输出隔离变压器的机型在逆变器的输出侧接有隔离变压器，其可靠性较高，能做到零线对地线电压小于 1V（数据机房要求零线对地线电压控制在 1V 以内）；但体积较大，质量较重，效率稍低。不带输出隔离变压器的机型在逆变器的输出侧没有隔离变压器，体积较小，质量较轻，效率稍高；但可靠性不如前者，不易获得很低的零线对地线电压。

双变换式 UPS 具有诸多优点，但相对于其他类型的 UPS 成本较高。在选择 UPS 时，要综合考虑数据中心的具体需求、预算和电力质量要求，选择最适合的 UPS 类型。双变换式 UPS 适用于对电源质量要求较高、对稳定性和可靠性有严格要求的大型数据中心。

5. 数据中心 UPS 供电方案

数据中心的 UPS（不间断电源）供电方案可确保数据中心在主电源故障或存在电力问题时获得连续稳定的电源供应。数据中心的 UPS 供电方案结合不同类型的 UPS 设备，可提供高可靠性和高效率的电力保障。在 UPS 应用中，常见的供电方案有双备份（N+1）UPS 供电方案、模块化 UPS 供电方案、在线双转换式 UPS 供电方案、静态转换器 UPS 供电方案、混合供电方案、单机工作供电方案、热备份串联供电方案、直接并机供电方案、模块并联供电方案和双母线（2N）供电方案。在数据中心使用中，最为普遍的供电方案为直接并机和双母线（2N）供电方案，分别详细介绍如下。

（1）直接并机供电方案

UPS 直接并机供电方案是指将多个 UPS 设备直接连接在一起并运行，以共同供电负载设备。直接并机供电方案可提高 UPS 系统的可靠性和冗余性，以确保在主电源故障或存在电力问题时，数据中心持续获得稳定的备用电源。

在 UPS 直接并机供电方案中，多个 UPS 设备通过并机模块或并机控制器进行连接和管理。设备可以是相同型号的 UPS 设备，也可以是不同型号但具有并机功能的 UPS 设备。

UPS 直接并机供电方案的关键要点有以下几个方面。

① 并机控制器：在 UPS 直接并机供电方案中，需要使用并机控制器来管理多个 UPS 设备的运行。并机控制器负责协调和同步 UPS 设备的输出，确保共同向负载设备提供电力。并机控制器还监控 UPS 设备的状态，包括电压、频率、电池状态等，以确保 UPS 系统的正

常运行。

② 负载分配：并机控制器根据负载需求动态分配负载给不同的UPS设备。负载均匀地分布在所有并机的UPS设备上，避免某个UPS设备过载，提高整个UPS系统的效率和可靠性。

③ 冗余性和可靠性：UPS直接并机供电方案提供了高度的冗余性和可靠性。其中一个UPS设备出现故障或需要维护时，其他UPS设备继续运行并提供备用电源。这确保了数据中心在任何时候都有备用电力可供使用，避免中断关键业务的供电。

④ 扩展性：UPS直接并机供电方案是可扩展的，根据数据中心的需求和扩展计划增加更多的UPS设备。数据中心灵活地扩展UPS系统的容量，以适应日益增长的负载需求。

注意：UPS直接并机供电方案需要进行仔细的规划和配置，确保所有的UPS设备良好、协调地工作，提供高效、可靠的备用电源供应。在实施这种方案时，还应考虑UPS设备的型号和容量、负载需求、并机控制器的功能等因素，以获得最佳的供电效果。

直接并机供电方案是将多台同型号、同功率的UPS，通过并机柜、并机模块或并机板，将输出端并接而成，目的是共同分担负载功率。基本原理：在正常情况下，多台UPS均由逆变器输出，平分负载和电流，当一台UPS故障时，由剩下的UPS承担全部负载。并机冗余的本质是UPS均分负载，实现组网的方式有N+1或者M+N。如图3-5-8所示为直接并机供电方案。

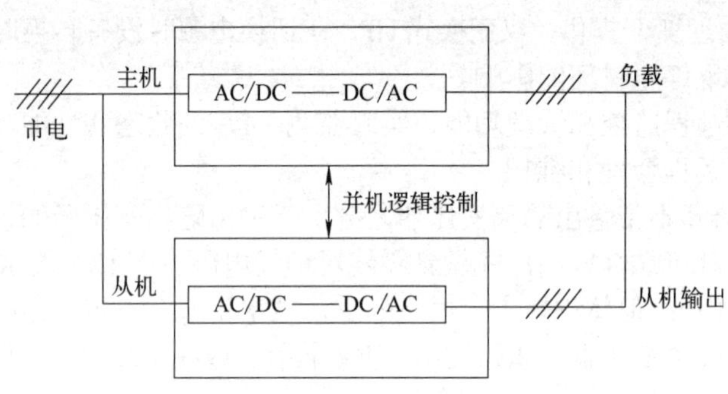
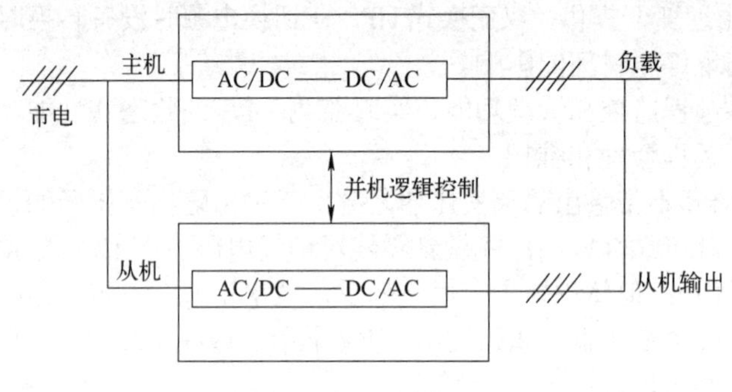

图3-5-8　直接并机供电方案

要实现并机冗余，必须解决的技术问题如下：

① 各UPS逆变器输出波形保持同相位、同频率；

② 各UPS逆变器输出电压一致；

③ 各UPS均分负载；

④ UPS故障时能快速脱机。

直接并机供电方案的特点：多台UPS均分负载，可靠性大大提高；扩容相对方便；运行均分负载，系统寿命和可维护性大大提高；控制负载多，成本增加，在并机输出侧依然具有单点故障。

（2）双母线（2N）供电方案

UPS双母线（2N）供电方案是高可靠性的UPS供电方案，特别适用于对电力连续性要求非常高的关键应用，如数据中心、金融机构和医疗设备等。在UPS双母线供电方案中，两个独立的UPS系统并行运行，并通过两组完全独立的母线将电力供给负载设备。UPS双母线供电方案的关键要点有以下几个方面。

① 双独立UPS系统：在UPS双母线供电方案中，有两个完全独立的UPS系统，分别称为A母线和B母线。每个UPS系统都具有自己的蓄电池组、逆变器和整流器等组件，独立地为负载设备提供备用电源。

② 双独立母线：A母线和B母线是两组完全独立的电力配送通道，分别连接到数据中心的负载设备，负载设备从两条母线中获取电力。双独立母线的设计确保在任何一条母线发生故障时，另一条母线仍然为负载提供备用电源。

③ 负载分配：在UPS双母线供电方案中，负载设备被平均分配到A母线和B母线上。

两条母线共同为负载设备提供备用电力，避免负载不平衡导致的单条母线过载问题。

④ 冗余性和可靠性：UPS 双母线供电方案提供了非常高的冗余性和可靠性。一个 UPS 系统或一条母线发生故障，另一个 UPS 系统和另一条母线仍然继续运行，确保数据中心持续、稳定地供电。

⑤ 维护和容错：UPS 双母线供电方案允许进行系统维护和容错。在维护期间，将负载从一条母线切换到另一条母线，以确保负载设备不间断供电。系统通过自动切换来容错，确保 UPS 系统的故障不会影响负载的供电。

⑥ 成本和复杂性：UPS 双母线供电方案相对其他供电方案来说可能价格更高和结构更复杂，需要两个独立的 UPS 系统和两条母线。其提供最高级别的电力冗余和可靠性，特别适用于对电力稳定性要求非常高的关键应用。

在实际应用时需要根据具体的数据中心要求和预算来选择合适的 UPS 供电方案。UPS 双母线供电方案是高级别的方案，提供卓越的电力保障，确保关键业务的持续运行。

早期应用于数据中心的 UPS 供电方案多为单机方案或 UPS 串/并联方案，均存在输出单点故障瓶颈问题。输出的配电系统包括开关跳闸、熔丝烧毁、电路短路等供电回路故障，往往在很大程度上影响 UPS 系统供配电的可靠性。为了保证机房 UPS 供电系统的可靠性，2*N* 或 2（*N*+1）的系统开始在中、大型数据中心得到大规模的应用，经常被称为双总线或双母线供电系统。

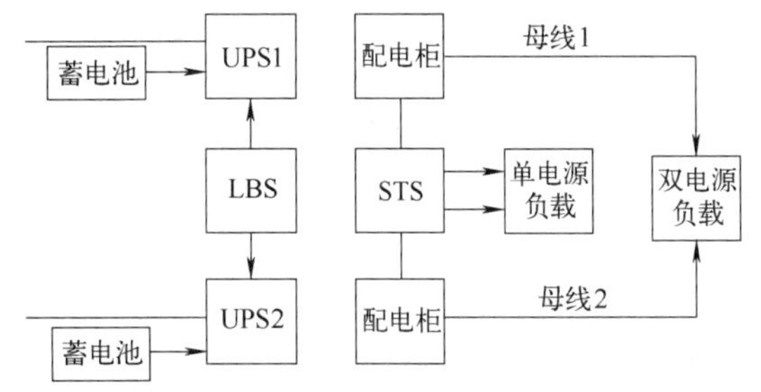

图 3-5-9　2*N* 供电方案

2*N* 供电方案由两套独立工作的 UPS、负载母线同步跟踪控制器（LBS）、一个多台静态切换开关系统（STS）、输入和输出配电柜组成。2*N* 供电方案如图 3-5-9 所示。

2*N* 供电方案的特点如下。

① 考虑到系统实现的成本，数据中心的负载被分为两类：电源/三电源负载和双电源负载。正常工作时，两套母线系统共同负荷所有的双电源负载；通过 STS 的设置，各自负荷一半的、关键的单电源负荷。在正常工作时，两套母线系统各自带有 50%的负载。

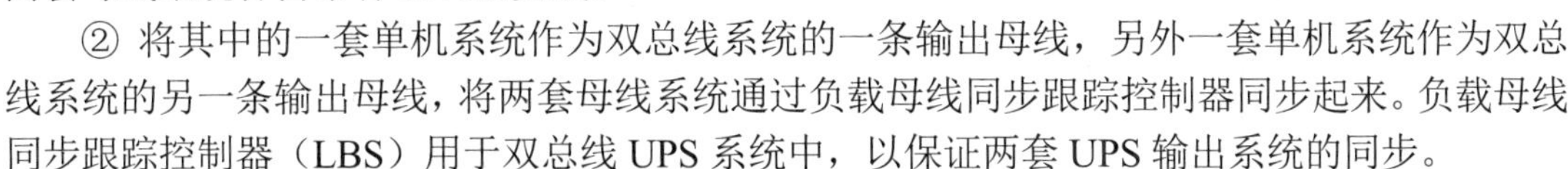

② 将其中的一套单机系统作为双总线系统的一条输出母线，另外一套单机系统作为双总线系统的另一条输出母线，将两套母线系统通过负载母线同步跟踪控制器同步起来。负载母线同步跟踪控制器（LBS）用于双总线 UPS 系统中，以保证两套 UPS 输出系统的同步。

③ 一套系统完全失效或需要检修，双电源负载有一条输出母线仍然有电时，正常工作；单电源负载通过 STS 零切换到另外一条输出母线时，正常工作。静态切换开关系统（STS）在为单路电源负载切换时使用，单电源负载接在 STS 输出端上，STS 两个输入端分别接在输入电源 1 和输入电源 2，当其中一个系统供电母线上的任何设备或电缆发生故障或需要维护时，负载可经转换时间 1/4 周波的静态转换开关切换到另一个系统供电。

④ 区别于以前的供电方案，系统的备份带来负荷用电可靠性的显著提升。具有优秀的开放性和良好的前瞻性，系统以后的扩容升级和维护十分方便。在任何时候均可将其中的一套系统完全下电进行处理，以解决维护或扩容的问题。

双总线系统真正实现了系统的在线维护、在线扩容、在线升级；提供了更大的配电灵活性，满足了服务器的双电源输入要求；解决了供电回路中的“单点故障”问题；做到了点对点冗余；极大地增加了整个系统的可靠安全性；提高了输出电源供电系统的“容错”能力。

⑤ 建设成本相对较高，在实际建设过程中，需要注意可靠性和经济性的适当权衡。

6. 其他供电方案

在应用过程中，除直接并机供电方案和双母线（2*N*）供电方案外，还有其他供电方案，如双备份（*N*+1）UPS 供电方案、模块化 UPS 供电方案、混合供电方案等。

① 双备份（*N*+1）UPS 供电方案。双备份（*N*+1）UPS 供电方案是最常见的数据中心 UPS 供电方案之一。该方案使用多个 UPS 设备进行双备份（*N*+1）配置。例如，数据中心的负载需要两台 UPS 设备来供电，在这个方案中配置三台 UPS 设备，其中两台 UPS 设备提供备用电源，第三台 UPS 设备作为冗余备份。当一个 UPS 设备出现故障时，其他两台 UPS 设备仍能继续为负载设备供电，保障数据中心的连续运行。

② 模块化 UPS 供电方案。模块化 UPS 是可灵活扩展和配置的 UPS 系统。在模块化 UPS 供电方案中，UPS 系统由多个模块组成，每个模块都是独立的 UPS 单元。模块根据数据中心的负载需求进行灵活的扩展和配置，提供高度可靠的电力供应。

③ 在线双转换式 UPS 供电方案。在线双转换式 UPS 是高级的 UPS 设备，输出始终通过逆变器提供。在这种方案中，主电源经过整流器将交流电转换为直流电，然后通过蓄电池提供备用电源。UPS 的逆变器将直流电转换回交流电，为负载设备提供稳定的电源。这种方案提供非常高的电源稳定性和保护功能。

④ 静态转换器 UPS 供电方案。静态转换器 UPS 是在主电源中断时实现快速切换的 UPS 设备。当主电源故障时，静态转换器 UPS 迅速将负载从主电源切换到备用电源，以确保连续供电。

⑤ 混合供电方案。数据中心采用混合供电方案，结合多种类型的 UPS 设备和电源系统，以提供更高的可靠性和冗余性。这样的供电方案结合双备份 UPS、模块化 UPS、静态转换器 UPS 等设备，根据数据中心的特定需求进行定制。

数据中心的 UPS 供电方案应根据数据中心的规模、负载需求、可靠性要求和预算等因素进行综合考虑和规划。目标是确保数据中心持续运行，保证关键业务的稳定性和可用性。

三、数据中心 UPS 蓄电池系统

数据中心 UPS 蓄电池系统是 UPS 的重要组成部分，用于存储电能并在电网停电或电力波动时提供持续供电，确保数据中心的稳定运行。UPS 蓄电池系统由多个蓄电池组成，类型和配置取决于数据中心的需求和 UPS 的规格。

1. 数据中心 UPS 蓄电池系统的基本知识

数据中心 UPS 蓄电池系统是数据中心不间断电源系统，为数据中心提供备用电源，以应对主电源故障或波动时的停电情况。UPS 蓄电池系统是确保数据中心持续运行和进行设备保护的关键组成部分。

UPS 蓄电池系统的主要目标是在主电源失效时提供临时电力，以保持数据中心的关键设备和服务运行，防止数据丢失和业务中断。当主电源正常时，UPS 蓄电池系统维持蓄电池组的充电状态，以确保在需要时备用电源准备就绪。

（1）常用术语

在数据中心 UPS 蓄电池系统中，有一些常用的技术用语，用于描述 UPS 蓄电池的性能、特性和相关技术。

① 电池容量（battery capacity）：电池容量是指蓄电池系统储存的电能量，以安·时（A·h）或千瓦·时（kW·h）为单位表示。

② 电池备份时间（battery backup time）：电池备份时间是指在 UPS 供电断开后，蓄电池系统为负载设备提供持续电力的时间，以分钟或小时为单位表示。

③ 充电时间（recharge time）：蓄电池从其他直流电源获得电能称为充电。蓄电池对外电路输出电能称为放电。充电时间是指蓄电池系统从完全放电状态充电至完全充电状态所需的时间。

④ 浮充（float charging）：浮充是指在蓄电池已充满的状态下，持续以较低的电流维持蓄电池的充电状态，以防止过度充电和保持蓄电池的长期可用性。蓄电池和其他直流电源并联，对外电路输出电能称为浮充放电。对于具有不间断供电要求的设备，起备用电源作用的蓄电池都应处于放电状态。

⑤ 均衡充电（equalization charging）：均衡充电是指定期对蓄电池进行全面的深度充电，以确保所有蓄电池单元都能均匀充电，防止蓄电池容量的不均衡。

⑥ 电池循环寿命（battery cycle life）：电池循环寿命是指蓄电池系统进行充放电循环的次数，以充放电循环次数表示。蓄电池每充电、放电一次，称为一次充放电循环，蓄电池在保持输出一定容量的情况下所能进行的充、放电循环次数，称为蓄电池的使用寿命。

⑦ 热管理（thermal management）：热管理是指对 UPS 蓄电池系统中产生的热量进行控制和管理，以保持适宜的工作温度，提高蓄电池寿命和性能。

⑧ 电池监测（battery monitoring）：电池监测是指通过传感器和监控系统实时监测蓄电池的状态，包括电压、电流、温度等，以及进行蓄电池健康状态评估。

⑨ 独立电池串（individual battery string）：独立电池串是指 UPS 蓄电池系统中独立的蓄电池单元串联在一起，提供所需的电池容量。

⑩ 热失效（thermal runaway）：热失效是指在某些情况下，蓄电池系统可能因过度充电或其他原因而出现严重的自发燃烧或爆炸现象。

技术用语有助于描述和理解数据中心 UPS 蓄电池系统的性能和特性，选择、配置和管理 UPS 蓄电池系统非常重要。

（2）常用物理量

① 电动势：外电路断开，没有电流通过电池时在正、负极之间测得的电位差，称为蓄电池的电动势。

② 端电压：电路闭合后在电池正、负极之间测得的电位差，称为蓄电池的电压或端电压。

③ 安时容量：电池容量的单位为安 • 时，安时容量也称电池容量。

$$Q\text{（A•h）}=I_{放}\times T_{放}$$

式中，$I_{放}$为放电电流，A；$T_{放}$为放电时间，h。

④ 电量效率（安时效率）：输出电量与输入电量之间的比称为蓄电池的电量效率，也称为安时效率。

$$电量效率(\%)\frac{Q_{放}}{Q_{充}}\times100\%=\frac{I_{放}\times T_{放}}{I_{充}\times T_{充}}\times100\%$$

⑤ 自由放电率：蓄电池的局部作用造成的电池容量的消耗。容量损失与搁置之前的容量之比称为蓄电池的自由放电率。

$$自由放电率(\%)=\frac{Q_1-Q_2}{Q_1}\times100\%$$

式中，Q_1为搁置前放电容量，A • h；Q_2为搁置后放电容量，A • h。

2. 数据中心 UPS 蓄电池的技术特性

数据中心 UPS 蓄电池的技术特性是指蓄电池系统的关键参数和性能特点，技术特性对于数据中心 UPS 的稳定运行和性能至关重要。数据中心 UPS 蓄电池的技术特性如下。

① 电池类型。数据中心 UPS 蓄电池采用密封酸铅蓄电池（VRLA）或锂离子蓄电池。密封酸铅蓄电池是较常见的选择，成本相对较低，但寿命相对较短。锂离子蓄电池寿命更长，能量密度更高，但成本较高。

② 电池容量。电池容量是指蓄电池系统储存的总电能量。数据中心 UPS 蓄电池的容量需要根据数据中心的负载需求和后备时间进行选择，以确保足够的电能储备。

③ 后备时间。后备时间是指数据中心 UPS 蓄电池在主电源故障后维持数据中心运行的时间。后备时间的长短取决于数据中心的要求和备用发电系统的启动时间。

④ 充电系统。数据中心 UPS 蓄电池系统需要配备高效、可靠的充电系统，在主电源供电正常时对蓄电池进行充电，保持其在充满状态。

⑤ 充放电效率。蓄电池的充放电效率对于数据中心 UPS 的能效至关重要。高效的蓄电池系统在充电和放电过程中可减少能量损失。

⑥ 自动测试和监测。现代的数据中心 UPS 蓄电池系统配备自动测试和监测功能，定期对蓄电池进行测试，检查状态、剩余寿命等信息，并在发现问题时提醒管理员。

⑦ 安全性能。数据中心 UPS 蓄电池系统需要具备高度的安全性能，防止过充、过放、短路等问题，并应具备过充保护、过流保护、过温保护等功能。

⑧ 寿命和维护周期。数据中心 UPS 蓄电池的寿命是重要的考虑因素。长寿命的蓄电池可减少维护成本和频率。蓄电池的维护周期也是重要的技术特性，管理员需要知道何时进行维护和更换。

⑨ 环境适应性。数据中心 UPS 蓄电池系统应具备良好的环境适应性，在不同温度、湿度和海拔等条件下稳定运行。

⑩ 物理结构。数据中心 UPS 蓄电池系统需要具备适合机架安装或其他形式的紧凑结构，最大程度地节省空间。

数据中心 UPS 蓄电池系统需要具备高效、可靠、安全和可管理的特点，确保数据中心在主电源故障时持续、稳定地运行，并能为数据中心的连续运行提供保障。

3. 数据中心 UPS 蓄电池配置计算方法

数据中心 UPS 蓄电池配置计算涉及确定适当的电池容量，满足数据中心的负载需求并提供所需要的后备时间。

数据中心 UPS 蓄电池配置计算方法：首先，需要计算数据中心的负载需求，以及需要 UPS 蓄电池系统提供的备用电源的总负载，这包括所有服务器、网络设备、存储系统及其他关键设备的功耗；其次，确定数据中心需要 UPS 蓄电池系统提供的后备时间，以分钟或小时计算，后备时间覆盖主电源故障后启动备用发电系统的时间。

根据负载需求和后备时间，计算所需的总电池容量：

$$\text{总电池容量}(\mathrm{A\cdot h})=\frac{\text{负载功耗}(\mathrm{W})\times\text{后备时间}(\mathrm{h})}{\text{蓄电池系统电压}(\mathrm{V})}$$

根据数据中心的要求来选择合适的蓄电池类型（VRLA 或锂离子等）和数量。选择蓄电池时，需要考虑蓄电池的容量、电压和数量，以满足计算出的总电池容量。为了确保 UPS 系统的高效运行和额外的备用能力，在蓄电池配置中增加一些裕量，防止蓄电池在高负载时过度放电，并提供额外的后备时间。最后，确保 UPS 蓄电池系统配备高效、可靠的充电系统和管理功能，以及确保蓄电池在主电源供电正常时保持充满状态，并及时监测蓄电池的状态。

UPS 的蓄电池配置分为查表法、恒电流法和恒功率法。其中，恒功率法在数据中心 UPS 蓄电池配置中应用得最广泛及配置最准确。

利用恒功率法时，UPS 放电电流计算公式如下：

$$W=\frac{S\times PF\times 1000}{\eta\times N}$$

式中，W 为每 2V 单元提供的功率，W；S 为 UPS 输出视在功率，UPS 铭牌可查，kV·A；PF 为功率因数，UPS 铭牌可查（保守计算一般取 0.8）；N 为 UPS 正常工作时需要的蓄电池组所有 2V 单体的数量；η 为 UPS 逆变效率，见 UPS 产品手册参数表（保守计算一般取 0.9）。

根据不同厂家、不同容量的 UPS 逆变终止电压计算出蓄电池组终止放电电压，再根据蓄电池组终止电压计算出单节（体）蓄电池的终止电压，并结合 UPS 系统要求的后备时间，选择蓄电池厂家恒功率放电表进行查询与选择。

数据中心 UPS 蓄电池系统的特点如下。

① UPS 蓄电池系统采用铅酸蓄电池（常见的有 VRLA、AGM 等）或锂离子蓄电池，铅酸蓄电池是传统的选择，成本相对较低，但寿命较短。锂离子蓄电池具有更高的能量密度和较长的使用寿命，但成本较高。

② UPS 蓄电池系统的容量决定了持续供电的时间。数据中心根据对 UPS 的后备时间需求，选择适当容量的蓄电池系统。一般来说，数据中心 UPS 蓄电池系统提供几分钟到数小时的后备时间，以便有足够的时间启动备用电源，如柴油发电机组。

③ 为了延长蓄电池的使用寿命，UPS 蓄电池系统配备智能充放电管理系统，对蓄电池进行平衡充放电，避免蓄电池的过充或过放，减少蓄电池的老化。

④ 数据中心 UPS 蓄电池系统需要在广泛的环境条件下工作，对蓄电池系统的环境适应性要求较高。蓄电池系统在高温、低温或潮湿的环境中正常运行，并且采取适当的温度和湿度控制措施。

⑤ UPS 蓄电池系统需要定期维护，包括检查蓄电池状态、测量蓄电池电压和电阻等。UPS 蓄电池系统配备监控系统，实时监测蓄电池的状态，提供报警和远程管理功能，方便管理员进行维护和故障排除。

⑥ UPS 蓄电池系统需要符合安全标准，防止蓄电池泄漏、过热或发生其他安全问题。在蓄电池维护和更换的过程中，需要注意蓄电池的操作安全。

UPS 蓄电池系统是数据中心稳定运行的关键组成部分，能提供备用电源，确保在电网停电或电力波动时，数据中心的设备能继续运行并保持稳定。数据中心管理员需要定期检查和维护 UPS 蓄电池系统，确保其性能可靠，并应根据需要及时更换蓄电池，保障数据中心的持续、稳定运行。

四、数据中心 UPS 输出列头柜配电系统和机架配电系统

数据中心 UPS 输出列头柜配电系统和机架配电系统是两种常见的配电方式，将 UPS 输出的电能分配给数据中心的设备，满足不同的用电负荷的需求。其在数据中心起着关键的作用，确保 UPS 输出的电能稳定、安全地供应给各用电设备。

UPS 输出配电系统不仅要实现传统的配电功能，而且要满足 IT 用户对配电系统可管理性的更高要求。以下分两个部分讲解。

1. UPS 输出列头柜配电系统

UPS 输出列头柜是位于数据中心 UPS 输出端的配电设备，将 UPS 输出的电能分配给数据中心的各用电回路。UPS 输出列头柜具备多个输出回路，连接到不同的用电设备。其主要特点有多路输出、分支保护、监测功能。UPS 输出列头柜具备多个输出接口，连接到多个用电回路或机架；列头柜中配置熔丝、断路器等电气保护装置，保护各用电回路，防止过载或短路等情况。高级的 UPS 输出列头柜配备监测功能，实时监测各用电回路的电能消耗情况，帮助管理员管理和优化用电资源。

UPS 输出列头柜配电系统是指将 UPS 输出电源传递给不同设备的电能分配系统。UPS 输出列头柜配电系统如图 3-5-10 所示。其由多个组件组成，确保 UPS 输出电源有效、安全地供电给数据中心或其他负载设备。UPS 输出列头柜配电系统主要由输出接口、分支断路器、配电盘、过载保护、电流表/电压表、保护措施、备用电源转换开关、监控和管理系统等组成。

① 输出接口：输出接口是 UPS 与配电系统之间的连接点。UPS 通过插座、输出端子或输出线缆与配电系统的输入接口相连接。

② 分支断路器：分支断路器将 UPS 输出电能分配给不同的负载回路。允许根据负载需求和优先级将 UPS 输出电能引导到不同的设备或设备组。

③ 配电盘：配电盘是 UPS 输出列头柜配电系统的核心部分，包含多个输出插座或输出端子，连接各负载设备。配电盘具有过载保护、短路保护等功能，保障负载设备的安全运行。

④ 过载保护：过载保护是安全功能，监测负载电流并在负载电流超过额定值时自动切断电源，避免设备损坏或降低火灾风险。

⑤ 电流表/电压表：电流表和电压表监测 UPS 输出的电流和电压。仪表提供实时的电能信息，帮助管理员了解电源负载和电源状态。

⑥ 保护措施：在 UPS 输出列头柜配电系统中包括了很多保护措施，如过压保护、欠压保护、电压调整等，确保负载设备得到稳定、干净的电能供应。

⑦ 备用电源转换开关：某些应用可能需要使用备用电源转换开关，允许手动或自动地切换 UPS 和备用发电机或其他备用电源之间的连接。

⑧ 监控和管理系统：现代的 UPS 输出列头柜配电系统配备监控和管理系统。系统远程监测和控制 UPS 输出状态，包括电流、电压、负载状态等，并提供报警和故障诊断功能。

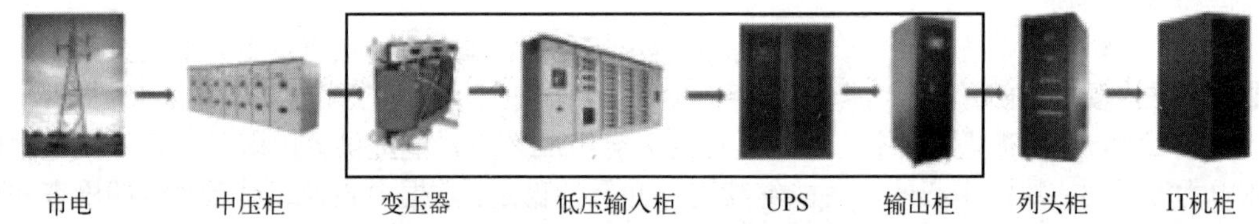

图 3-5-10　UPS 输出列头柜配电系统

以上列出的组成部分可能根据具体应用和负载需求的不同而不同。设计 UPS 输出列头柜配电系统时，需要根据实际情况和安全要求来选择合适的组件，并确保系统的可靠性和高效性。

（1）传统的 UPS 输出配电方案的问题

在现代数据中心和负载的需求日益复杂的情况下，传统的 UPS 输出配电方案存在问题，如存在能源浪费、切换延迟、维护成本高等问题。

传统 UPS 输出配电方案中，UPS 输出的交流电被转换为直流电，再通过逆变器转换回交流电供应负载设备。这个转换过程导致一定的能量浪费，降低系统的能效。当主电源发生故障时，UPS 需要从蓄电池供电切换到逆变器供电。这个切换过程需要一定的时间，称为切换延迟，会对负载设备产生影响。逆变器的输出容量受到限制，限制了单个 UPS 系统可供应的负载容量。传统 UPS 输出配电方案可能需要使用大量的设备和电缆，导致系统复杂性增加，占用更多的空间；设备和组件较多，可能需要更多的维护和管理，增加了运营成本和维护成本。传统 UPS 输出配电方案较为固定，难以灵活地应对负载需求的变化和扩展。

传统的 UPS 输出配电方案在对后级负载的用电安全管理的处理上有很大的改善空间，基本上缺乏运营管理的支持。

① 传统配电方式，每个场地都需要不同的设计，配电系统的可靠性、安全性等依赖工作人员和安装人员，配电系统很难做到不断电扩容或检修。

② 不能保持负载的有效分布，容易出现三相不平衡及容量设置不合理。

③ 不能提供计算机级的接地，计算机系统对机房的接地提出了更高的要求。

④ 出于机房走线方便的考虑，往往希望最后一级的配电柜放置在 IT 设备机房内，这使传统的 UPS 输出配电方案不注意外形设计的缺点暴露无遗。

⑤ 电源的监控极少，基本上只检测主回路的相关电气参数，支路的电气参数不做检测，导致用户对支路配电的状况完全不了解。

⑥ 机柜电功率的预设定和报警机制，从数据中心机房的建设规划角度讲，所有子系统都是围绕着机柜在运行。从实际应用角度讲，数据中心 UPS 系统容量的确定及空调系统容量的确定，最科学的方法是对机柜的电功率进行预设定。

传统的 UPS 输出配电方案在现代数据中心的需求下可能存在局限性。采用更先进的 UPS 输出配电方案可提高系统的性能和能效，降低维护成本和运营成本。例如：直接连接 UPS（也称为线交互式 UPS），将 UPS 输出直接传递给负载设备，减少了能量转换的损失和切换延迟；模块化 UPS 系统，根据负载需求进行灵活扩展和配置，提高了系统的适应性和可维护性；双转换在线式 UPS 实现更高的电源质量和更快的切换时间，为关键负载提供更可靠的保护；现代 UPS 系统采用更高效的能量转换技术，降低了能量损失，提高了系统的能效；现代 UPS 系统配备智能监控和管理功能，实时监测 UPS 输出状态，提供远程控制和故障诊断。

（2）新一代 UPS 输出列头配电柜具有的功能

新一代 UPS 输出列头配电柜（简称 UPS 输出列头柜）具有多种功能，满足现代数据中心和负载需求的高效、可靠、智能的要求。新一代 UPS 输出列头配电柜具有以下功能。

① 高能效：新一代 UPS 输出列头配电柜采用高效的能量转换技术，降低能量损耗，提高系统能效，减少能源消耗和运营成本。

② 模块化设计：模块化设计使 UPS 输出列头配电柜可根据负载需求进行灵活扩展和配置，减少闲置，提高资源利用率。随着 IT 用户对配电可管理性的要求越来越高，列头配电产品应用的场合越来越多。列头配电产品应根据不同的场地需求，选用单母线系统或双母线系统；支路断路器既可以选择固定式断路器，也可以选择热插拔可调相断路器。

③ 高容量和高密度：新一代列头配电柜具备大容量和高密度的特点，满足大规模数据中心和高密度负载的供电需求。

④ 低切换延迟：高速切换技术使 UPS 输出在主电源故障时迅速切换到备用电源，减少对负载设备的影响。

⑤ 智能监控和管理：配备智能监控和管理系统，实时监测 UPS 输出状态，提供电流、电压、功率、负载状态等信息，并支持远程监控和控制。全面的电源管理功能，将配电系统完全纳入机房监控系统，监控内容丰富。对配电母线监测三相输入电压、电流、频率、总功率、有功功率、功率因数、谐波百分比、负载百分比，以及所有回路（包括每个输出支路）断路器的

电流、开关状态、运行负载率等。

⑥ 可视化界面：配备直观、易用的可视化界面，使管理员可直观地查看 UPS 输出的状态和性能。列头配电产品应提供 RS-232/RS-485 或简单网络管理协议（SNMP）等多种通信接口，纳入机房监控系统中，所有信息通过一个接口上传，系统更加可靠，节省监控投资。

⑦ 报警和故障诊断：支持报警功能，可及时通知管理员有关 UPS 输出状态的异常情况，并具备故障诊断功能，帮助其快速定位和解决问题。

⑧ 数据采集和分析：采集 UPS 输出数据，并进行数据分析，以优化 UPS 输出的运行和效率。

⑨ 智能负载管理：支持智能负载管理功能，根据负载需求进行优先级调整和电源分配，保障关键负载的稳定供电。列头配电产品实时检测每一服务器机架的运营成本，精确计算及测量每一服务器机柜、每一路开关的用电功率和用电量。通过后台监控系统分月度、季度、年度进行报表统计。

⑩ 高安全性：配备过载保护、短路保护、过压保护、欠压保护等多重安全保护措施，确保负载设备的安全运行。

新一代 UPS 输出列头配电柜具备高可靠性和冗余性，保障关键负载的连续供电。易于维护和管理的特点，降低了维护成本和维修时间。新一代 UPS 输出列头配电柜具备高效、可靠、智能和安全的特点，满足现代数据中心对电力供应的高要求，为数据中心提供稳定、可靠的电力保障。

2. 机架配电系统

机架配电系统是将 UPS 输出电能分配给数据中心机架的配电解决方案。在机架配电系统中，UPS 输出的电能通过配电模块和电源分配单元（PDU）分发到每个机架。其主要特点有：将电力供应直接送达到每个机架，实现对机架级别设备的精确供电；配备智能 PDU，监测和记录每个机架的电力使用情况，提供对机架能耗的详细数据；具有远程管理功能，管理员通过网络对 PDU 进行远程控制和监测，方便维护和排除故障。

数据中心 UPS 输出列头柜配电系统和机架配电系统都是为了更好地管理和分配 UPS 输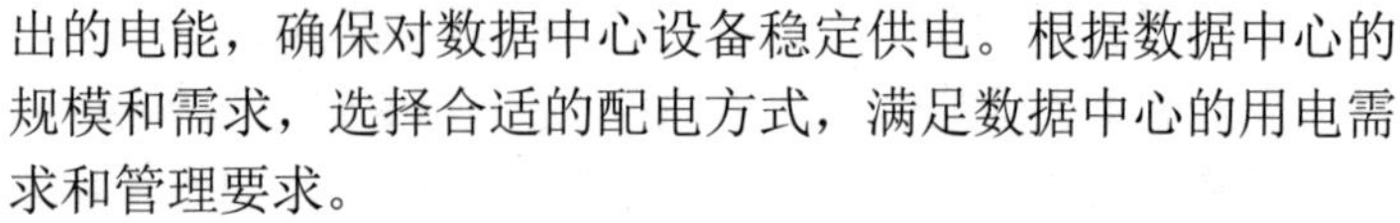出的电能，确保对数据中心设备稳定供电。根据数据中心的规模和需求，选择合适的配电方式，满足数据中心的用电需求和管理要求。

图 3-5-11 PDU 实物

数据中心机架配电系统基本上是以 PDU 为主要载体。PDU 是电源分配单元，也称电源分配管理器。顾名思义，PDU 应具备电源的分配或附加管理的功能。电源的分配是指电流及电压和接口的分配，电源插口的匹配安装，线缆的整理，空间的管理及电涌防护和极性检测。数据中心几乎所有的 IT 设备都已经或将要放置在标准机柜内，PDU 作为机柜的必备附件，也越来越受到相关各方的重视。PDU 的实物如图 3-5-11 所示。

数据中心机架配电系统是在机架内提供电源分配和管理的系统。用于数据中心的服务器机架和网络设备机架，可确保设备获得稳定的电能供应，并简化电源管理和维护。

机架电源分配单元（PDU）具备电源监测和管理、过载保护、智能电源控制、电源冗余、电源线缆管理、远程监控和警报、可选附加功能。

机架电源分配单元（PDU）：机架 PDU 是机架配电系统的核心部分。安装在机架内部，通过单个电源输入连接到UPS或主电源，并将电源分配到机架内的各个设备。PDU具有多个输出插座，支持不同类型的设备和不同功率需求。

电源监测和管理：现代机架 PDU 配备电源监测和管理功能。实时监测每个插座的电流、电压和消耗功率，提供远程监控和控制功能，使管理员随时了解设备的用电情况。

过载保护：机架PDU具有过载保护功能，一旦某个插座超过额定功率，PDU自动切断电源，避免过载导致设备损坏或火灾。

智能电源控制：高级的机架 PDU 还具备智能电源控制功能。远程控制每个插座的电源，实现开关设备的远程管理，便于实现设备的开关和重启。

电源冗余：为提高设备的可靠性，机架PDU还支持电源冗余。通过多个电源输入，确保一个电源故障，仍能继续供电。

电源线缆管理：机架PDU具有电源线缆管理功能，通过提供整洁的线缆布局和管理，减少电源线缆的混乱，提高空气流通和散热效率。

远程监控和警报：机架 PDU 通过网络连接，向管理员发送电源状态的实时警报和通知，以便及时处理电源问题。

可选附加功能：高级的机架PDU可能还提供其他可选附加功能，如温度传感器、湿度传感器、烟雾传感器等，增强环境监测和设备保护能力。

数据中心机架配电系统是数据中心不可或缺的组成部分，确保了每个机架内的设备获得可靠的电源供应，提供了智能的电源管理和监控功能，提高了数据中心的可靠性和运维效率。

（1）PDU分类

PDU（power distribution unit，电源分配单元）是电能分配和管理的设备，安装在机架内或机柜内，将电能传递给各种设备，如服务器、网络设备和存储设备等。根据不同的功能和特性，PDU有不同的分类，并遵循相关的标准。

① 按安装位置分类：

a. 机架式PDU：安装在机架内，为1*U*或2*U*高度，适用于数据中心的服务器机架和网络设备机架。

b. 机柜式PDU：安装在机柜内，用于机柜中设备的电源分配。

② 按电源输入分类：

a. 单相PDU：电源输入为单相交流电，常见的家用电源也是单相电，适用于较小的负载设备。

b. 三相PDU：电源输入为三相交流电，适用于大型数据中心或高功率负载设备。

③ 按输出类型分类：

a. 基础PDU：只提供输出插座，没有额外的智能管理功能。

b. 智能PDU：具有监测和管理功能，实时监测电流、电压、功率等信息，并支持远程控制和警报通知。

④ 按电流容量分类：

a. 低功率PDU：适用于较小负载和低功率设备，电流容量较低。

b. 高功率PDU：适用于高功率设备和大负载，具有更高的电流容量。

（2）相关标准

① IEC 60320：定义插座和插头的标准，确保不同设备之间的兼容性。

② IEC 60309：三相电源连接的标准，用于高功率设备。

③ IEC 60950：适用于信息技术设备的安全标准，确保PDU对设备和用户安全。

需要注意的是，不同地区和不同厂商的 PDU 可能遵循不同的标准和规范。在选择 PDU

时，应根据具体应用场景和需求来选择合适的 PDU 类型，并确保符合相应的安全和兼容性标准。

（3）PDU 与普通插座的区别

PDU 与普通插座之间存在明显的区别，主要有以下几方面。

① 功能和用途。PDU 是专门设计电力分配和管理的设备，用于数据中心、服务器机架、网络设备机架、机柜等场景。具备多个输出插座，将电源供应传递给多个设备，支持电流、电压、功率等信息的监测和管理。普通插座则是日常家庭或办公室的电源连接，只具备基本的插拔功能，没有额外的电源分配和管理功能。

② 电源容量。PDU 具备更高的电源容量，承载更大的负载电流。适应数据中心等高功率负载设备的供电需求。而普通插座用于家庭电器和低功率设备的供电，电源容量较小。

③ 监测和管理。PDU 具备智能监测和管理功能，实时监测各个插座的电流、电压和消耗功率，支持远程监控和控制。这使管理员实时了解设备的用电情况，并根据需要进行调整和管理。普通插座没有这些功能，只能提供简单的插拔电源服务。

④ 安装方式：PDU 是机架式或机柜式的，安装在数据中心的服务器机架或机柜内，与设备紧密结合。普通插座是固定在墙壁或地板上，供应家庭或办公室电能的电源。

⑤ 插口类型：PDU 的插口类型遵循国际标准，如 IEC 60320，确保不同设备之间的兼容性。而普通插座的插口类型可能因地区而异，符合当地的标准和规范。

PDU 迅速地朝着智能化、网络化的方向发展，着重实现数据中心用电安全管理和运营管理的功能。通过对各种电气参数个性化、精确化的计算，实现对现有用电设备的实时管理，清楚地知道现有机柜电源体系的安全边界在哪里，实现对机架用电的安全管理。通过检测每台 IT 设备的实时耗电，得到数据中心的基于每一个细节的电能数据，实现机架乃至数据中心用电的运营管理。

PDU 与普通插座的其他区别见表 3-5-4。

表 3-5-4　PDU 与普通插座的其他区别

对比项目	普通插座的特点	PDU 产品的特点
产品结构	简单、普通、固定式结构	模块化结构，可按需求定制
技术性能	功能单一	控制、保护、监控、分配等功能强大，输出可任意组合
内部连接	一般多为简单焊接	端子插接、螺纹端子固定、特殊焊接、环形接线等形式
输出方式	直接、平均输出	可以奇/偶位、分组、特定分配等方式输出
负载能力	负载功率较小，一般≤16W	负载功率大
功率分配	功率平均分配	可按照技术需求逐位/组地进行负载功率分配
力学性能	机械强度一般，长度受限	机械强度高，不易变形，长度可达 2m 以上
安装方式	普通摆放或挂孔式	安装方式、方法及固定方向灵活、多样

单元六　柴油发电机系统运维

一、柴油发电机组

数据中心柴油发电机组是数据中心备用电源的重要组成部分。使用柴油燃料作为动力源的发电机组，主要在电网停电或电力不稳定时提供可靠的电力支持，保证数据中心的持续运行。

1. 发电机组的组成及分类

（1）柴油发电机组的组成

柴油发电机系统主要由三大部分组成，分别为柴油发动机、三相无刷交流同步发电机及控制系统，并辅助电气系统、冷却系统、燃油系统、润滑系统、进排风系统及排烟系统等。如图 3-6-1 所示为柴油发电机系统的组成图。

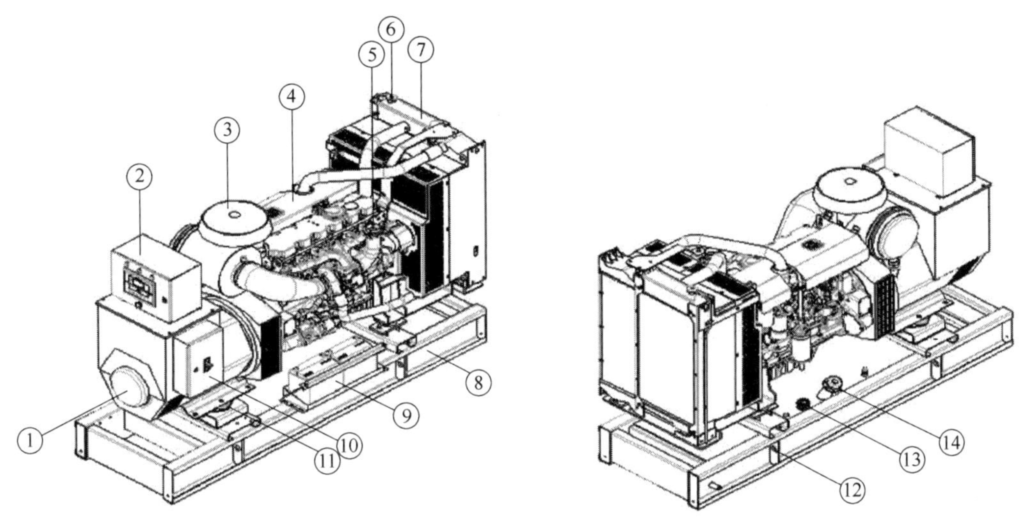

图 3-6-1　柴油发电机系统组成图

1—交流发电机；2—控制柜；3—空气滤清器；4—柴油发动机；5—排气管安装法兰；6—加水口；7—散热器；8—底盘；9—电池；10—开关柜；11—减震胶垫；12—吊耳；13—燃油油位表；14—加燃油口

① 柴油发动机（diesel engine）。柴油发动机是数据中心柴油发电机系统的核心组件之一，利用柴油作为燃料，通过内燃机的工作原理将燃料和空气混合后在高压和高温条件下自燃，将化学能转化为机械能。柴油发动机产生的机械能驱动发电机产生电能，供应数据中心的电力需求。

② 三相无刷交流同步发电机（three-phase brushless AC synchronous generator）。三相无刷交流同步发电机是数据中心柴油发电机系统的另一个重要组成部分，是将柴油发动机输出的机械能转换为电能的装置。通过旋转磁场的原理，将发动机产生的机械能转化为交流电能，提供稳定的电压和频率输出，适用于数据中心的电气负载。

③ 控制系统（control system）。控制系统是指用于监控和管理整个数据中心柴油发电机系统运行的设备和软件。其负责监测发电机的工作状态，调整发动机的输出功率以满足负载需求，保护系统免受故障和过载的影响。控制系统包括计算机控制单元（CPU）、传感器、执行器和相关的软件算法，确保数据中心柴油发电机系统的稳定、可靠运行。

④ 电气系统（electrical system）。电气系统是数据中心柴油发电机系统的辅助部分，包括连接发电机和数据中心负载设备的电缆和开关设备。电气系统负责将由发电机产生的电能传送到数据中心的各种电气设备，确保电能的稳定供应和安全传输。

⑤ 冷却系统（cooling system）。冷却系统是保持数据中心柴油发动机和发电机的运行温度在合适范围内的设备。数据中心柴油发动机和发电机在工作时产生大量的热能，冷却系统通过

循环冷却液（通常是水和冷却剂的混合物）来吸收和散发热量，使设备保持在适宜的工作温度。

⑥ 燃油系统（fuel system）。燃油系统负责将燃油从燃油储存容器输送到数据中心柴油发动机的燃烧室，供发动机燃烧产生动力。燃油系统包括燃油泵、燃油滤清器和喷油器等组件，确保燃油的供给稳定和高燃烧效率。

⑦ 润滑系统（lubrication system）。润滑系统是保持数据中心柴油发动机运转的重要部分。通过循环润滑油到发动机的各个摩擦部位，如活塞、曲轴等，减少摩擦和磨损，确保发动机运行顺畅并延长寿命。

⑧ 进排风系统（intake and exhaust system）。进排风系统负责将空气引入数据中心柴油发动机的燃烧室，供氧支持燃烧，并进行排出燃烧产生的废气。其包括空气滤清器、进气管道、排气管道和排气消声器等组件，确保发动机运行的正常换气。

⑨ 排烟系统（smoke exhaust system）。排烟系统是将燃烧产生的废气从数据中心柴油发动机排出并进行处理的系统。废气包含有害物质，如氮氧化物和颗粒物。排烟系统通过使用催化转化器或颗粒捕捉器等技术来减少废气中的有害成分，并确保排放达到环境标准。

通过组成部分的密切协作，确保数据中心柴油发电机系统在断电或其他紧急情况下提供稳定、可靠的备用电源，保障数据中心运行的连续性和可靠性。

（2）柴油发电机组的分类

① 按转速分类：高速机组（3000r/min）、中速机组（1500r/min）和低速机组（100r/min 以下）。

② 按调速方式分类：机械调速系统、电子调速系统、液压调速系统和电子喷油管理控制调速系统。

③ 按机组使用连续性分类：长用机组和备用机组。

④ 按励磁方式分类：柴油发电机组通常采用三相交流同步无刷励磁发电机，按发电机的励磁方式可分为自励式和他励式。

⑤ 按冷却方式分类：风冷和水冷。

⑥ 按安装方式分类：固定机组和移动机组。固定机组包括固定安装在发电机房的柴油发电机组、燃气轮发电机组，适用于中、大型功率需求场所；移动机组包括拖车式机组、车载式机组、便携式机组，适用于中、小型功率需求场所。

⑦ 按控制方式分类：

a. 基本型机组：手动启停是所有柴油发电机都必须具有的基本功能，启动和停止运转控制都需要人工操作进行。

b. 自启动型机组：该机组在基本型机组的基础上增加自动控制系统，具有自动化的功能。当市电突然停电时，机组能自动启动、自动切换开关、自动运行、自动送电和自动停机等；当机油压力过低、机体温度或冷却水水温过高时，能自动发出声光报警信号；当机组超速时，能自动紧急停机进行保护。

c. 微机控制自动化型机组：该机组由性能完善的柴油机、三相无刷同步发电机、燃油自动补给装置和自动控制屏组成，自动控制屏采用可编程逻辑控制器（PLC）或油机专用微处理控制器控制。除了具有自启动、自切换、自运行、自投入和自停机等功能外，还配有各种故障报警和自动保护装置，此外，通过 RS-232 或 RS-485/RS-422 通信接口与计算机连接，进行集中监控，实现遥控遥信和遥测，做到无人值守。

2. 柴油发电机组的工作原理

数据中心柴油发电机组采用内燃机工作原理。燃料（柴油）在发动机燃烧室内燃烧，产生高温、高压气体，驱动发动机运转。发动机通过传动轴带动发电机转子旋转，产生电能。柴油发电机组是常见的备用电源设备，工作原理基于内燃机的原理和发电机的原理。

以下是柴油发电机组的工作原理：

① 燃烧过程：柴油发电机组的工作始于燃烧过程。发电机组内部安装了柴油发动机，该发动机使用柴油作为燃料。当发动机启动时，喷油器将柴油喷射到发动机的燃烧室。

② 压缩：在燃油喷射后，活塞开始压缩燃油-空气混合物，导致燃油-空气混合物的温度和压力迅速升高。

③ 燃烧：当达到适当的压力和温度时，喷油器将触发点火，点燃燃油-空气混合物。燃烧产生的高温、高压气体将活塞推向下方，完成一个循环。

④ 循环工作：发动机的循环过程是连续进行的，每次循环产生的能量推动发动机运转。

⑤ 机械转动：发动机的循环过程产生的动能转换为机械能，推动发电机组内部的发电机转子旋转。

⑥ 电能产生：发电机转子的旋转产生交流电感应，通过电磁感应原理在发电机的绕组中产生电势差，生成交流电。这是发电机组产生电能的过程。

⑦ 调节和控制：发电机产生的电能经过调节和控制装置，确保输出的电压和频率稳定，并符合负载需求。

⑧ 输出电源：通过输出线路，发电机组的电能传递给需要供电的设备，如家庭、工厂、数据中心等，提供备用电源或主要电源。

柴油发电机组的工作原理类似于汽车发动机的原理，通过燃烧柴油产生高温、高压气体来推动发动机运转，并将机械能转化为电能，为不同场景提供稳定的电源供应。

3. 柴油发电机组的功率容量

数据中心柴油发电机组具有较大的功率容量，满足数据中心复杂设备的高功耗需求。功率容量一般根据数据中心的负荷需求和备用电源的要求而定，具有不同等级和规格的发电机组。

柴油发电机组的功率容量根据设计和规格来确定，以千瓦（kW）或兆瓦（MW）为单位表示。其大小取决于多个因素，包括发动机的类型和规格、发电机的类型和规格、运行条件等。

柴油发电机组根据功率容量分为小型、中型、大型三种。

① 小型柴油发电机组。小型柴油发电机组具有较低的功率容量，在几千瓦（kW）至数十千瓦（kW）之间，适用于小型商业建筑、家庭用电备份、临时供电等场景。

② 中型柴油发电机组。中型柴油发电机组的功率容量在几十千瓦（kW）至数百千瓦（kW）之间，适用于中型商业建筑、工厂、医院、学校等场所的备用电源和主要电源。

③ 大型柴油发电机组。大型柴油发电机组的功率容量在数百千瓦（kW）至数兆瓦（MW）之间，适用于大型工业厂区、数据中心、电力站等场所的主要电源。

注意：柴油发电机组的功率容量应根据实际需求和负载来选择。选择适当的功率容量，确保发电机组满足负载需求，并保持高效和可靠运行。在选择柴油发电机组时，还应考虑负载的特性、峰值负载、备用电源时间等因素，获得最佳的发电机组配置。

4. 柴油发电机组的自动启动

数据中心柴油发电机组配备自动启动系统。当电网停电或检测到电网电压异常时，自动启动系统自动启动柴油发电机组，并连接到数据中心的电力系统，确保电力的连续供应。

数据中心柴油发电机组的自动启动是指在数据中心的主电源供电中断或电压异常等情况下，柴油发电机组自动启动并提供备用电源，确保数据中心设备的持续供电。

自动启动功能由发电机组的控制系统和传感器来实现，工作过程如下所述。

① 控制系统：数据中心柴油发电机组配备了自动控制系统，是基于微处理器的控制器。该控制系统负责监测主电源的状态，并根据预设的逻辑和条件判断是否需要启动发电机组。

② 传感器：发电机组配备多个传感器，用于监测主电源状态和负载设备需求。主要的传

感器包括电压传感器、频率传感器等。传感器将实时数据传送给控制系统。

③ 监测主电源：控制系统通过电压传感器和频率传感器监测主电源的状态。控制系统检测到主电源供电中断、电压异常或频率偏离正常范围，将触发自动启动程序。

④ 启动发电机组：在监测到主电源问题后，控制系统发出启动信号。发动机部分根据启动信号启动柴油发动机。一旦发动机正常启动，发电机部分将开始生成电能。

⑤ 切换负载：当发电机组生成稳定的电能后，控制系统将执行切换操作，将负载设备从主电源切换到发电机组的备用电源上，负载设备将继续得到稳定的电源供应。

⑥ 监控和管理：一旦发电机组自动启动，控制系统将继续监控主电源状态。当主电源恢复正常时，控制系统将执行反切操作，将负载设备切换回主电源。控制系统监控发电机组的状态，包括发动机运行状态、电压、频率等，确保发电机组正常运行。

通过数据中心柴油发电机组的自动启动功能，确保在主电源中断或存在电力问题时，数据中心快速切换到备用电源，保障设备的连续供电。这种自动化的切换过程可提高数据中心的可靠性和稳定性，确保数据中心的持续运行。

5. 柴油发电机组与 UPS 配合

数据中心柴油发电机组与 UPS（不间断电源）配合使用。UPS 作为过渡电源，在发电机组启动之前提供短暂的电力支持，确保数据中心设备在切换时不会出现停电瞬间的影响。

数据中心柴油发电机组和 UPS 配合的工作方式如下所述。

① 主电源供电：在正常情况下，数据中心的主电源为负载设备提供电力。UPS 将电力转换为直流电，并通过电池组储存备用电力。UPS 实时监控主电源的状态，如电压、频率等，确保主电源的稳定和合格。

② 主电源中断：当主电源发生中断或存在电力异常时，UPS 迅速感知并检测到主电源故障。一旦发现主电源故障，UPS 切换为电池供电模式，将存储在电池组中的备用电力转换为交流电，并提供给负载设备。

③ UPS 供电：在主电源中断后，UPS 继续为负载设备提供电力，确保数据中心的连续运行。UPS 提供一段时间的备用电力，这个时间在几分钟到数小时之间，具体取决于 UPS 的电池容量和数据中心的负载需求。

④ 柴油发电机组启动：在 UPS 容量耗尽之前，数据中心的柴油发电机组自动启动。发电机组根据监测到的主电源故障信号启动，并将电力传递给数据中心的负载设备。

⑤ 切换为柴油发电机组供电：当柴油发电机组启动并稳定运行后，UPS 将负载设备从 UPS 供电切换到发电机组供电。发电机组将为数据中心提供连续、稳定的备用电源，直到主电源恢复或需要维护修复。

⑥ 主电源恢复：主电源恢复正常后，UPS 监测主电源状态，确保其稳定和合格。在主电源稳定后，UPS 自动将负载设备切换回主电源供电，并停止发电机组的运行。

通过柴油发电机组和 UPS 的配合，数据中心在主电源中断或存在电力问题时实现无缝切换，并获得持续、稳定的电源供应，确保数据中心的高可靠性和连续运行。

6. 柴油发电机组的性能特点及其三漏问题的解决方式

（1）柴油发电机组的性能特点

① 容量的测定。根据机组的长期、连续运行情况，计算出力是否满足整个工程的负荷计算，并根据负荷的重要性确定发电机组的备用容量。需要注意的是，柴油发电机组的连续输出功率是额定功率的 0.9 倍。

② 并联机组的确定。控制普通柴油发电机组常用的并联机组应考虑、为简化主接线的配电，使机组启动和停止旋转运行，通过小车转移负荷，切换机组而不中断供电。机组应配备机

组测控单元，机组调速调节和励磁调节应符合并联的要求。有重大负荷的备用发电机组应使用自动柴油发电机组。当外部电源发生故障时，可迅速启动电源，恢复重要负载的电源。柴油机运行时，机舱内噪声很大，自动化装置宜改造为自动运行的发电机组。当发电机组运行正常时，操作人员不必进入发动机室。

③ 单位数的确定。普通柴油发电机组的数量在 2 个以上，以保证供电的连续性和电力负荷曲线的变化。若有许多机组，可以根据电力负荷的变化来确定投入机组的数量，使柴油发电机在经济负荷下经常运行，降低燃料消耗，降低发电成本。柴油发电机的工作状态为额定功率的 75%～90%。为保证电源的连续性，常用的机组本身应考虑设置备用机组，在机组检修或停机检修时，发电机仍能满足重要负荷不间断连续供电。

④ 转速的测定。为减少磨损，增加机组的使用寿命，一般发电机组选择中速和低速的单位，校准的速度不大于 1000r/min，备用机组可选择中速、高速的单位。同一电站的机组应采用同型号、同容量机组，使用同一备件，可便于维护和管理。一系列不同容量的单元也可用于负荷变化大的工程。

（2）柴油发电机三漏问题的解决方式

① 加垫治漏法。柴油发电机油管接头防漏垫圈处漏油，可在防漏垫圈的两侧加一层双面光滑的薄塑料垫，用力拧紧可防漏。

② 油治漏法。柴油发电机的油箱底壳、气缸盖、齿轮室盖、曲轴箱后盖等处的纸垫渗漏时，只要纸垫完好，接合面清洁，便可在纸垫两面抹上一层黄油，拧紧螺栓即可防漏。换用新纸垫，安装前要将新纸垫在柴油中浸泡 10min，然后取出擦净，在接合面上抹一层黄油后再装上。

③ 漆片液治漏法。柴油发电机油箱、水箱、曲轴箱等接缝处渗漏，可将漆片放在酒精中浸泡之后，把漆片液涂抹在清洗干净的接缝处可治漏。但漆片成本高，一般在情况紧急时才使用。

④ 液态密封胶治漏法。柴油发电机上出现固体垫圈缺陷（如凹坑、沟槽、破裂）而形成界面性渗漏和破坏性渗漏时，用液态密封胶涂抹在清洗干净的固体垫圈接合面上，固化后可形成均匀、稳定、连续黏附的可剥性薄膜垫圈，可防治一切渗漏现象。

⑤ 厌氧胶治漏法。柴油发电机上的通气螺栓、双头螺栓、螺堵等处出现渗漏时，用厌氧胶涂抹在清洗干净的螺栓、螺纹或螺孔处，能很快固化形成薄膜，填充零件空隙，并能承受较大压力，还具有防震性强和防松的紧固功能。如柴油机高压油管接头螺纹处，治漏效果更好。

二、柴油发电机输出配电与并机

数据中心需要稳定、可靠的电力供应，保证服务器和网络设备的正常运行。柴油发电机是数据中心的常用备用电源，特别是在面临停电或电网不稳定的情况下。柴油发电机输出的电能需要通过输出配电系统分配给数据中心的各个用电设备。输出配电系统包括以下主要组件：

① 发电机输出端：柴油发电机产生的电能通过电缆或导线连接到输出端，供电进入配电系统。

② 配电盘：配电盘是集成的电气设备，分配电能到不同的用电回路，包括熔丝、断路器、接触器等电气元件，实现对不同负荷的电能分配和保护。

③ UPS（不间断电源）：在柴油发电机切换过程中，为保持电力的连续供应，数据中心配

置 UPS 作为过渡电源。UPS 在电网停电或柴油发电机启动之前提供短暂的电力支持，确保数据中心的稳定运行。

输出配电系统需要合理设计，确保电能稳定、安全地供应给数据中心的各个用电设备，防止电力波动对设备造成损坏。

1. 单机输出配电

（1）单机输出配电原理

单机指的是一台独立的柴油发电机组对相应的配电负载进行供电，或者多台柴油发电机组同时运行时，各台柴油发电机组供电负载不会重叠，各自承担独立负载的供电，提供备用电源，确保数据中心在主电源故障时维持稳定供电。

（2）单机输出配电组成

输出配电由柴油发电机组输入柜、公共母排、输出柜组成。单机输出配电分为 *N* 配置和 *N*+1 配置。

① *N* 配置。*N* 配置如图 3-6-2（a）所示，输出配电完成一台柴油发电机组接入和输出。

② *N*+1 配置。*N*+1 配置如图 3-6-2（b）所示，输出配电由单台主用柴油发电机组 M1、M2、M3 和备用柴发电机组 M4 输入，输出分配控制相应的变配电系统。

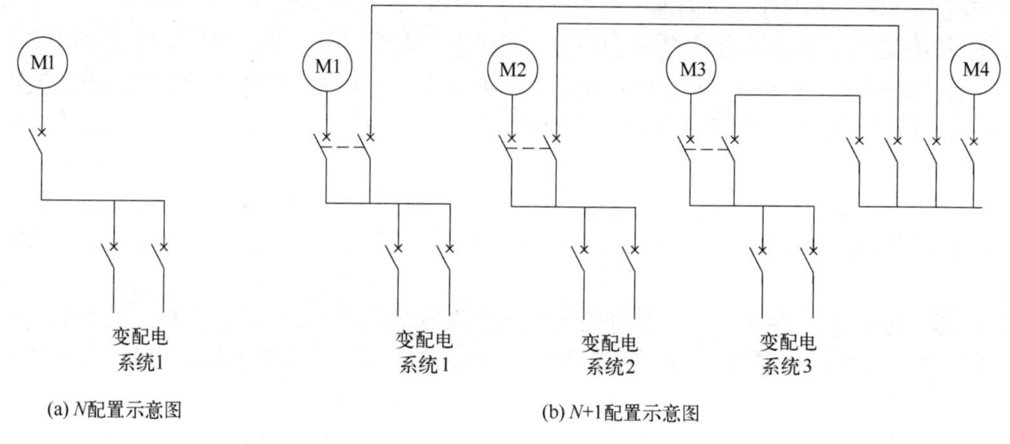

图 3-6-2　单机输出配电配置图

（3）单机输出配电运行

① *N* 配置运行时，变配电系统 1 市电停电时，柴油发电机组 1 启动并通过输出配电对变配电系统 1 应急供电。

② *N*+1 配置运行时，柴油发电机组 M1、M2、M3 与变配电系统 1、2、 3 成对组网，柴油发电机组 M4 为备用机组，组成 *N*+1 的系统配置。

单机输出配电具有备用电源，确保数据中心在主电源故障时维持运行，避免数据丢失和业务中断。其能提供稳定的电力，保障数据中心设备的正常运行，避免电力波动影响性能。每台柴油发电机是独立的，互不干扰，可提高系统的可靠性和容错性。单机输出配电具有自动切换功能，配备自动切换开关，可实现快速切换，保证无缝转换到备用电源。根据实际需求调整使用柴油发电机的数量，优化能源成本。

2. 并机输出配电

当数据中心的电力需求超过单台柴油发电机的容量时，需要进行并机操作。并机是指将多台柴油发电机组并联运行，共同向负载供电。通过并机，增加供电容量，满足数据中心更大负荷的电力需求。

（1）并机输出配电原理

“并机”是指多台柴油发电机同时运行，并通过并联连接，共同向数据中心提供电力。多台柴油发电机组通过调节输出电压、频率和相位角，在准同步状态下运行，然后并联连接到共同的母线上，实现同时工作，以提高系统容量，增强备用电源供电能力。

（2）并机输出配电组成

并机系统由并机输入/输出配电系统、并机控制系统、差动保护系统等组成，实现柴油发电机组并机运行、并机输出供电，如图 3-6-3 所示。

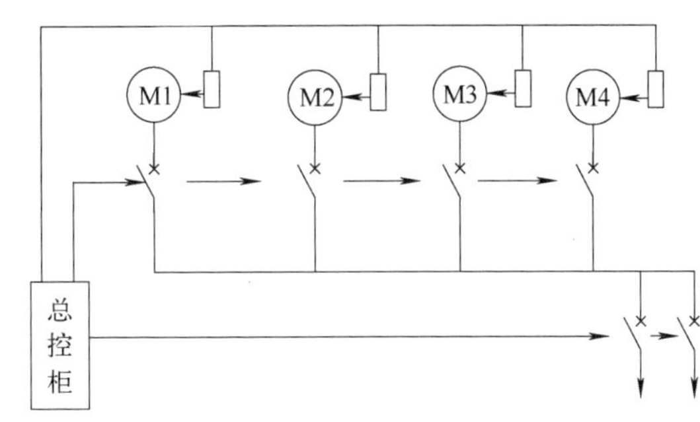

图 3-6-3　柴油发电机组并机系统示意图

① 并机输入/输出配电系统由柴油发电机组输入柜、公共母排、并机系统输出柜组成，根据柴油发电机组输出电压配置相应电压等级的配电柜及断路器。

② 并机控制系统对柴油发电机组、配电柜等进行操作控制，实现各柴油发电机组自动启动、同步、并网、加载、卸载、停止，实现输出配电自动合闸、分闸等操作，完成功率管理、监测及保护功能。

③ 差动保护系统由电流互感器和差动保护装置组成，实现并机输入柜的控制，防止逆功率的产生，以保护柴油发电机组。

（3）并机输出配电运行

在柴油发电机组并机系统整体化自动运行方式中，当市电发生故障时，系统自动接收到故障信号，各台柴油发电机自动启动并准备并联运行。准备就绪后，逐个合并供电输入柜投入公共母排，完成并机运行。此时，输出配电柜自动合闸，向配电系统提供应急电源。当市电供电恢复时，系统自动断开输出配电柜和各个发电机的输入柜，并使柴油发电机在空载情况下运行 3~5min 后自动停机。

柴油发电机组并机系统具有自动功率管理运行策略，系统投入运行稳定后，根据负载功率和储备功率，决定机组运行数量，将多余的柴油发电机组停掉，保持比较好的燃油效率，节约运行成本。

① 自动操作模式。柴油发电机组并机自动操作模式是集成自动控制系统的运行方式，在市电故障时实现多台柴油发电机组的自动并联运行。

并机自动操作模式的详细步骤如下所述。

a. 监测市电状态：自动控制系统不断监测市电状态。一旦检测到市电故障或电力中断，系统将触发并机操作。

b. 启动柴油发电机组：系统根据需求信号，自动启动多台柴油发电机组。每台发电机组依次进行自动启动程序。

c. 准同步运行：启动后的柴油发电机组在短时间内达到准同步状态，确保输出电压、频率和相位角与已并入系统的其他发电机组相匹配。

d. 并联连接：准同步运行的柴油发电机组逐个合闸连接到公共母排上，形成并联运行的状态。

e. 完成并机运行：当所有发电机组都成功并联运行后，整个并机系统容量得到提升，备用电源准备就绪。

f. 启动输出配电柜：并机系统自动合闸输出配电柜，将备用电源供电投入数据中心或负载设备中，确保连续供电。

g. 市电恢复：当市电供电恢复正常时，自动控制系统接收到市电恢复信号。

h. 停止柴油发电机组：系统自动断开输出配电柜和各个发电机组的输入柜，并使柴油发电机在空载运行一段时间后自动停机。

整个过程实现了多台柴油发电机组的自动并联与切换，确保数据中心或其他关键设备在市电故障时持续、稳定供电，实现高可用性和连续运行。并机自动操作模式通过智能控制，提高了备用电源系统的可靠性和响应速度，保障了设备的安全和稳定运行。

② 半自动操作模式。柴油发电机组并机半自动操作模式属于中间方式，介于全自动和手动操作之间。在这种模式下，柴油发电机组的并机过程主要由操作人员进行监控和干预，但部分操作仍由自动控制系统完成。

并机半自动操作模式详细步骤如下所述。

a. 监测市电状态：自动控制系统不断监测市电状态。一旦检测到市电故障或电力中断，系统发出警报或提醒操作人员。

b. 启动柴油发电机组：一旦接收到市电故障信号，操作人员根据警报或提示，手动启动柴油发电机组。

c. 准同步运行：启动后的柴油发电机组在操作人员的监控下，调整输出电压、频率和相位角，确保与其他发电机组准同步运行。

d. 并联连接：操作人员逐个合闸连接准同步运行的柴油发电机组到公共母排上，实现并联运行。

e. 检查状态：在并联运行后，操作人员检查每台发电机组的工作状态，确保各项参数符合要求。

f. 启动输出配电柜：确认所有发电机组并联成功后，操作人员手动合闸输出配电柜，将备用电源供电投入数据中心或负载设备中。

g. 市电恢复：当市电供电恢复正常时，自动控制系统接收到市电恢复信号，并向操作人员发出提示。

h. 停止柴油发电机组：操作人员手动断开输出配电柜和各个发电机组的输入柜，并使柴油发电机在空载运行一段时间后手动停机。

在柴油发电机组并机半自动操作模式下，操作人员需要密切监控系统运行状态，及时响应市电故障和恢复信号，并手动进行启动、连接和断开操作。虽然一部分步骤仍由自动控制系统完成，但操作人员的干预保障了并机过程的安全和稳定。这种模式需要更多操作人员参与，确保发电机组的并机运行得顺利和可靠。

3. 并机过程的关键因素

① 同步性：不同发电机组需要保持相同的频率和相位，确保稳定地并联运行。

② 负荷均衡：在并机时，要确保各个发电机组之间的负荷分担均衡，避免某台发电机负荷过重而导致不稳定。

③ 并机控制：并机控制系统负责监测和调整各个发电机组的输出，确保在运行过程中保持同步。并机操作需要高度的技术和经验，确保发电机组协调工作，稳定供电，保障数据中心设备运行的稳定性。

数据中心柴油发电机输出配电与并机是确保数据中心稳定供电的关键步骤。通过合理设计输出配电系统和精确操作并机，实现高效、可靠、安全的电力供应，确保数据中心的正常运行。备用电源的配置和运维保障也是数据中心建设和运营的重要考虑因素。

三、柴油发电机系统运行与维护

数据中心柴油发电机系统的运行与维护是确保备用电源可靠性和持续性的关键步骤。定期的运行与维护可延长发电机组的使用寿命，减少故障发生的可能性，确保数据中心在紧急情况下正常运行。

1. 柴油发电机系统的运行与维护措施

① 定期检查和保养：对发电机组进行定期检查和保养是非常重要的。这包括定期更换机油和滤清器、清洗燃油系统、检查和紧固螺栓、检查电缆和连接器等。保养措施有助于确保发电机组的各个部件处于良好状态，减少故障发生的风险。数据中心柴油发电机组需要定期进行维护保养，确保运行得稳定、可靠。

② 燃油管理：燃油是发电机组的动力源，保持燃油的质量和干净程度至关重要。定期检查燃油的质量，避免使用劣质燃油，定期清洗燃油箱和过滤器，确保燃油供应的可靠性。

③ 自动启动系统测试：自动启动系统是数据中心柴油发电机组的重要组成部分。定期测试自动启动系统，确保功能正常，在电网停电或异常时自动启动发电机组。

④ 温度控制和冷却系统维护：发电机组在运行时会产生大量的热量，温度控制和冷却系统的维护尤为重要。保持冷却系统清洁，定期检查冷却液的水平和质量，确保发电机组在运行时保持合适的温度。

⑤ 噪声控制：数据中心要求低噪声环境，对发电机组的噪声控制也是重要的一环。定期检查消声器和隔声设备，确保发电机组的噪声在可接受范围内。

⑥ 漏电检测：定期检查发电机组和连接设备的漏电情况，确保电气安全。

⑦ 紧急维修计划：为应对意外故障，数据中心应建立紧急维修计划，确保在故障发生时迅速调动维修资源。

⑧ 环境考虑：数据中心柴油发电机组在运行时会产生排放物和噪声。在设计数据中心时，需要考虑合适的发电机组安置位置、噪声隔离措施和环保措施，减少对环境和周边居民的影响。

数据中心柴油发电机组是保障数据中心稳定运行的重要备用电源。在电网故障或停电时提供持续的电力支持，确保数据中心关键设备的运行稳定性和数据的连续性。数据中心柴油发电机系统的运行维护需要定期、细致地进行，确保备用电源的可靠性和持续性，为数据中心的稳定运行提供保障。

2. 柴油发电机系统的使用注意事项

在数据中心柴油发电机的使用过程中要注意发电机的洁净度，观察发电机的外观，听发电机的声音等，出现异味需要立即停机，要经常测试发电机的温度，保证工作电流值正常。柴油发电机要做好日常的维修保养，新的发电机要注意磨合，保证油净、气净等，定期检查发电机的筋骨位置等。

（1）数据中心柴油发电机使用注意事项

① 柴油发电机组清洁。柴油发电机组在运行中，若有尘土、水渍和其他杂物进入内部，可能会形成短路介质，损坏导线绝缘层，造成匝间短路，电流增大，温度升高而烧毁柴油发电机组。应防止尘土、水渍和其他杂物进入柴油发电机组内部，还要经常保持柴油发电机组的外部卫生，不要让柴油发电机组的散热筋内有尘土和其他杂物，确保柴油发电机组的散热状况良好。

② 勤观察、仔细听，闻到异味马上停机。观察柴油发电机组有无振动、噪声和异常气味。柴油发电机组在运行中，尤其是大功率柴油发电机组，更需要经常检查地脚螺栓、柴油发电机

组端盖、轴承压盖等是否松动，接地装置是否可靠等。若发现柴油发电机组振动加剧、噪声增大和出现异味，必须尽快停机，查明原因排除故障。

③ 经常检查运行中柴油发电机组的温度。检查运行中柴油发电机组的温度和温升是否过高，柴油发电机组轴承是否过热、缺油，若发现轴承附近的温升过高，应立即停机检查；检查轴承的滚动体、滚道表面有无裂纹、划伤或损缺，轴承间隙是否过大晃动，内环在轴上有无转动等。出现上述现象，必须更新轴承。

④ 保持柴油发电机组的工作电流不过大。柴油发电机组负荷过大、电压过低或被带动的机械卡滞等都会造成柴油发电机组过载运行。柴油发电机组在运行中，要注意经常检查传动装置运转是否灵活、可靠；联轴器的同心度是否标准；齿轮传动是否灵活性等，若发现有卡滞现象，应停机排除故障后再运行。

⑤ 定期检查和维修柴油发电机组的控制设备。定期检查和维修柴油发电机组的控制设备，保证正常工作时柴油发电机组控制设备技术良好，对柴油发电机组的正常启动起着决定性的作用。柴油发电机组的控制设备应设在干燥、通风和便于操作的位置，并定期除尘。经常检查接触器触点、线圈铁芯、各接线螺丝等是否可靠，机械部位动作是否灵活，保持良好的技术状态，才能保证柴油发电机组顺利工作而不被烧毁。

⑥ 经常检查柴油发电机组三相电流是否平衡。三相异步柴油发电机组三相电流中的任何一相电流与其他两相电流平均值之差不允许超过 10%，保证柴油发电机组安全运行。超过则表明柴油发电机组有故障，应查明原因排除故障后再运行。

⑦ 柴油发电机组冷启动后急着猛轰油门。若猛轰油门，则柴油发电机转速急剧升高，造成机上的有些摩擦面因产生干摩擦而剧烈磨损；另外，轰油门时活塞、连杆和曲轴受力变化大，引起剧烈撞击，易损坏机件。

⑧ 冷启动后未暖机着急带负荷运转。柴油发电机冷机启动时，机油黏度大、流动性差，机油泵供油不足，机器摩擦面因缺油润滑不良，造成急剧磨损，甚至发生拉缸、烧瓦等故障；柴油发电机冷却启动后应怠速运转升温，待机油温度达到40℃以上时再带负荷运转；机器起步应挂低速挡，并循序在每一挡位工作一段里程，直到油温正常、供油充分后，方可转为正常运行。

⑨ 柴油发电机在机油不足时运转。此时因机油供给不足而造成各摩擦副表面供油不足，导致异常磨损或烧伤；机器起步前和柴油发电机运转过程中要保证机油充足，防止缺油而引起拉缸、烧瓦故障。

⑩ 在冷却水量不足或冷却水、机油温度过高的情况下运转。柴油发电机冷却水量不足可降低其冷却效果，柴油发电机因得不到有效的冷却而过热；冷却水、机油的油温过高，也会引起柴油发电机过热。此时气缸盖、气缸套、活塞组件及气门等主要受热负荷大，力学性能如强度、韧性等急剧下降，使零件变形增加，减小了零件间的配合间隙，加速了机件磨损，严重时会产生裂纹、机件卡住的故障。

冷却水、机油温度过高会加快机油老化、变质和烧损，且机油黏度下降，套缸和活塞及主要摩擦副的润滑条件恶化，产生异常磨损。柴油发电机过热还恶化柴油发电机燃烧过程，使喷油器工作失常，雾化不良，积炭增多。

⑪ 在冷却水和机油的油温过低状态下运转。柴油发电机工作过程中，冷却水温度过低，气缸壁温度随之下降，燃烧产生的水蒸气凝结成水珠，与废气接触生成酸性物质，附着于气缸壁，产生腐蚀磨损。实践证明，柴油发电机经常在冷却水温 40～50℃下使用时，零件磨损比正常工作温度 85～95℃下运转大好几倍。水温过低时气缸内温度低，柴油发电机着火滞燃期，一经着火，压力迅速升高，柴油发电机燃油粗暴，易造成零部件的机械损坏。

柴油发电机长期在冷却水较低温度的状态下运转，活塞与缸套的间隙大，易发生敲缸现象，并产生振动，使缸套出现穴蚀。机油温度过低，机油黏度大、流动性差，润滑部位油量不足，使润滑变差，造成摩擦副磨损增加，缩短柴油机使用寿命。

⑫ 带负荷急停机或突然卸除负荷后立刻停机。柴油发电机熄火后冷却系统水的循环停止，散热能力急剧降低，受热件失去冷却，易造成气缸盖、气缸套、气缸体等机件过热，产生裂纹，或使活塞过度膨胀卡死在缸套内。

（2）数据中心柴油发电机的维修保养

① 磨：磨合。这是延长使用寿命的基础，无论是新车还是大修后的发动机，都必须按规程进行磨合后，方能投入正常作业。

② 净：油净、水净、气净和机体净。柴油和汽油是发动机的主燃料，若柴油、汽油不纯净，则精密的配合机体磨损，配合间隙增大，造成漏油、滴油，供油压力降低，间隙变大，甚至造成油路堵塞、抱轴烧瓦等严重故障。若空气中含有大量尘土，将加速缸套、活塞和活塞环的磨损。若冷却水不纯净，冷却系水垢堵塞后，妨碍发动机散热，润滑条件也差，机体磨损严重。若机体外表不净，则表面容易受到腐蚀，缩短使用寿命。

③ 足：油足、水足、空气足。柴油、汽油和空气供应不及时或中断，会产生启动困难、燃烧不良、功率下降、发动机不能正常运转等现象。若机油供应不足或中断，会产生发动机润滑不良、机体磨损严重甚至出现烧瓦现象。若冷却水不足，则会造成机温过高、功率下降、磨损加剧、降低使用寿命。

④ 检：经常检查紧固部位。使用过程中受震动冲击和负荷不均匀等影响，螺栓、螺母容易松动。还有各部位的调整螺栓都要检查，以免造成因松动而损坏机体的事故。

⑤ 调：调整各个检查点。气门间隙、配气相位、供油提前角、喷油压力及点火正时等都应及时检查并调整，保证发动机经常处于良好的技术状态，方能节省燃油，延长使用寿命。

⑥ 用：正确使用发动机。启动前，应使各轴瓦等润滑部位得到润滑。启动后应待水温达到 40～50℃时再投入作业。严禁长时间超负荷或低速作业。停机前，应先卸掉负荷降低转速。平时要经常性做好发动机的保养工作，使机器始终保持在良好的状态运转。要勤观察、勤检查，发现故障，及时排除。

3. 柴油发电机的选择

① 柴油发电机组的用途。柴油发电机组可用于常用、备用和应急等 3 种情况。不同用途对柴油发电机组的要求有区别。

② 负荷容量。应根据不同用途选择负荷容量和负荷的变化范围，确定柴油发电机组的单机容量和备用柴油发电机组的容量。用电设备功率是 300kW，不能选择 300kW 的发电机，还要考虑到启动电流。用电设备在启动时要克服惯性做功，启动电流一般是实际电流的 2～7 倍。

③ 选择发电机品牌。明确启动电流能确定使用多大的发电机，而发电机的性能指标，柴油发电机占相当大的比重，柴油发电机动力足，易维护，故障率低。

④ 发电机的年龄。发电机的年龄是累计运行时间，不是新旧程度。发电机与其他机器不同，当备机使用时，可能多年都不运行。作为持久电源使用时，24h 连续运转。柴油发电机的使用寿命一般比较长，可连续运行多年，新机器和老机器在故障率、油耗、噪声、废气排放等各方面存在很大差异，尽量选择比较新的机器。

模块四

数据中心消防设备运维

单元一　认识消防设备系统

一、消防系统设计原则及组成

随着“互联网+”“大数据”“云计算”“智能制造”等领域的蓬勃发展，国家开始大力支持大数据中心的发展，企业也纷纷进行大数据中心的建设。数据中心作为企事业单位的重要部门，数据中心 IT 设备的正常运行至关重要，设备运行和核心数据的存储是企事业单位运行的命脉，但是由于 IT 设备及有关其他设备对于消防的特殊要求，必须对这些重要的设备设计好消防系统，数据中心一旦发生火灾，不仅会损毁建筑及设备，更重要的是会造成资料及数据的丢失，这会带来较大的经济损失。数据中心消防系统的主要任务就是保证数据中心的消防设备有效、安全、稳定地运行，排除一切火灾隐患。

1. 消防系统设计原则

数据中心的消防系统设计主要考虑两个因素：一是人身安全，二是数据安全。人身安全是指消防设备要保护工作人员的生命权，在使用窒息灭火的场合，启动灭火程序前要确保人员撤出，关闭防火门形成密闭空间。数据中心最大的价值所在是数据，消防系统要最大程度地保障数据安全。由于 IT 设备运行环境的特殊性，及磁介质储存的特殊要求，在选择消防设备时，应综合考虑数据中心内部人员的活动情况，受灾后的数据、设备恢复要求及时间，设备房内火灾特点等因素，根据不同数据中心的特征合理选择消防设备，以提高数据中心自身在火灾初起阶段的防护能力。

2. 消防系统的组成

消防系统包括火灾自动报警系统、极早期探测系统、气体灭火系统、喷淋系统、防［烟］排烟系统、消防供水设备及消火栓系统、防火门监控系统、消防应急照明和疏散指示系统等。数据中心消防系统应符合国家现行标准《建筑设计防火规范（2018 年版）》（GB 50016—2014）、《火灾自动报警系统设计规范》（GB 50116—2013）、《气体灭火系统设计规范》（GB 50370—2005）、《自动喷水灭火系统设计规范》（GB 50084—2017）等的相关要求，并定期做好消防安全检测工作。

（1）火灾自动报警系统组成

火灾自动报警系统是探测火灾早期特征、发出火灾报警信号，为人员疏散、防止火灾蔓延和启动自动灭火设备提供控制与指示的消防系统。其组成包括火灾探测器、手动火灾报警按钮、火灾声光警报器、消防应急广播、消防专用电话、消防控制室图形显示装置、火灾报警控制器、消防联动控制器等。

消防控制室可接收感烟探测器、感温探测器、管路采样吸气式火灾探测器等的火灾报警信号，接收水流指示器、检修阀、压力报警阀、手动报警按钮、消火栓按钮、防火阀的动作信号。火灾探测器采用全面保护方式设置，在走廊、走廊地板下、辅助用房、设备用房等处设置感温探测器或感烟探测器；在计算机数据中心、配电间、电池间、UPS 间等区域设置空气采样探测器及感温探测器，并在电池间设置氢气探测器。

（2）极早期探测系统组成

极早期探测系统为了能发现早期火灾隐患，在模块数据中心、配电室内设置了管路采样式吸气感烟探测器，该装置可测量可燃物在空气中的微小浓度，即可燃物在空气中的挥发物和漂浮物的微小浓度，探测灵敏度高，可以帮助用户在可燃物燃烧前的缓慢氧化阶段发现火情，以达到极早期火灾自动探测的目的。气体采样主动抽气式早期烟雾分析系统提供早期火灾自动报警功能，探测器设于现场，通过输入模块接入火灾自动报警系统，同时管路采样式吸气感烟探测器通过总线连入管理主机。气体采样管采用小于 25mm 的阻燃 PVC 管。所有数据中心内气体采样管均设置在工作层 。无吊顶数据中心内气体采样管在梁下吊装，采用拐杖式空气采样点。

（3）气体灭火系统组成

数据中心常采用气体灭火系统。气体灭火系统一般由灭火剂储存装置、启动分配装置、输送释放装置、监控装置等组成。数据中心常用灭火剂有七氮丙烷、IG541（氢气、氮气、二氧化碳）。数据中心常用气体灭火系统结构包括有管网与无管网两种形式。

（4）消防应急照明和疏散指示系统组成

疏散指示标志的合理设置，对人员安全疏散具有重要作用。国内外实际应用表明，在疏散走道和主要疏散路线的地面上或靠近地面的墙上设置发光疏散指示标志，对安全疏散起到很好的作用，可以更有效地帮助人们在浓烟弥漫的情况下及时识别疏散位置和方向，迅速沿着发光疏散指示标志指示方向顺利疏散，避免造成伤亡事故。 安全出口或疏散出口的上方、疏散走道应设有灯光疏散指示标志，疏散指示标志的方向指示标志图形应指向最近的疏散出口或安全出口；灯光疏散指示标志可采用蓄电池作为备用电源，其连续供电时间不应少于 20min。

3. 数据中心火灾特点

信息机房属于密闭空间，房间内设备价值高、用电量大，而且日常无人值守，这些决定了其火灾具有相对独特性。如果机房内发生火灾，不仅火灾造成的直接经济损失严重，而且由于信息、资料数据的破坏，会严重影响相关企业的管理、控制系统，火灾的间接损失更为严重。

（1）散热困难，火灾烟量大

由于精密仪器正常工作时对环境的温度、湿度及洁净度要求较高，故包括信息机房在内的大多数机房和设备用房多为密闭空间，门窗较少，一旦发生火灾，热烟气无法通过窗户顺利排出，机房内烟气较大。同时，由于数据中心使用大量的可燃、难燃物进行装修，机房隔墙较厚，导热性差、散热弱，一旦发生火灾，燃烧产生的热量大部分积累在室内，室内温升较快。燃烧会产生许多有毒或刺激性气体（如 HCl、HCN、HF 等），容易造成人员的中毒或窒息死亡。

（2）用电量大，电气火灾多

数据中心机房的用电量为普通行政办公室的 4～5 倍。机柜电源是数据中心机房电气安全的重点，常会因过载导致连接线和电路结构的承载超过正常使用的极限，引发积热、打火、断路、数据损失甚至电气火灾等事故。此外，由于长期高负荷运转，部分电气线路的绝缘保护层会因为高温而加速老化，易形成阴燃隐患，在低压线（如信号线）中可能产生足够的热量，并引燃附近的可燃材料。阴燃的燃烧特点是蔓延时间长、发烟量少、早期不易察觉，一旦发现往往已形成明火，延误了早期灭火的时间。

（3）无人值守，遇警处置慢

随着电子计算机及网络技术的快速发展，数据中心内部计算机集成度越来越高，大多实现了计算机自动管理，数据中心机房常为无人值守机房。对于数据中心的大型机房而言，传统的火灾探测器常常无法及时感应火灾而导致灭火时机的延误。即使有的机房火灾报警系统发出报警，也会由于管理人员无法及时找到故障区而使火灾进一步扩大。

（4）环境特殊，扑救难度大

数据中心主机房内部的设备包括网络交换机、服务器群、存储器、数据输入/输出配线、通信设备和网络监控终端等都属于精密设备，所以主机房是综合布线和安置信息设备的地方，也是数据汇聚的中心，其特点是设备 24h 不间断运行，电源和空调不允许中断，对机房的洁净度、温度、湿度、防水、排烟等要求很高，如果为了灭火而采取不当的灭火方法，则容易造成设备、数据等的再次破坏。

（5）设备精密，火灾损失大

数据中心信息机房平均每平方米的设备费用高达数万元至数十万元，而且数据中心作为海量数据的关键载体，其数据的价值更是不可估量。数据中心信息机房内某些存储介质对温度的要求较高。例如，当温度超过45℃时，光盘内的数据不仅丢失，而且光盘会损坏而无法使用。此外，根据有关资料统计，UPS 蓄电池起火、线缆载荷过大、老旧设备不及时更换都会引发数据中心信息机房火灾。即使是很小的电气设备或电气线路阴燃，也会导致很大的非热型损失，其中最主要的燃烧产物，特别是燃烧塑料时释放出的大量酸性蒸气，与氧气、水蒸气相结合后腐蚀金属表面和电路，进一步加大信息机房的损失。

二、数据中心消防管理

数据中心消防管理工作实行“预防为主，防消结合”的工作方针，坚持“谁主管，谁负责”的原则，各单位、各部门对各自分管工作中的消防安全负责。为了加强数据中心消防工作的领导和管理，保证数据中心的财产安全、信息安全，保障员工和用户的人身安全，依据国家有关法律、法规、条例及有关规定，制定数据中心日常消防安全管理制度和数据中心消防处置程序，以及数据中心消防安全管理对策。

1. 数据中心日常消防安全管理制度

（1）健全消防安全体系，切实落实防火安全责任制

数据中心的消防安全由其主管单位负责，数据中心的主管单位负责人为其防火责任人，数据中心的主要负责人为数据中心防火安全工作第一责任人，履行制定消防安全责任制度、确定岗位人员的消防安全职责、组织防火安全检查和人员培训等消防安全职责。

（2）加强人防措施检查，及早发现，消除火灾隐患

值班人员应每 2h 巡查一次，发现异常情况应及时处理和报告；处理不了时，应停机检查，排除隐患后方可开机运行，并将巡查情况及时记录备查。对主数据中心、终端室、网络设备室、维修室、电源室、蓄电池室、发电机室、空调系统用房等应重点检查。巡查值班人员应熟悉数据中心内部的消防安全操作和规则，了解消防设备工作原理，掌握消防应急处理步骤、措施和要领，以便于在巡查时发现火灾，能够做到早期、及时、有效地处理， 减少不必要的损失。

（3）规范运行制度，定期对消防设备维修保养

数据中心设立专人定期对消防设备进行维修保养，并每年对消防系统检测一次，确保消防给水系统、火灾自动报警系统和其他灭火设备的完好、有效。消防中心应 24h 值班以及时处理火灾自动报警系统的报警，在确认发生火灾后应能启动相应的灭火设备进行初期扑救，并及时通知相关人员进行火场处理，减少不必要的损失。

(4) 加强对电气线路和电气设备的检测，严格预防火灾事故

加强对机房内电气线路、电气设备的检查、测试，严禁超负荷工作。由于数据中心用电量大，其电气线路老化速度较标准办公用房快，因此应每年对电气线路、电气设备和接地设备进行一次全面的检查、测试，发现问题应及时处理，地板下空间必须定期检查，清除堆积的可燃物。

(5) 加强对易燃、易爆危险物品的管理

数据中心内禁止存放腐蚀性物品和易燃、易爆、易挥发物品。IT设备维修应尽量避免使用汽油、酒精、丙酮、甲苯等易燃溶剂，因工作需要必须使用时，应严格限制在保障设备有效运行所需的最低用量，并在安全规程规定下使用。严禁用易燃品清洗带电设备。

2. 数据中心消防处置程序

① 发现火情后，要迅速切断电源，利用数据中心专用气体灭火系统灭火，使用气体灭火系统时，要保证所有数据中心值班人员全部撤离现场，方可放气灭火；如专用气体灭火系统灭火失效，要立即人工使用手持式灭火器手动灭火，同时以最快的方式向主管领导汇报，尽快增加援助人员，协力救火，并视火情拨打119报警。

② 接到火警后，应在最短时间内迅速组织有关人员携带消防器具赶赴现场进行扑救，并将火灾现场的灭火和人员疏散情况及时反馈给主管领导，同时保障火灾现场与外界的通信畅通、有序。

③ 引导人员疏散自救，确保人员安全、快速疏散。在安全出口及容易走错的地点安排专人值守，组织其他人员有序撤离现场，数据中心管理员最后离开。

④ 疏散时启用消防应急通道，严防拥挤、阻塞和跳楼、跳窗等事件发生。

⑤ 发现火情或接到火警通知后，主管领导要及时掌握人员受伤情况，必要时要及时拨打120请求救护支援，同时对受伤人员进行紧急救护，做好送往医院前的准备工作。

3. 数据中心消防安全管理对策

(1) 建立健全消防安全管理体系

数据中心的火灾隐患看似较多、较杂，但只要做好消防安全管理工作，就能从根源上防范甚至根除这些隐患。在管理数据中心的消防安全时，首先要建立健全安全管理体系。具体来说就是要将消防安全的责任落实到一个人或一个团队的身上。例如，单位可以成立一个消防安全科，下设科长一名，消防安全员若干名。科长直接向单位主管安全的领导负责。消防安全科成立后，上级领导根据消防安全科的具体职责与科长签订年度或月度消防安全管理目标责任书，科长再将目标责任书中的目标分解到每个消防安全员身上，并为其制定与薪资挂钩的绩效考核办法：若消防安全员能保质保量地完成各项工作指标，就可以拿到奖金，如果完不成指标，则扣除部分或全部奖金。科长还应在上级领导的指导和监督下为消防安全科制定一套完整的规章制度，以确保使每个人都能积极投入到工作中去，用实际行动来彻底防范或根除数据中心的火灾隐患。

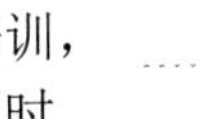

(2) 加强安全培训，提升消防意识

消防安全科应从普及消防安全知识开始来提升全单位人员的消防意识，让全体人员都树立消防安全人人有责的观念。接下来，消防安全科应定期或不定期地组织消防安全知识培训，让部门人员和其他部门人员真正明白火灾的危险性，以及哪种情况下可能会发生火灾。同时，再组织一些灭火逃生方法和常识的宣讲等。消防安全科还要将理论知识与实践结合起来，在条件允许的情况下组织开展消防实战演练，提升全单位人员在火灾现场的逃生自救能力。

(3) 消除数据中心火灾隐患

除了建立规范的管理制度、加强培训之外，消防安全科还需要从细节入手，按计划、按步骤地消除数据中心的火灾隐患。消除火灾隐患的第一步是全面排查。第一次排查时先将可能引

发火灾的各种隐患都一一归类登记下来，将排查的时间、地点、设备名称、原因及责任人都做好详细的记录；第二次排查是对第一次排查结果的复查，即确认隐患是否真的存在，应当如何处理等；第三次排查时应与其他相关部门的人员一起行动，例如要排查线缆，就要有网络部的人员和电工在场，排查 IT 设备就要有 IT 技术部门的人员在场，这样便于当场拿出解决方案并向上级主管部门汇报。

三、数据中心消防系统运维

1. 数据中心消防系统运行

消防系统运行包括火灾自动报警系统和极早期探测系统的运行，是指控制室的监测系统在运行状态，出现报警信号时及时核查情况，通知相关人员处理报警。在消防控制室内设置联动控制台，控制方式分为自动控制、手动硬线直接控制。消防联动控制台按设定的控制逻辑向各相关的受控设备发出联动控制信号，并接收相关设备的联动反馈信号。运行过程中，主要完成的控制内容如下所述。

① 消火栓系统控制。

② 喷淋系统控制。

③ 预作用喷淋系统控制。

④ 气体灭火系统控制。

⑤ 防烟排烟系统控制。

⑥ 非消防切电系统控制。

⑦ 电梯联动控制。

运行过程中要熟练使用消防应急广播系统、火灾警报装置、消防通信装置。运行工作还包括对消防系统进行巡检、测试。

2. 数据中心消防系统维护

消防系统维护包括周期性检查、校验、更换等工作，主要包括以下内容。

① 采用专用检测仪器检查探测器的动作与指示。

② 检查火灾报警装置声光显示、水流指示器、压力开关报警功能与信号。

③ 检查备用电源充放电、主备切换。

④ 检查消防控制设备的控制与显示功能，包括防烟（电子烟）、电动防火阀、电动防火门、防火卷帘、室内消火栓、自动喷淋灭火控制设备、二氧化碳灭火器、应急广播、应急照明、疏散指示灯。

⑤ 强制切断非消防电源功能试验。

⑥ 检查接线端子是否松动、破损、脱落。

⑦ 气体灭火触发逻辑试验。

⑧ 灭火器、气体灭火剂定期更换。

3. 数据中心消防系统应急处理

消防系统应急处理主要是指报警发生时，确认报警和现场环境后（气体灭火时，需要确保人身安全），确保消防设备正确动作，包括喷淋、气体灭火。

当需要人工灭火时，需要确保按照应急预案进行，灭火器材等能正常工作与供应。同时，要疏散人员，启动消防报警程序。

要做好日常消防应急演练，思想上筑牢消防安全防线。

为了防止误动作，消防系统可以设置成只报警不自动灭火，由工作人员在现场或在控制室

（远程）启动灭火系统。为了防止系统自动或远程启动失败，需要紧急灭火时，可以击碎消防控制玻璃面板，进行手动应急处置。

4. 数据中心消防系统维护测试

① 火灾自动报警系统维护测试：

a. 每季度对火灾报警主机、气体灭火控制主机、消防联动控制柜、消防广播主机、消防电话主机检测一次。如有故障发生，应及时排除，确保其能正常运行和使用。

b. 对探测器，每年应全部测试一次。测试需要会同安全部、工程部等相关人员进行，要做好测试记录，并及时修复、更换有故障的探测器，确保系统正常有效（测试数量按月分配）。

c. 对运行时间超过三年的探测器，应采用超声波清洗仪清洗，以确保探测器的灵敏度及减少误报。清洗采用分批进行的方法，并做好清洗记录。

d. 检查手动报警器功能，发现故障及固定松动时应及时修复，每年全部检查一次。

e. 对湿式报警阀组的水流指示器、压力开关等进行检查保养，避免误报，每季度进行一次。

f. 对可燃气体探测器及其控制盘进行测试维护，确保系统能正常、有效监控，每季度进行一次。

g. 测试、维护消防线路、电源、备用电源、接地电阻，每季度检查一次。

② 消火栓、喷淋、水喷雾自动灭火系统维护测试：

a. 每季度对室内、外消火栓、喷淋系统的湿式报警阀、信号阀、普通阀、水泵接合器等消防水系统设备进行一次开关测试，轴杆涂黄油防护，并将其设置在正常状态。

b. 每季度抽查消火栓内远距离启泵按钮的功能，联动消火栓泵控制柜启泵继电器的动作，并做一次点动启泵测试。如有故障，应及时排除。

c. 每季度抽查一次喷淋末端放水联动启泵的功能，联动喷淋泵控制柜启泵继电器的动作，并做一次点动启泵测试。如有故障，应及时排除。

d. 每年分区、分批对喷淋头检查、维护。

e. 每季度对消防主泵、气压罐及其控制盘进行测试、检查，并启动泵运转。如发现异常，应立即优先处理。

f. 每年进行一次气压罐安全检测。

③ 消防电话系统维护测试：

a. 检查消防电话系统设备是否完好，对讲功能是否完好。

b. 每季度对消防电话插孔与电话主机进行一次远距离通信测试。如发现故障，应及时检修、排除。

④ 联动控制系统维护测试：

a. 每季度对消防电源、备用电源、接地电阻进行一次检查、维护。

b. 检查自动、手动启闭消防泵和反馈信号是否正常。

c. 检查主、备电源转换开关及所有手动、自动转换开关是否正常。

d. 检查直接启动消防泵功能，防火阀、防烟阀控制功能及反馈信号是否正常。

⑤ 疏散指示灯、应急照明及楼梯间应急照明系统维护测试：每季度应对现有消防指示灯及应急照明系统进行维护、测试。如发现灯具或线路故障，应及时更换检修。

⑥ 消防强排烟系统维护测试：每年运行消防强排烟系统一次并做好记录；每季度检查风机运转、防火阀开启是否正常及与报警系统联动是否正常。

⑦ 电动防火卷帘门系统维护测试：

a. 每季度手动、自动运行电动防火卷帘门一次，并做好相关记录。

b. 对发现的缺失应立即进行改善，直至维修完成。

⑧ 对系统设备进行维护、保养时，发现故障应及时排除并按规定做好记录登记。

⑨ 维保工作应涵盖消防法规的规定并提供相关检查报告。

单元二　火灾自动报警系统

一、火灾报警控制器

火灾自动报警系统是火灾探测报警系统与消防联动控制系统的简称，可实现火灾早期探测和报警，以及向各类消防设备发出控制信号并接收设备反馈信号。它能够在火灾初期将燃烧产生的烟雾、热量和光辐射等，通过感温、感烟和感光等探测器变成电信号，传输到火灾报警控制器，并同时显示火灾发生的部位，记录火灾发生的时间。其是具有火灾预防和自动灭火功能的自动消防系统。

1. 火灾报警控制器的功能

火灾报警控制器是接收、显示和传递火灾报警信号，并发出控制信号和实现其他辅助功能的控制指示设备。它担负着为火灾探测器提供稳定的工作电源，监视探测器及火灾自动报警系统的工作状态，接收、转换、处理火灾探测器输出的报警信号，进行声光报警，指示火灾的具体部位及记录火灾发生的时间等任务，是火灾自动报警系统的核心组成部分，具有下述功能。

① 用来接收火灾信号并启动火灾报警装置，也可用来指示火灾部位和记录有关信息。

② 能通过火警发送装置启动火灾报警信号或通过自动消防灭火控制装置启动自动灭火设备和消防联动控制设备。

③ 自动地监视系统的运行和对特定故障给出声、光报警。

2. 火灾报警控制器的类型

火灾报警控制器按监控区域可分为区域火灾报警控制器、集中火灾报警控制器和通用火灾报警控制器。区域火灾报警控制器是负责对一个报警区域进行火灾监测的自动工作装置。一个报警区域包括多个探测区域（或称探测部位）。一个探测区域可有一个或几个探测器进行火灾监测，同一个探测区域的若干个探测器是互相并联的，共同占用一个部位编号，同一个探测区域允许并联的探测器数量视产品型号不同而有所不同。

一台区域火灾报警控制器的容量（即其所能监测的部位数）也视产品型号不同而不同，一般为几十个部位。区域火灾报警控制器一般巡回检测该报警区域内各个部位探测器的工作状态，发现火灾信号或故障信号，及时发出声光报警信号。如果是火灾信号，在声光报警的同时，有些区域火灾报警控制器还有联动继电器触点动作，启动某些消防设备的功能。这些消防设备包括排烟机、防火门、防火卷帘等。如果是故障信号，则只是声光报警，不联动消防设备。区域火灾报警控制器接收到来自探测器的报警信号后，在本机发出声光报警的同时，还将报警信号传送给位于消防控制室内的集中火灾报警控制器。自检按钮用于检查各路报警线路故障（短路或开路），其发出模拟火灾信号检查探测器功能及线路是否完好。当有故障时，便发出故障报警信号（只进行声、光报警，而记忆单元和联动单元不动作）。信号选择单元又称为信号识别单元。火灾信号的电平幅值高于故障信号的电平幅值，可以触发导通门级输入管（而低幅值的故障信号不会使输入管导通），使继电器动作，切断故障声光报警电路，进行火灾声光报警，时钟停走，记下首次火灾时间，同时经过继电器触点联动其他报警或消防设备。电源输入电压为220V，交流频率为50Hz，内部稳压电源输出24V直流电压供给探测器使用。

3. 控制器上指示灯的含义

控制器上不同的指示灯的颜色有不同的含义。

① 预警灯（红色）：在预警允许状态下，控制器检测到外接探测器处于报警状态时，此灯亮。预警转为火警或预警清除或复位控制器时，此灯熄灭。

② 监管灯（红色）：此灯亮表示控制器检测到了外部设备的监管信号，系统处于监管状态。复位控制器后此灯熄灭。

③ 屏蔽灯（黄色）：当外部设备（探测器、模块或火灾显示盘、本机警报器）发生故障时，可将它屏蔽掉，待外部设备修理或更换后，再利用取消屏蔽功能将设备恢复。有屏蔽设备存在时，此灯亮。

④ 警报器启动灯（红色）：有警报器处于启动状态时，此灯点亮。当停止警报器或警报器消音后，此灯熄灭。

⑤ 火警信息传输动作/反馈（红色）：当系统中有火警信息传输时，该灯闪亮；当接收到火警传输设备的反馈信号后，该灯常亮；有新的火警信息传输时，该灯再次闪亮。该灯可反映信息传输的最新状态。

⑥ 工作灯（绿色）：当控制器工作时，此灯点亮。

⑦ 主电工作灯（绿色）：当控制器由AC220V电源供电时，此灯点亮。

⑧ 备电工作灯（绿色）：当控制器由备用电源供电时，此灯点亮。

⑨ 调试状态灯（绿色）：当控制器处于调试状态时，此灯点亮。

⑩ 自检灯（黄色）：当系统中有设备处于自检状态时，此灯点亮。

⑪ 警报器消音灯（黄色）：当控制器发出报警音响时，按“警报器消音/启动”键该灯点亮，警报器终止发出报警。再次按下“警报器消音/启动”键或有新的报警发生时，警报器消音灯熄灭，同时警报器再次发出报警音响。

⑫ 启动灯（红色）：当控制器发出启动命令时，该灯常亮；当发出启动命令后在10s内未收到要求的反馈信号时，该灯闪亮；复位控制器后，此灯熄灭。

⑬ 延时灯（红色）：此灯亮表示系统中存在延时启动的设备。延时结束或复位控制器后，此灯熄灭。

⑭ 反馈灯（红色）：此灯亮表示控制器接收到外接设备的反馈信息。复位控制器后，此灯熄灭。

⑮ 自动允许灯（绿色）：此灯常亮表示系统处于全部允许状态；此灯闪亮表示系统处于部分允许状态；此灯熄灭表示系统处于自动禁止状态。

⑯ 喷洒允许灯（绿色）：此灯亮表示控制器处于喷洒允许状态，气体灭火设备可以被手动启动或自动联动；此灯灭表示控制器处于喷洒禁止状态，气体灭火设备不能被手动启动或自动联动。

⑰ 喷洒请求灯（红色）：当系统中有气体灭火设备处于延时启动阶段时，此灯点亮；当控制器向气体灭火设备发出启动命令后，此灯熄灭。

⑱ 喷洒启动灯（红色）：此灯亮表示控制器已向气体灭火设备发出启动命令。

⑲ 气体喷洒灯（红色）：此灯亮表示控制器接收到气体灭火设备的反馈信号。

⑳ 故障灯（黄色）：此灯亮表示控制器检测到外部设备（探测器、模块或火灾显示盘）有故障，或控制器本身出现故障。故障排除后，按“复位”键，此灯熄灭。

㉑ 系统故障灯（黄色）：当系统存储器发生故障或系统程序无法正常运行时，此灯点亮，以提示用户立即对控制器进行修复。

㉒ 声光警报器故障灯（黄色）：当系统中有声光警报器处于故障状态时，此灯点亮。

㉓ 声光警报器屏蔽灯（黄色）：当系统中存在被屏蔽的声光警报器时，此灯点亮。

㉔ 火警传输故障/屏蔽灯（黄色）：当系统中的火警传输设备发生故障时，该灯闪亮；若

火警传输设备被屏蔽，则该灯保持常亮。

二、火灾探测器

火灾探测器是火灾自动报警系统中，对现场进行探查，发现火灾的设备。火灾探测器是系统的“感觉器官”，它的作用是监视环境中是否有火灾发生。一旦有了火情，就将火灾的特征如温度、烟雾、气体和辐射光等转换成电信号，并立即向火灾报警控制器发送报警信号。

按照现场信息类型的不同，火灾探测器可分为感烟探测器、感温探测器、感光探测器（火焰探测器）、特殊气体探测器和复合探测器；按照设备对现场信息采集的原理的不同，火灾探测器可分为离子型探测器、光电型探测器和线性探测器；按照设备在现场安装方式的不同，火灾探测器可分为点式探测器、缆式探测器和红外光束探测器。

不同类型的火灾探测器适用于不同类型的火灾和不同的场所，下面对数据中心消防系统常用的几种探测器进行简要介绍。

1. 感烟探测器

感烟探测器有离子感烟探测器、光电感烟探测器、红外光束感烟探测器等几种形式。

（1）离子感烟探测器

在电离室内含有少量放射性物质，可使电离室内空气成为导体，允许一定电流在两个电极之间的空气中通过。射线使局部空气呈电离状态，经电压作用形成离子流，这就使电离室具有良好的导电性。当烟粒子进入电离区域时，由于可与离子相结合而降低空气的导电性，所以形成了离子移动的减弱，当导电性低于预定值时，探测器报警。

离子感烟探测器（图 4-2-1）是由两个内含 Am-241 放射源的串联室、场效应管及开关电路组成的。当火灾发生时，烟雾进入检测电离室，Am-241 产生的 α 射线被阻挡，使其电离能力降低，因而电离电流减小，电离室空气的等效阻抗增加，而补偿电离室因无烟进入，阻抗保持不变，因此引起施加在两个电离室两端电压的分压比发生变化，在检测到电离室两端的电压增加量达到一定值时，开关电路动作，发出报警信号。

（2）光电感烟探测器

光电感烟探测器是利用起火时产生的烟雾能够改变光的传播特性这一基本原理研制的。根据烟粒子对光线的吸收和散射作用，光电感烟探测器分为遮光型和散光型两种；根据接入方式和电池供电方式等的不同，光电感烟探测器又可分为联网型、独立型和无线型。

光电感烟探测器（图 4-2-2）由光源、光电元件和电子开关组成。其利用光散射原理对火灾初期产生的烟雾进行探测，并及时发出报警信号。按照光源的不同，光电感烟探测器可分为一般光电式、激光光电式、紫外光光电式和红外光光电式四种。

图 4-2-1　离子感烟探测器

图 4-2-2　光电感烟探测器

（3）红外光束感烟探测器

红外光束感烟探测器是对警戒范围内某一线状窄条周围烟气的参数进行响应的火灾探测器。它同前面两种感烟探测器的主要区别在于其将光束发射器和光电接收器分成两个独立的部分，使用时分装在相对的两处，中间用光束连接起来。红外光束感烟探测器又分为对射型和反射型两种。红外光束感烟探测器（图 4-2-3）适宜安装在发生火灾后产生烟雾较大或容易产生阴燃的场所；它不宜安装在平时烟雾较大或通风速度较快的场所。

2. 感温探测器

感温探测器（图 4-2-4）简称温感，主要是利用热敏元件来探测火灾的。在火灾初始阶段，一方面有大量烟雾产生，另一方面物质在燃烧过程中释放出大量的热量，周围环境温度急剧上升，使探测器中的热敏元件发生物理变化，以响应异常温度、温升速率、温差，从而将温度信息转变成电信号，并进行报警处理。感温探测器一般由感温元件、电路与报警器三大部分组成。以感温元件不同可分为定温式、差动式、定温差动式感温探测器三种类型，按结构原理不同可分为双金属片型、膜盒型、热敏电子元件型三种类型。感温面积一般为 30～40m^2。

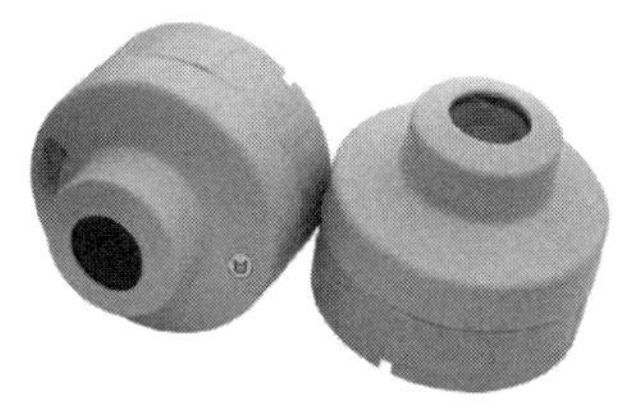

图 4-2-3　红外光束感烟探测器

图 4-2-4　感温探测器

（1）双金属片型感温探测器

双金属片型感温探测器是应用两种不同膨胀系数的金属片作为敏感元件，一般制成差动式和定温式两种形式。定温式是当环境温度上升达到设定温度时，定温部件立即动作，发出报警信号；差动式是当环境温度急剧上升，其温升速率达到或超过探测器规定的动作温升速率时，差动部件立即动作，发出报警信号。

（2）膜盒型感温探测器

膜盒型感温探测器由波纹板组成一个气室，室内空气只能通过气塞螺钉的小孔与大气相通。气室受热，室内膨胀的气体可以通过气塞螺钉小孔泄漏到大气中去。当发生火灾时，温升速率急剧增加，气室内的气压增大，波纹板向上鼓起，推动弹性接触片接通电接点，发出报警信号。

（3）热敏电子元件型感温探测器

热敏电子元件型感温探测器是由两个阻值和温度特性相同的热敏电阻和电子开关线路组成的。两个热敏电阻中的一个可直接感受环境温度的变化，而另一个封闭在一定比热容的小球内。 当外界温度变化缓慢时，两个热敏电阻的阻值随温度变化基本接近，开关电路不动作。火灾发生时，环境温度剧烈上升，两个热敏电阻阻值变化不一样，原来的稳定状态被破坏，开关电路打开，发出报警信号。

3. 极早期火灾探测器

极早期火灾探测器是近年来发展起来的一种火灾预警新技术，相对于传统的火灾报警技术有了质的飞跃，其以高灵敏度、低误报率、隐蔽安装等特性得到人们的广泛认可。

极早期火灾探测器又叫作吸气式感烟探测器、空气采样感烟探测器，由吸气泵、过滤器、激光腔、控制电路、采样管、采样头等组成。其采用主动吸气方式，使用吸气泵/风扇，通过预先布置好的采样头和采样管抽取被保护区内的空气，并将空气样本送入激光腔，在激光腔内利

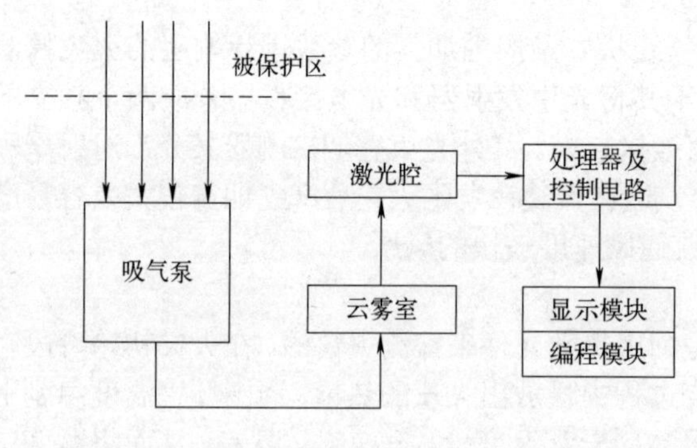

图 4-2-5　极早期火灾探测器原理

用激光照射空气样本，烟粒子所造成的散射光被阵列式接收器接收，接收器将光信号转换成电信号后送到控制电路，信号经处理后转换为烟雾浓度并与设定的报警阈值比较，产生一个适宜的输出信号，在符合报警条件时发出报警信号。极早期火灾探测器原理如图 4-2-5 所示。

极早期火灾探测器从结构上可分为单管型、双管型、四管型（多管型），根据环境要求选用不同结构的极早期火灾探测器；从工作原理上可分为云雾室型和光电式。其一般具有以下特点：具有灵敏的探测能力、先进的火灾探测手段、较低的维护成本，不受任何环境因素的影响，适用于任何环境（吸气式空气采样），能在产生烟雾之前的数小时内发现火灾的存在。

4. 感光探测器

感光探测器的自启动灭火装置简单可靠，灭火及时的独立探火、灭火装置称为“探火管灭火装置”。该类灭火装置采用柔性可弯曲的探火管作为火灾的探测报警部件，同时这种探火管还可以兼作灭火剂的输送及喷放管道。探火管可以很方便地布置到每个潜在的着火源的最近处，一旦发生火灾，探火管受热破裂，立即释放灭火剂灭火。

感光探测器的灭火原理：物质燃烧时，在产生烟雾和放出热量的同时，也产生可见或不可见的光辐射。感光探测器又称火焰探测器，它是用于响应火灾的光特性，即探测火焰的光照强度和火焰的闪烁频率的火灾探测器。根据火焰的光特性，目前使用的火焰探测器有两种：一种是对波长较短的光辐射敏感的紫外探测器；另一种是对波长较长的光辐射敏感的红外探测器。

三、火灾报警装置

火灾报警装置是在火灾自动报警系统中，用以接收、显示和传递火灾报警信号，并能发出控制信号和具有其他辅助功能的控制指示设备。火灾报警装置主要包括火灾报警控制器、火灾声光报警器和手动火灾报警按钮，此外还有烟感、温感等报警装置。

1. 火灾报警控制器

火灾报警控制器（图 4-2-6）按其用途不同，可分为区域火灾报警控制器、集中火灾报警控制器和通用火灾报警控制器三种基本类型。近年来，随着火灾探测报警技术的发展和模拟量、总线制、智能化火灾探测报警系统的逐渐应用，在许多场合，火灾报警控制器已不再分为区域、集中和通用三种类型，而统称为火灾报警控制器。

① 区域火灾报警控制器：在“一、火灾报警控制器”已详细讲述。

② 集中火灾报警控制器：其主要特点是一般不与火灾探测器相连，而与区域火灾报警控制器相连，处理区域火灾报警控制器送来的信号，常使用在较大型系统中。

③ 通用火灾报警控制器：其主要特点是它兼有区域、集中两类火灾报警控制器的特点。通过设置或修改某些参数（可以是硬件或是软件方面）即可作区域类使用，连接探测器；又可作集中类使用，连接区域火灾报警控制器。

火灾报警控制器按其信号处理方式，可分为有阈值火灾报警控制器和无阈值模拟量火灾报警控制器；按其系统连接方式，可分为多线式火灾报警控制器和总线式火灾报警控制器。

2. 火灾声光报警器

火灾报警装置最常见的是火灾声光报警器，用于产生事故的声音报警和闪光报警，尤其适用于能见度低或事故现场有烟雾产生的场所，如图 4-2-7 所示，可应用在 DC24V 工作电压的火灾报警控制系统、安防监控报警系统及其他报警系统中，只需接通 DC24V 电源即可工作，发出刺眼的闪光信号和大于 85dB 的声音报警信号。通过智能控制模块，其可接入火灾自动报警系统中，具有低功耗、长寿命、报警音调可选择及安装灵活、方便等特点。

火灾报警装置是用来发出区别于环境声、光的火灾报警信号的装置，主要包括报警器和警铃。

消防控制设备是当接收到来自触发器件的火灾报警信号后，能自动或手动启动相关消防系统设备并显示其状态的设备。其主要包括火灾报警控制器的控制装置、自动灭火系统的控制装置、室内消火栓系统的控制装置、防烟排烟系统及空调通风系统的控制装置、常开防火门/防火卷帘的控制装置、电梯回降的控制装置、火灾应急广播的控制装置、火灾报警装置的控制装置、消防通信设备的控制装置、火灾应急照明与疏散指示标志的控制装置等。

3. 手动火灾报警按钮

手动火灾报警按钮（俗称手报）安装在公共场所，当人工确认火灾发生后，按下按钮上的有机玻璃片，可向火灾报警控制器发出信号，火灾报警控制器接收到报警信号后，显示出报警按钮的编号或位置并发出报警音响。手动火灾报警按钮（图 4-2-8）可直接接到控制器的总线上。

（1）使用方法

① 采用拔插式结构，安装简单、方便；

② 采用无极性信号二总线，其地址编码可由手持电子编码器在 1～242 任意设定；

③ 有机玻璃片按下后可用专用工具复位；

④ 按下玻璃片，由按钮提供无源输出触点信号，可直接控制其他外部设备。

（2）复位方式

手报的复位一般有三种形式：吸盘复位型、钥匙复位型和更换玻璃型。

① 吸盘复位型：此类型手报采用塑料制成的按片，可以用专用的吸盘进行复位。

② 钥匙复位型：此类型手动火灾报警按钮是采用专用钥匙进行复位的，在手报上有一个钥匙孔，就是用来复位的。

③ 更换玻璃型：这种手动火灾报警按钮，国外进口的产品用得较多，直接更换玻璃就可以了。

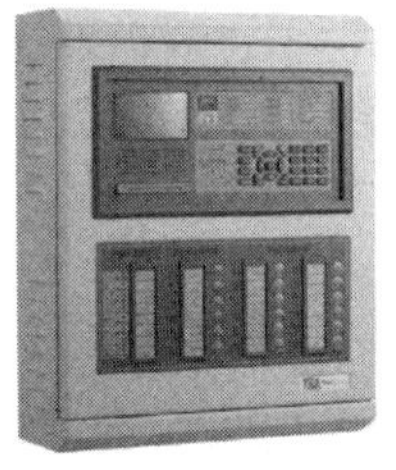

图 4-2-6　火灾报警控制器

图 4-2-7　火灾声光报警器

图 4-2-8　手动火灾报警按钮

4. 火灾探测报警装置

根据数据中心的重要程度、火灾危害性和扑救难度等因素，数据中心的火灾自动报警系统应按保护对象的要求进行设置。在不同机房及房间内设置火灾探测报警装置及与灭火系统联动时应注意以下两点。

（1）火灾探测报警装置的选择

鉴于数据中心内火灾多为电气火灾及 A 类火灾，火灾时发烟量大，故数据中心多选用感烟探测器作为探测火灾的装置。但是在火灾发展的四个阶段中，其初始阶段时间较长，在此阶段，空气中存在着肉眼看不见的、很微弱的烟雾，普通的感烟探测器在这个阶段基本没有反应，导致无法在这一阶段及时发现火情并报警。因此，鉴于数据中心内主数据中心、辅助数据中心及媒介仓储区的重要性及数据中心内无人的情况，这类数据中心或房间内应设置空气采样烟雾探测器等极早期火灾探测器，以达到“早期报警、迅速扑救”的目标。同时，在运行操作区、软件开发区、行政管理区等及办公用房内可设置普通的感烟探测器作为火灾探测装置。在网络数据中心、综合布线区及电缆井中宜设置分布式感温光缆作为火灾探测装置。

（2）火灾报警系统与灭火系统联动的特殊要求

鉴于数据中心的特殊性，当机房内设置了由火灾自动报警系统启动的自动灭火系统时，火灾探测器宜从感温、感烟和感光等不同类型的探测器中选用两种，采用立体安装，以便监控各个不同的空间；当采用空气采样等早期烟雾探测报警系统及传统火灾报警系统组合方式时，应将空气采样等早期烟雾探测报警系统的信号作为第一报警信号。就计算机设备而言，当火灾自动报警系统确认火灾后，仅需要切断其市电或发电机供电，UPS 供电并不切断，这是为了防止系统误报导致数据损失。切断市电或发电机供电后，值班人员应及时对报警区域的火灾情况进行确认、处理，一旦发现误报或灾情很小，处理完毕后应及时送电以确保计算机系统稳定运行。另外，如果数据中心内火灾自动报警系统并未报警，但值班人员在巡查中发现了火情，应采用机械应急方式启动气体灭火系统，此时火灾自动报警系统应联动所有相关消防设备，切断火灾区域的非消防电源。

单元三　消防系统灭火装置的使用与维护

一、气体灭火系统及维护

1. 常见气体灭火系统分类

由于对信息系统设备运行环境要求的特殊性，以及磁介质储存的特殊要求，数据中心灭火系统应该不产生污渍从而对 IT 设备产生腐蚀破坏、不能对 IT 设备造成短路破坏、不能对人体造成伤害、不能对生态产生破坏。基于以上几点，传统的水、泡沫、干粉等灭火系统都不适用于数据中心灭火。二氧化碳气体灭火系统由于对人有窒息的危害，也不建议在数据中心使用，目前得到广泛应用的气体灭火系统是使用七氟丙烷灭火剂和 IG-541 混合气体灭火剂两种洁净气体的灭火系统。

（1）七氟丙烷灭火剂（HFC-227EA）（图 4-3-1）

七氟丙烷灭火剂属于含氢氟烃类灭火剂，国外称之为 FM-200。七氟丙烷是一种无色、无味、低毒性、绝缘性好、无二次污染的气体，对大气臭氧层的耗损潜能值（ODP）为零，具有灭火浓度低、灭火效率高、对大气无污染的优点，是目前替代卤代烷 1211、1301 的最理想的灭火剂。

（2）IG-541 混合气体灭火剂（图 4-3-2）

IG-541 混合气体是由氮气、氩气及二氧化碳按一定的比例混合而成的气体，这些气体都是在大气层中自然存在的，对大气臭氧层没有损耗，也不会对地球产生“温室效应”，而且混合气体无毒、无色、无味、无腐蚀性、不导电，既不支持燃烧，又不与大部分物质产生反应。IG-541 混合气体灭火剂是一种十分理想的环保型灭火剂。其平时以气态形式储存，喷放时不会形成浓雾或造成视野不清，使人员在火灾时能清楚地分辨逃生方向。

图 4-3-1　七氟丙烷灭火剂

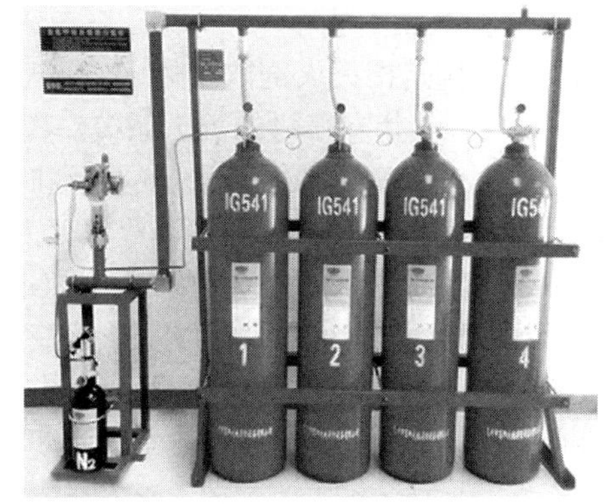

图 4-3-2　IG-541 混合气体灭火剂

两种灭火剂的性能对比见表 4-3-1。

表 4-3-1　七氟丙烷与 IG-541 混合气体对比

性能	七氟丙烷	IG-541 混合气体
灭火剂	化学药剂	不活跃气体
喷放时间	8s	48～60s
灭火效果	好	好
对环境影响	小	无
对人员影响	小，低于生理毒性指标	无
储存压力	2.5MPa/4.2MPa/5.6MPa	15MPa/20MPa
最大传输距离	65m	150m
钢瓶数量	少	多
钢瓶间占用面积	小	大
是否可以设置无管网系统	是	否
对管网材料、工艺要求	低	高
一期建设投资	低	高
喷放后恢复费用	高	低
建议使用范围	中型、小型机房	中型、大型、超大型机房

气体灭火系统启动方式可分为自动、手动、机械应急手动和紧急启动/停止四种。通常在有人值班的机房采用手动启动方式，无人值班的机房采用自动启动方式。气体灭火系统按对防护对象保护形式的不同，可分为全淹没灭火系统和局部应用系统。全淹没灭火系统是在规定的时间内，向防护区喷放设计规定量的灭火剂，并使其均匀地充满整个防护区的灭火系统。局部应用系统是向保护对象以设计喷射强度直接喷射灭火剂，并持续一定时间的灭火系统。气体灭火系统按其装配形式的不同，可分为管网灭火系统和无管网灭火系统。管网灭火系统是按一定的应用条件进行设计计算，将灭火剂从存储装置经由干管、支管输送至喷放组件实施喷放的灭火系统，主要由灭火剂容器、容器阀、集流管、选择阀、喷嘴、压力信号器、气体起动器、管道及其附件等组成。

2. 气体灭火系统组成

气体灭火系统是指灭火剂以液体、液化气体或气体状态存储于压力容器内，灭火时以气体（包括蒸气、气雾）状态喷射的灭火系统。其能在防护区内形成各方向均一的气体浓度，而且至少能保持该灭火浓度达到规范规定的浸渍时间，实现扑灭该防护区的火灾。

气体灭火系统主要用在不适于设置水灭火系统等其他灭火系统的场合，如计算机机房、重要的图书馆/档案馆、移动通信基站（房）、UPS 室、电池室和一般的柴油发电机房等。

气体灭火系统（图 4-3-3）一般由灭火剂瓶组、驱动气体瓶组、液流单向阀、选择阀、减压装置、驱动装置、集流管、连接管、喷嘴、信号反馈装置、安全泄放装置、灭火报警控制器、检漏装置、低泄高封阀、管件等部件构成。不同的气体灭火系统的结构形式和组成部件不完全相同。

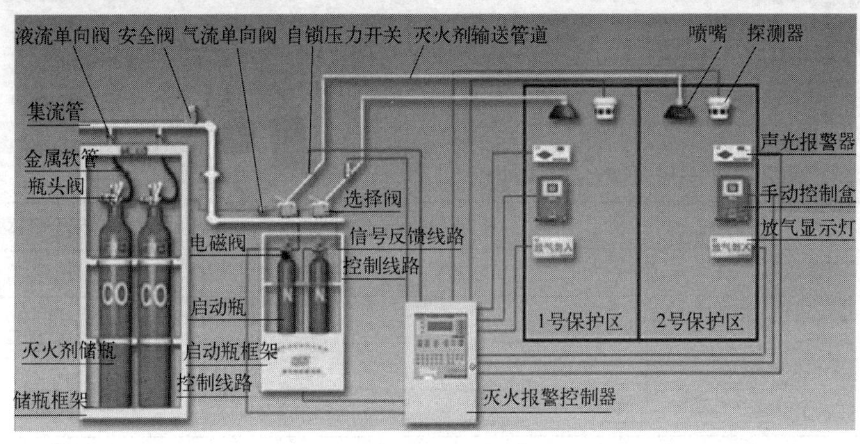

图 4-3-3　气体灭火系统

（1）灭火剂瓶组

气体灭火剂瓶组（图 4-3-4）一般由容器、容器阀、虹吸管（惰性气体系统瓶组除外）、灭火剂等组成，用于储存灭火剂和控制灭火剂的释放。管网系统的瓶组固定在储瓶框架上，通过连接管与系统集流管连接；柜式气体灭火装置的瓶组固定在柜中；悬挂式气体灭火装置的瓶组用固定支座悬挂在保护对象上方。瓶组按用途可分为灭火剂瓶组、驱动气体瓶组和加压气体瓶组。

图 4-3-4　灭火剂瓶组

（2）容器

容器（图 4-3-5）是用来储存灭火剂和启动气体的重要组件，分为钢质无缝容器和钢质焊接容器。

（3）容器阀

容器阀（图 4-3-6）又称瓶头阀，安装在容器上，具有封存、释放、充装、超压泄放（部分结构）等功能。容器阀按用途可分为灭火剂瓶组上容器阀和驱动气体瓶组上容器阀两类；按密封形式可分为活塞密封和膜片密封两类；按结构形式可分为膜片式、自封式、压臂式三类；按启动方式可分为气动启动型、电磁启动型、电爆启动型、手动启动型、机械启动型和组合启动型六类。

（4）选择阀

选择阀（图 4-3-7）是在组合分配系统中，用于控制灭火剂经管网释放到预定防护区或保护对象的阀门，选择阀和防护区一一对应。选择阀可分为活塞式、球阀式、气动启动型、电磁启动型、电爆启动型和组合启动型等类型。

图 4-3-5　容器

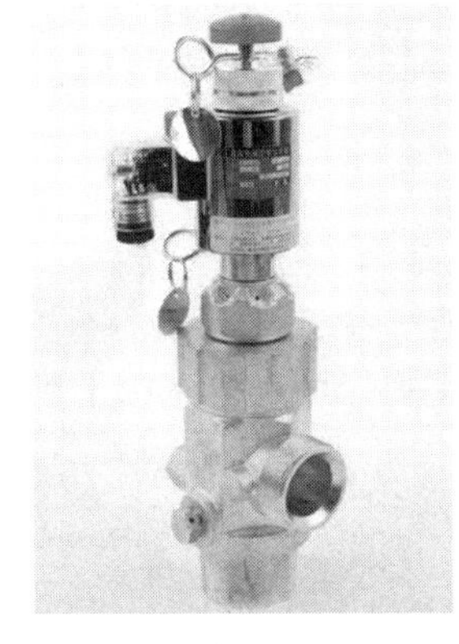

图 4-3-6　容器阀

图 4-3-7　选择阀

（5）喷嘴

喷嘴（图 4-3-8）是用于控制灭火剂的流速和喷射方向的组件，是气体灭火系统的关键部件。喷嘴可分为全淹没灭火方式用喷嘴和局部应用灭火方式用喷嘴。局部应用灭火方式用喷嘴又分为架空型喷嘴和槽边型喷嘴。

（6）单向阀

单向阀（图 4-3-9）按安装在管路中的位置可分为灭火剂流通管路单向阀和驱动气体控制管路单向阀，按阀体内活动的密封部件形式可分为滑块型、球型和阀瓣型。灭火剂流通管路单向阀装于连接管与集流管之间，防止灭火剂从集流管向灭火剂瓶组反流。驱动气体控制管路单向阀装于启动管路中，用来控制气体流动方向，启动特定的阀门。

图 4-3-8　喷嘴

图 4-3-9　单向阀

（7）安全泄放装置

安全泄放装置装于瓶组上，以防止瓶组和灭火剂管道非正常受压，爆炸瓶组上的安全泄放装置可装在容器或容器阀上。安全泄放装置可分为灭火剂瓶组安全泄放装置、驱动气体瓶组安全泄放装置和集流管安全泄放装置。

（8）驱动装置

驱动装置（图 4-3-10）用于驱动容器阀、选择阀以使其动作。它可分为气动型驱动器、引爆型驱动器、电磁型驱动器、机械型驱动器和燃气型驱动器等类型。

（9）检漏装置

检漏装置用于监测瓶组内物质的压力或质量损失。它包括压力显示器、称重装置和液位测量装置等。

（10）信号反馈装置

信号反馈装置是安装在灭火剂释放管路或选择阀上，将灭火剂释放的压力或流量信号转换为电信号，并反馈到控制中心的装置。常见的是把压力信号转换为电信号的信号反馈装置，一般也称为压力开关。

（11）低泄高封阀

低泄高封阀（图 4-3-11）是为了防止系统由于驱动气体泄漏的累积而引起系统的误动作而在管路中设置的阀门。它安装在系统的启动管路中，正常情况下处于开启状态，只有进口压力达到设定压力时才关闭，其主要作用是排除由于气源泄漏积聚在启动管路内的气体。

图 4-3-10　驱动装置

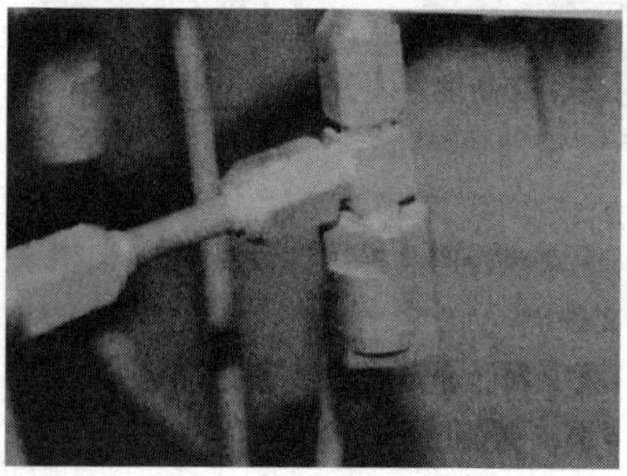

图 4-3-11　低泄高封阀

3. 气体灭火系统的使用

气体灭火系统启动方式包括自动、手动、机械应急手动和紧急启动/停止四种控制方式。

① 手动控制：将气体灭火控制器上的控制方式选择键拨到“手动”位置时，灭火系统处于手动控制状态。当保护区发生火灾时，可按下紧急启动/停止按钮或控制器上的启动按钮，即可按规定程序启动灭火系统释放灭火剂，实施灭火。在自动控制状态下，仍可实现电气手动控制。

② 自动控制：将气体灭火控制器上的控制方式选择键拨到“自动”位置时，灭火系统处于自动控制状态。当保护区发生火灾时，火灾探测器发出报警信号，火灾报警控制器即发出声、光报警信号，同时发出联动指令，关闭联锁设备，经过一段延时时间，发出灭火指令，打开电磁阀释放驱动气体，驱动气体通过启动管道打开相应的选择阀和容器阀，释放灭火剂，实施灭火。

③ 机械应急手动控制：当保护区发生火灾、控制器不能发出灭火指令时，应通知有关人员撤离现场，关闭联动设备，然后拔出相应驱动气体瓶组启动阀上的手动保险夹卡片，压下手柄即可打开启动阀，释放驱动气体，然后打开选择阀、容器阀（瓶头阀），释放灭火剂，实施

灭火。如果此时遇上启动阀维修或驱动气体瓶组中驱动气体压力不够不能工作，这时应首先打开相对应灭火区域的选择阀手柄，敞开压臂，打开选择阀，然后打开该区域容器阀上的手动手柄开启容器阀（瓶头阀），释放灭火剂，实施灭火。

④ 紧急启动/停止控制：在延时时间内发现有异常情况，而不需要启动灭火系统进行灭火时，按下手动控制盒或气体灭火控制器的紧急停止按钮，即可阻止控制器灭火指令的发出。

二、自动喷水灭火系统及维护

自动喷水灭火系统是扑救和控制初期火灾最有效的自救灭火系统，是目前国际上应用范围广、用量大、最环保、灭火成功率高且造价低的固定灭火系统。自动喷水灭火系统具有自动探测火灾、自动控火的双重功能。根据喷头开闭形式不同，可分为闭式和开式自动喷水灭火系统两大类。

1. 闭式自动喷水灭火系统

闭式自动喷水灭火系统（闭式系统）的类型较多，按照系统组成和技术特点的不同，基本类型包括湿式、干式、预作用式及重复启闭预作用式。数据中心通常采用的是预作用自动灭火系统和重复启闭预作用自动灭火系统。

（1）预作用自动灭火系统

预作用自动灭火系统由洒水喷头、预作用报警阀组、水流报警装置（水流指示器或压力开关）等组件，以及管道、供水设备组成。其为准工作状态时，配水管道内不充水，由火灾自动报警系统报警后自动开启预作用报警阀，转换为湿式的闭式系统。当环境温度上升到使闭式喷头温感元件爆破或熔化脱落时，喷头自动喷水灭火。其主要适用于系统处于准工作状态、严禁管道漏水及严禁系统误喷的场所。由于数据中心内放置了大量的 IT 设备和机电设备，如果管道漏水或系统误喷，可能会对设备造成损害，所以在数据中心非气体灭火系统所保护的区域内应采用预作用水喷淋系统。

（2）重复启闭预作用自动灭火系统

重复启闭预作用自动灭火系统是预作用自动灭火系统的升级版，它是能在扑灭火灾后自动关闭、复燃时再次喷水的预作用系统。该系统具有自动启动、自动关闭的特点，从而防止因系统自动启动灭火后，无人关闭系统而产生不必要的水渍损失，而且在火灾复燃后能有效扑救。其适用于灭火后必须及时停止喷水的场所。与常规预作用自动灭火系统不同，重复启闭预作用自动灭火系统需选用一种特殊的感温探测器——循环式温度感应探测器，当其感应到环境温度超过预定温度时，报警并启动供水泵，打开具有复位功能的雨淋阀，为配水管道送水，并在喷头动作后喷水灭火。在喷水过程中，当火场温度恢复到常温时，探测器发出关停系统的信号，在按设定的条件延迟喷水一段时间后，关闭雨淋阀停止喷水。若火灾复燃、温度再次升高，系统则再次启动，直至彻底灭火。

由于循环式温度感应探测器需要在火场高温条件下工作，故探测器本身及其连接线路必须使用一种特殊的抗高温电缆，因此，重复启闭预作用自动灭火系统的造价较预作用自动灭火系统高很多，有条件的数据中心可考虑采用此系统。

2. 开式自动喷水灭火系统

开式自动喷水灭火系统的类型较多，包括雨淋系统、水幕系统、水喷雾系统和自动喷水-泡沫联用系统。

开式自动喷水灭火系统是由火灾自动报警系统或传动管控制，自动开启雨淋报警阀和启动供水泵后，向开式洒水喷头供水的自动喷水灭火系统，简称开式系统。应采用雨淋系统的场所详见《自动喷水灭火系统设计规范》(GB 50084—2017)。水幕系统由开式洒水喷头或水幕喷头、雨淋报警阀组或感温雨淋阀，以及水流报警装置（水流指示器或压力开关）等组成，用于挡烟阻火和冷却分隔物。

3. 细水雾灭火系统及维护

细水雾灭火系统主要以水为灭火剂，采用特殊喷头，在压力作用下喷洒细水雾进行灭火或控火。细水雾灭火系统以其安全环保、灭火效率高、可靠性高、配置灵活、安装简便等特点，被广泛地用作数据中心机房的灭火系统。将来其可能取代气体灭火系统，成为数据中心机房的主流灭火系统。

（1）细水雾灭火系统的组成

细水雾灭火系统（图 4-3-12）由加压供水设备（泵组或瓶组）、系统管网、分区控制阀组、细水雾喷头和火灾自动报警及联动控制系统等组成。为了防止细水雾喷头堵塞，影响灭火效果，系统还设有过滤器。为了便于系统正常使用、检修和维护，系统还设有泄水阀；闭式系统设有排气阀和试水阀；开式系统设有泄放试验阀。

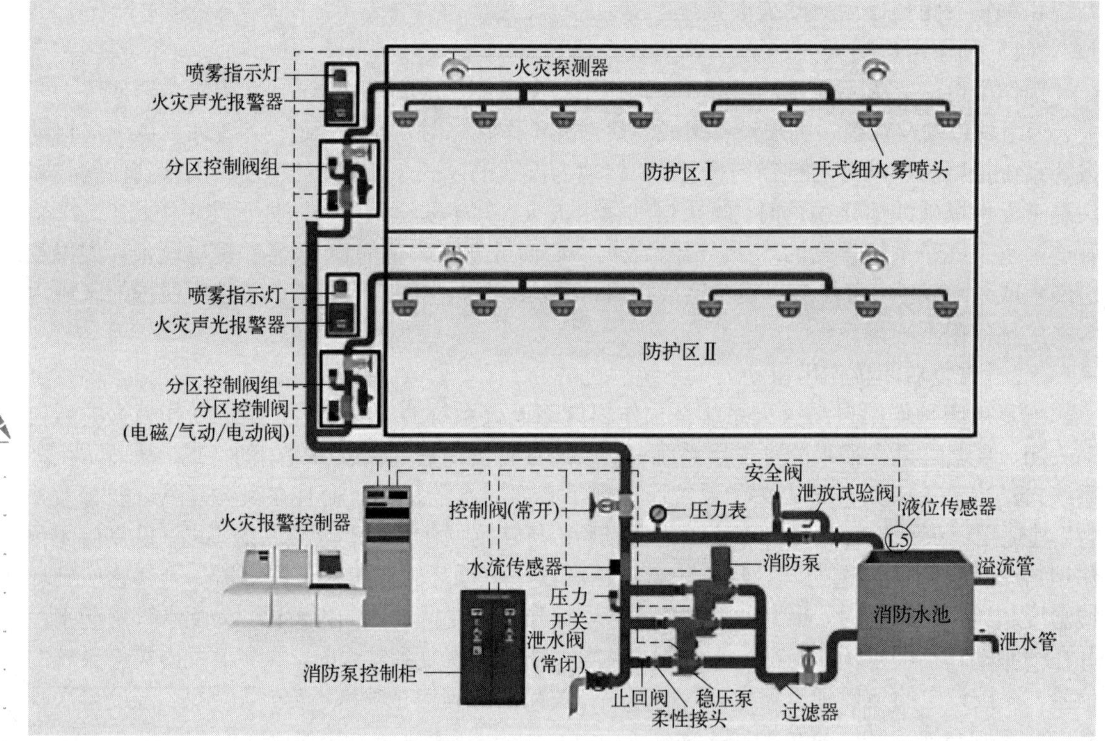

图 4-3-12　细水雾灭火系统

（2）细水雾灭火系统的灭火机理

细水雾灭火系统的灭火机理主要是表面冷却、窒息、阻隔辐射热和浸湿作用。除此之外，细水雾灭火系统还具有乳化等作用，而在灭火过程中，往往会有几种作用同时发生，从而有效灭火。

① 高效冷却作用：由于细水雾的雾滴直径很小，普通细水雾灭火系统雾滴直径为 10～100mm，在汽化的过程中，从燃烧物表面或火灾区域吸收大量的热量。按 100℃水的蒸发潜热

为 2257kJ/kg 计，每只喷头喷出的水雾（喷水速度 0.133L/s）吸热功率约为 300kW。实验证明，直径越小，水雾单位面积的吸热量越大，雾滴速度越快，热传速率越高。

② 窒息作用：细水雾喷入火场后，迅速蒸发形成蒸汽，体积急剧膨胀 1700～5800 倍，降低空气中氧气体积分数，在燃烧物周围形成一道屏障阻挡新鲜空气的吸入。随着水的迅速汽化，水蒸气含量将迅速增大，同时氧气含量在火源周围空间减小到 16%～18%时，火焰被窒息。另外，火场外非燃烧区域雾滴不汽化，空气中氧气含量不改变，不会危害人员生命。

③ 阻隔辐射热作用：高压细水雾喷入火场后，蒸发形成的蒸汽迅速将燃烧物、火焰和烟雾笼罩，对火焰的辐射热具有极佳的阻隔作用，能够有效抑制辐射热引燃周围其他物品，达到防止火焰蔓延的效果。水雾对辐射的衰减作用还可以用来保护消防队员的生命。

④ 稀释、乳化、浸湿作用：颗粒大、冲量大的雾滴会冲击燃烧物表面，从而使燃烧物得到浸湿，阻止固体进一步挥发可燃气体，达到灭火和防止火势蔓延的目的。另外，高压细水雾还具有洗涤烟雾和废气、对液体进行乳化和稀释的作用等。

（3）细水雾灭火系统的特点

① 安全环保：以水为灭火剂的物理灭火，对环境、保护对象、保护区人员均无损害和污染。

② 高效灭火：冷却速率比一般喷淋系统快 100 倍；高压细水雾还具有穿透性，可以解决全淹没和遮挡的问题，还可以防止火灾的复燃。

③ 净化作用：能净化烟雾和废气，有利于人员安全疏散和消防人员的灭火救援工作。

④ 阻隔辐射热：对热辐射有很好的阻隔作用，达到防止火灾蔓延、迅速控制火势的效果。

⑤ 水渍损失小：用水量仅为水喷淋系统的 1%～5%，避免了大量的排水对设备的损坏和对环境的二次污染。

⑥ 电绝缘性好：可有效扑救带电设备的火灾。

⑦ 可靠性高：系统安装完成后可对系统进行模拟检验，以增加系统动作的可靠性。

⑧ 系统寿命长：所用泵组、阀门和管件均采用耐腐蚀材料，系统寿命可长达 30～60 年。

⑨ 配置灵活：可局部使用，保护独立的设备或设备的某一部分；可作为全淹没系统，保护整个空间。

⑩ 安装简便：相对于传统的灭火系统而言，管道管径小，仅为 10～32mm，使安装费用相应降低。

⑪ 维护方便：仅以水为灭火剂，在备用状态下为常压，日常维护工作量和费用大大降低。

细水雾灭火系统适用于扑救 A 类、B 类、C 类和电气类火灾。由于它先进的灭火机理，使用基本不受场所的限制，在陆地、海洋、空间均可应用，尤其是对高危场合的局部保护和对密闭空间的保护特别有效。

（4）细水雾灭火系统的维护

细水雾灭火系统及系统组件应定期进行检查和维护，确定其功能满足要求。检查和维护的内容见表 4-3-2。

表 4-3-2　细水雾灭火系统检查和维护内容

月检的内容和要求	检查系统组件的外观是否有碰撞变形及其他机械性损伤
	检查分区控制阀动作是否正常
	检查阀门上的铅封或锁链是否完好，阀门是否处于正确位置

续表

月检的内容和要求	检查储水箱和储水容器的水位及储气容器内的气体压力是否符合设计要求
	对于闭式系统，利用试水阀对动作信号的反馈情况进行试验，观察其是否正常动作和显示
	检查喷头的外观及备用数量是否符合要求
	检查手动操作装置的防护罩、铅封等是否完整无损
季检的内容和要求	通过试验阀对泵组式系统进行一次放水试验，检查泵组启动、主／备泵切换及报警联动功能是否正常
	检查瓶组式系统的控制阀动作是否正常
	检查管道和支吊架是否松动，管道连接件是否有变形、老化或裂纹等现象
年检的内容和要求	定期测定一次系统水源的供水能力
	对系统组件、管道及管件进行一次全面检查，清洗储水箱、过滤器，并对控制阀后的管道进行吹扫
	储水箱每半年换一次水，储水容器内的水按产品制造商的要求定期更换
	进行系统模拟联动功能试验

（5）系统维护管理的后续要求

系统维护检查发现问题后，需要针对具体问题按照规定要求进行处理。例如，更换受损的喷头、支吊架、阀门密封件，润滑控制阀门杆，清理过滤器等；系统检查及模拟试验完毕后，把系统所有的阀门恢复至工作状态；把检查和模拟试验的结果与以往的试验结果或竣工验收的试验结果进行比较，查看是否保持一致。

（6）细水雾灭火系统常见故障分析与处理

细水雾灭火系统作为一种高效灭火系统，在现代建筑、工厂等场所得到了广泛的应用。为了确保细水雾灭火系统的正常运行，延长设备的使用寿命，并及时处理可能出现的故障，需要进行定期的维保工作（表 4-3-3）。

表 4-3-3　细水雾灭火系统常见故障分析与处理

故障现象	故障分析	故障处理
喷头喷雾不正常	管道内有杂质堵塞喷头	见“喷头堵塞”故障处理
	喷头工作压力低	保证喷头工作压力不小于其最低设计工作压力
喷头堵塞	供水水质不合理，水里带有沙粒、污物等	喷头安装前将管网吹洗干净，并且每使用过一次后要清理喷头滤网处的沙粒、污物等
	喷头所处环境灰尘杂质较多	调试完毕后可以在喷嘴孔处涂上稠度等级为 4～6 级、滴点不小于 95℃、具有防锈性的润滑脂，或是采取其他防尘措施

三、防排烟系统及维护

防排烟系统是建筑物内设置的用以控制烟气运动，防止火灾初期烟气蔓延、扩散，确保室内人员安全疏散和安全避难，并为消防救援创造有利条件的防烟系统和排烟系统的总称。

防烟系统是采用机械加压送风或自然通风的方式，防止烟气进入楼梯间、前室、避难层（间）等空间的系统；排烟系统是采用机械排烟或自然排烟的方式，将房间、走道等空间的烟气排至建筑物外的系统。

1. 防排烟系统的分类

防排烟系统由风口、排烟风机（图 4-3-13）、排烟阀（图 4-3-14）、排烟窗（图 4-3-15）、风道及相应的控制系统构成。机械防排烟系统的排烟量与防烟分区有着直接的关系。高层建筑的防排烟设备应分为机械加压送排风的防排烟设备和可开启外窗的自然防排烟设备。

图 4-3-13　排烟风机

图 4-3-14　排烟阀

图 4-3-15　排烟窗

（1）机械防排烟系统

机械防排烟系统是由送排风管道、管井、防火阀、门开关设备、送排风风机等设备组成的。

（2）自然防排烟系统

防烟楼梯间前室或合用前室，利用敞开的阳台、凹廊或前室内不同朝向的可开启外窗自然排烟时，该楼梯间可不设排烟设备。

自然防排烟系统应设于房间的上方，宜设在顶棚或顶板之下 800mm 以内的位置，其间距以排烟口的下边缘计。自然进风系统应设于房间的下方，设在房间净高的 1/2 以下的位置，其间距以进风口的上边缘计。内走道和房间的自然排烟口，至该防烟分区最远点应在 30m 以内。自然排烟窗、排烟口、送风口应设开启方便、灵活的装置。

（3）事故排风系统

气体灭火系统灭火后的防护区应通风换气，无窗或设固定窗扇的地上防护区，应设置机械防排风装置，排风口宜设在防护区的下部并应直通室外。通信数据中心、电子计算数据中心等场所的通风换气次数应不少于每小时 5 次。

2. 防排烟系统的维护管理

防排烟系统的维护管理是系统正常完好、有效使用的基本保障。维护管理人员要经过专业消防培训，熟悉防排烟系统的原理、性能和操作维护规程。建筑防排烟系统设备的维护管理包括检测、维修、保养、建档等工作。单位应有经过专业消防培训，熟悉系统原理、性能，具有系统操作维护能力的维护管理人员，要定期自行或委托具有维护保养资质的企业对系统进行检测、维护，确保机械防排烟系统的正常运行。

（1）系统日常巡查

防排烟系统巡查是指在系统使用过程中对系统直观属性的检查，主要是针对系统组件外观、现场状态、系统检测装置的准工作状态、安装部位环境条件等的日常巡查。

系统组（部）件状态要求：

① 防排烟系统能否正常使用与系统各组件、配件的现场状态密切相关，机械防排烟系统应始终保持正常运行，不得随意断电或中断。

② 正常工作状态下，正压送风机、排烟风机、通风空调风机等电控柜控制设备应处于自动控制状态，严禁将受控的正压送风机、排烟风机、通风空调风机等的电控柜设置在手动位置。

③ 消防控制室应能显示系统的手动、自动工作状态，以及系统内的防排烟风机、防火阀、

排烟防火阀的动作状态；应能控制系统的启、停及系统内的防烟风机、排烟风机、防火阀、排烟防火阀、常闭送风口、排烟口、电控挡烟垂壁的开和关，并显示其反馈信号；应能关停相关部位正常通风的空调，并接收和显示通风系统防火阀的反馈信号。

系统日常巡查时，每日巡查内容如下：

① 查看机械加压送风系统、机械防排烟系统电控柜的标志、仪表、指示灯、开关和控制按钮；用按钮启、停每台风机，查看仪表及指示灯显示。

② 查看机械加压送风系统、机械防排烟系统风机的外观和标志牌；在控制室远程手动启、停风机，查看运行及信号反馈情况。

③ 查看送风阀、排烟阀、排烟防火阀、电动排烟窗的外观；手动、电动开启，手动复位，查看动作和信号反馈情况。

（2）系统周期性检查、维护

系统周期性检查、维护（表 4-3-4）是指建筑使用、管理单位按照国家工程消防技术标准的要求，对已经投入使用的防排烟系统的组件、零部件等按照规定检查周期进行的检查、维护。

表 4-3-4　防排烟系统周期性检查、维护

检查周期	检查部件	检查内容及要求
月	防排烟风机	手动或自动启动试运转，检查有无锈蚀、螺钉松动
	挡烟垂壁	手动或自动启动、复位试验，检查有无升降障碍
	排烟窗	手动或自动启动、复位试验，检查有无开关障碍，每月检查供电线路有无老化、双回路自动切换电源功能等
半年	防火阀	手动或自动启动、复位试验，检查有无变形、锈蚀，并检查弹簧性能，确认性能可靠
	排烟防火阀	手动或自动启动、复位试验，检查有无变形、锈蚀，并检查弹簧性能，确认性能可靠
	送风阀（口）	手动或自动启动、复位试验，检查有无变形、锈蚀，并检查弹簧性能，确认性能可靠
	排烟阀（口）	手动或自动启动、复位试验，检查有无变形、锈蚀，并检查弹簧性能，确认性能可靠
年	安装的全部防排烟系统	每年对所安装的全部防排烟系统进行一次联动试验和性能检测，其联动功能和性能参数应符合原设计要求

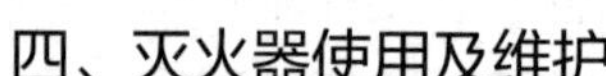

四、灭火器使用及维护

灭火器是一种可携式灭火工具。灭火器内放置了化学物品，用以扑灭火灾。灭火器是常见的灭火设备之一，存放在公共场所或可能发生火灾的地方，不同种类的灭火器内装填的成分不同，是专为不同的火灾而设置的。

灭火器的种类很多，按其移动方式可分为手提式和推车式；按驱动灭火剂的动力来源可分为储气瓶式、储压式、化学反应式；按所充装的灭火剂可分为泡沫、干粉、卤代烷、二氧化碳、水等。下面介绍几种常见的灭火器及使用方法。

1. 泡沫灭火器

泡沫灭火器是内部充装的灭火剂为泡沫的灭火器，可分为化学泡沫灭火器和空气泡沫灭火器。化学泡沫灭火器内装了硫酸铝（酸性）和碳酸氢钠（碱性）两种化学药剂，使用时，两种溶液混合引起化学反应产生泡沫，并在压力作用下喷射出去进行灭火。空气泡沫灭火器内充装的是空气泡沫灭火剂，性能优良，保存期长，灭火效能高，使用方便，是化学泡沫灭火器的

更新换代产品。其可根据不同需要充装蛋白泡沫、氟蛋白泡沫、聚合物泡沫、轻水（水成膜）泡沫和抗溶性泡沫等。

（1）灭火原理

泡沫灭火剂是通过与水混溶、采用机械或化学反应的方法产生泡沫的灭火剂，一般为化学药剂、水解蛋白或表面活性剂和其他添加剂的水溶液。泡沫灭火剂通常包括化学泡沫灭火剂、机械烷基泡沫灭火剂、洗涤剂泡沫灭火剂三种类型。泡沫灭火剂的灭火机理主要是冷却、窒息作用，即在燃烧物表面形成一连续的泡沫层，通过泡沫本身和所析出的混合液对燃烧物表面进行冷却，以及通过泡沫层的覆盖作用使燃烧物与氧气隔绝而灭火。泡沫灭火剂的主要缺点是水渍损失和污染、不能用于带电火灾的扑救。

（2）适用场合

泡沫灭火器主要用于扑救油品火灾，如汽油、煤油、柴油及苯、甲苯等的初起火灾，也可用于扑救固体物质火灾。泡沫灭火器不适于扑救带电设备火灾及气体火灾。

（3）使用方法

① 右手握着压把，左手托着灭火器底部，轻轻地取下灭火器。

② 右手提着灭火器赶到现场。

③ 右手捂住喷嘴，左手执筒底边缘。

④ 把灭火器颠倒过来呈垂直状态，用劲上下晃动几下，然后放开喷嘴。

⑤ 右手抓筒耳，左手抓筒底边缘，把喷嘴朝向燃烧区，站在离火源 8m 的地方喷射，并不断前进，围着火焰喷射，直至把火扑灭。

⑥ 灭火后把灭火器卧放在地上，喷嘴朝下。

2. 干粉灭火器

干粉灭火器（图 4-3-16）内充装的是干粉灭火剂。干粉灭火剂是用于灭火的干燥且易流动的微细粉末，由具有灭火效能的无机盐和少量的添加剂（能灭火的基料和防潮剂、流动促进剂、结块防止剂）经干燥、粉碎、混合而成的微细固体粉末组成。干粉灭火器利用压缩的气体吹出干粉（主要含有碳酸氢钠）来灭火。

图 4-3-16　干粉灭火器

干粉灭火器是利用二氧化碳气体或氮气作为动力，将瓶内的干粉喷出来灭火的。

（1）灭火原理

一是依靠干粉中无机盐的挥发性分解物与燃烧过程中燃烧物所产生的自由基或活性基团发生化学抑制和负催化作用，使燃烧的链反应中断而灭火；二是依靠干粉落在燃烧物外表面，发生化学反应，并在高温作用下形成一层玻璃状覆盖层，从而隔绝氧气，从而窒息灭火；三是依靠稀释氧气和冷却作用灭火。

（2）适用场合

干粉灭火器适用于扑救一般 B 类火灾，如油制品、油脂等火灾，也可适用于 A 类火灾；但不能扑救 B 类火灾中的水溶性可燃、易燃液体的火灾，如醇、酯、醚、酮等火灾，也不能扑救带电设备及 C 类和 D 类火灾。

（3）使用方法（图 4-3-17）

① 右手握着压把，左手托着灭火器底部轻轻地取下灭火器。

② 用右手提着灭火器到现场。

③ 除掉铅封。

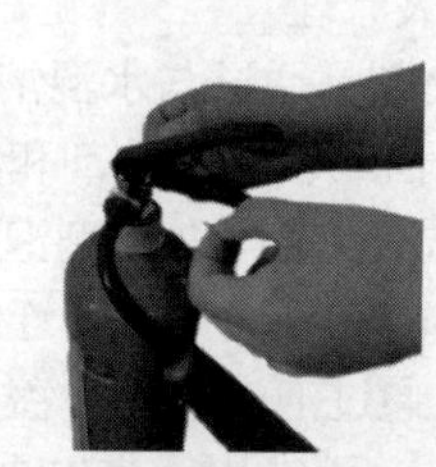

图 4-3-17　干粉灭火器使用方法

④ 拔掉保险销。

⑤ 左手握着喷头，右手提着压把。

⑥ 在距离火焰 2m 的地方，右手用力压下压把，左手拿着喷头对着火焰左右摆动，喷射干粉覆盖整个燃烧区。

注意：将灭火器提到距火源适当的位置后，先上下颠倒几次，使筒内的干粉松动，然后拔掉保险销（有的是拉起拉环），再按下压把，即有干粉喷出。使用时灭火器筒身要垂直，不可平放和颠倒使用。干粉喷射时长短，有效射程较近，灭火时要接近火焰对着火源根部扫射。由于干粉容易飘散，不宜逆风喷射，喷射时要站在上风口。

3. 二氧化碳灭火器

二氧化碳是一种有百年历史的灭火剂。二氧化碳本身不燃烧、不助燃、制造方便，而且易于液化，便于装罐和储存，价格低，获取制备容易。

（1）灭火原理

二氧化碳灭火器（图 4-3-18）的瓶体内储存液态二氧化碳，当压下瓶阀的压把时，内部的二氧化碳便由虹吸管经过瓶阀到喷筒喷出，使燃烧区氧气的浓度迅速下降，当二氧化碳浓度达到足够浓度时火焰会窒息而熄灭，同时由于液态二氧化碳会迅速汽化，在很短的时间内吸收大量的热量，因此对燃烧物起到一定的冷却作用，这也有助于灭火。

图 4-3-18　二氧化碳灭火器

（2）适用场合

二氧化碳灭火器适用于扑救易燃液体及气体的初起火灾，也可扑救带电设备的火灾，常应用于实验室、计算数据中心、变配电所，以及对精密电子仪器、贵重设备或物品维护要求较高的场所。

（3）使用方法

① 用右手握着压把。

② 用右手提着灭火器到现场。

③ 除掉铅封。

④ 拔掉保险销。

⑤ 站在距火源 2m 的地方，左手拿着喇叭筒，右手用力压下压把。

⑥ 对着火焰根部喷射并不断推前，直至把火焰扑灭。

①用右手握着压把

②用右手提着灭火器到现场

③ 除掉铅封

④拔掉保险销

⑤站在距火源2m的地方，左手拿着喇叭筒，右手用力压下压把

⑥对着火焰根部喷射并不断推前，直至把火焰扑灭

图 4-3-19 二氧化碳灭火器使用方法

注意：在使用时，对于没有喷射软管的二氧化碳灭火器，应把喇叭筒往上扳 70°～90°；不能直接用手抓住喇叭筒外壁或金属连接管，防止手被冻伤。

4. 水基型灭火器

水基型灭火器通过将内部装有的 AFFF 水成膜泡沫灭火剂和氮气混合产生的泡沫喷射到燃烧物表面，泡沫层析出的水在燃烧物表面形成一层水膜，使燃烧物与空气隔绝。其具有操作方便、灭火效能高、使用时不需要倒置、有效期长、抗复燃、双重灭火等优点。国家提倡使用水基型灭火器，该型灭火器较环保。

（1）灭火原理

水基型灭火器的灭火器机理为物理性灭火器机理。灭火剂主要由碳氢表面活性剂、氟碳表面活性剂、阻燃剂和助剂组成，水基型（水雾）灭火器在喷射后，呈水雾状，瞬间蒸发吸收火场大量的热量，迅速降低火场温度，抑制热辐射，表面活性剂在燃烧物表面迅速形成一层水膜，隔离氧气，起到降温、隔离双重作用，同时参与灭火，从而达到快速灭火的目的。

（2）适用场合

灭火剂对 A 类火灾具有渗透作用，如木材、布匹等。灭火剂可以渗透至燃烧物内部，控制火势的蔓延速度；对 B 类火灾具有隔离作用，如汽油及挥发性液体，灭火剂可在其表面形成长时间的水膜，即便水膜受外界因素影响遭到破坏，其独特的流动性可以迅速愈合，使火焰窒息。不可扑灭一般的电气火灾，须使用水雾型水基型灭火器，因此数据中心使用得较少。

（3）使用方法

① 用右手握着压把。

② 用右手提着灭火器到现场。

③ 除掉铅封。

④ 拔掉保险销。

⑤ 站在距火源 2m 的地方，左手拿着喇叭筒，右手用力压下压把。

⑥ 人站在上风口，对着火焰根部喷射并不断推前，直至把火焰扑灭。

附：消防管路及配件符号

名称	图形	名称	图形
干式立管		消防水管线	—— FS ——
干式立管		消防水罐（池）	
干式立管		泡沫混合液管线	—— FP ——
报警阀		干式立管	
消火栓		开式喷头	
干式立管		消防泵	
闭式喷头		干式立管	
泡沫比例混合器		水泵结合器	
湿式立管		泡沫产生器	
泡沫混合器立管		泡沫液管	

附：消防工程固定灭火器系统符号

名称	图形	名称	图形
水灭火系统（全淹没）		A、B、C 类干粉灭火系统	
手动控制灭火系统		泡沫灭火系统（全淹没）	
卤代烷灭火系统		B、C 类干粉灭火系统	
二氧化碳灭火系统			

附：消防工程灭火设备安装处符号

名称	图形	名称	图形
二氧化碳瓶站		A、B、C 干粉罐	
泡沫罐站		B、C 干粉灭火罐站	
消防泵站			

附：消防工程自动报警设备符号

名称	图形	名称	图形
消防控制中心		火灾报警装置	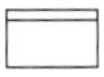
感温探测器		感光探测器	
手动报警装置		感烟探测器	
气体探测器		报警电话	

模块五

数据中心安防设备运维

单元一　安防系统设计与管理

一、安防系统组成

1. 安全防范系统的介绍

数据中心是信息化建设的重要基础设备，是综合性技术工程，而安全运维又是数据中心整体安全、稳定运作的前提，因此，数据中心的安全防范（安防）系统的设计至关重要。安防的作用在于通过对数据中心内的安防基础设备进行巡视、调试及维修，确保数据中心安全防范系统能够安全、稳定、持续地运行，同时安全防范系统也能防止未授权人员进入敏感区域，即防入侵、防盗、防破坏、防留痕等。

绝大多数的数据中心是由多个功能区域组成的，根据各个分区使用功能及管理要求的不同，以及区域管理的灵活性要求，设置一个综合安防总控中心，同时在不同分区内设立区域管理的分控中心。分控中心对本区域的安防子系统进行集中监视、控制和管理，总控中心可以控制、管理、调用分控中心的信息。另外，根据需要，应急指挥中心（ECC）可调用相关安防系统的信息（如视频信息等）。

2. 安全防范系统的组成

对于数据中心，安全防范系统覆盖范围要全面，包括数据中心机房、公共区域、过道，以及数据中心的楼顶、外立面、内庭院等部位。对于机房、过道、办公楼各出入口、楼梯口、重点要害部位要设置专用摄像机，区域分界通道设置出入口控制系统，关键区域设置人员入侵报警。

防盗报警系统与出入口控制系统、视频监控系统、访客对讲系统和电子巡更系统等一起构成了综合安全防范系统。这些系统可分别独立布置到数据中心，也可集成到一个系统中，最好是将这些关联的系统集成到一个系统中接入管理平台。

二、视频监控系统

视频监控系统是应用视频处理技术探测、监视设防区域并实时显示、记录现场图像的电子系统，主要由电子识别设备、传输部分、管理/控制部分、执行部分及相应的系统软件组成。

视频监控系统可以对某些重要区域实现远距离观察、监视和控制，同时可以把监控场所的情况进行同步录像，还可以与入侵报警系统等其他安全防范系统联动运行，使其防范能力更加强大。

视频监控系统按数据处理顺序可分为前端部分、传输部分、控制部分和显示与记录部分四部分。

（1）前端部分

视频监控系统前端部分主要是视频摄像机。视频摄像机可分为网络数字摄像机和模拟摄像机；也可按安装方式分为球机、枪机，如图 5-1-1 所示；按控制方式可分为可控式摄像机和不可控式摄像机（包括云台转动、变焦距、放大、缩小等）。数据中心主要使用网络数字摄像机，其中、智能摄像机有先进的视频分析算法和多目标跟踪算法程序，可实现自动或手动对全景区域内的多个目标进行区域入侵、越界、进入区域、离开区域行为的检测，并可输出报警信号和使云台联动跟踪，从而满足高等级安保需求。

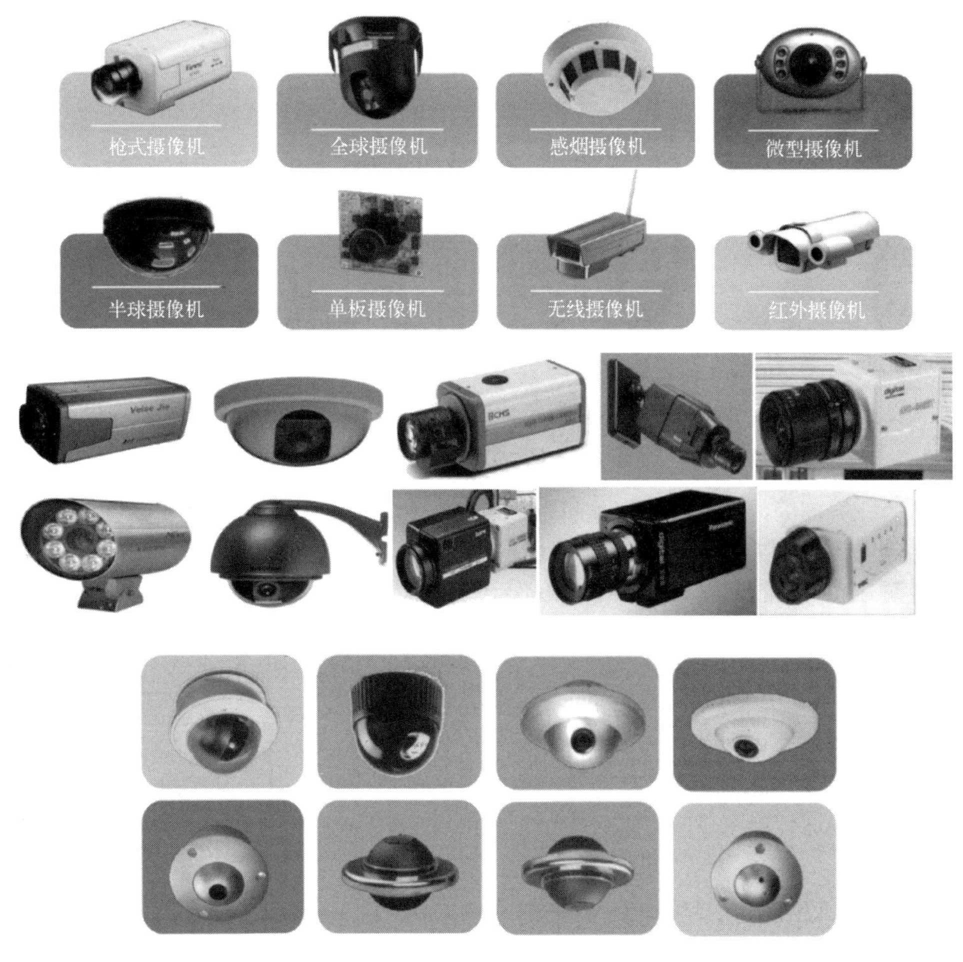

图 5-1-1　视频摄像机常见类型

所有视频摄像机建议使用不低于 720p 的网络数字摄像机，部分重要区域可采用 1080p 网络摄像机。网络数字摄像机支持 POE 功能，室外摄像机要做好防雷保护。

（2）传输部分

安防系统专网负责视频及其控制信号的传输，系统前端的网络数字摄像机采用集中供电，针对一些距离网络交换机不超过 80m 的摄像机可采用 POE 供电。视频监控系统主要设备（如 POE 交换机、各类服务器、存储单元等）采用 UPS 供电，如图 5-1-2、图 5-1-3 所示。

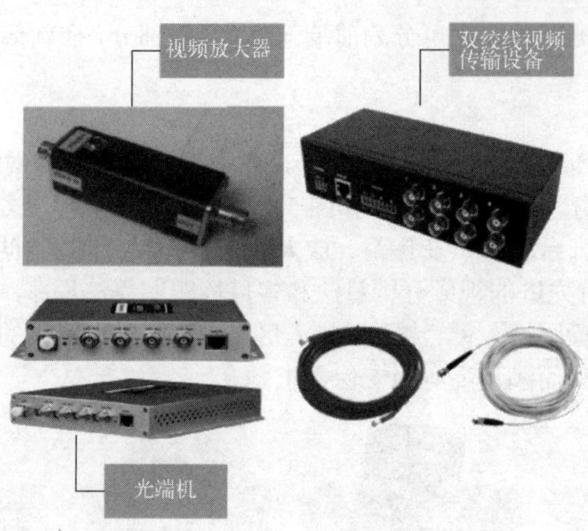

图 5-1-2 传输部分设备组成

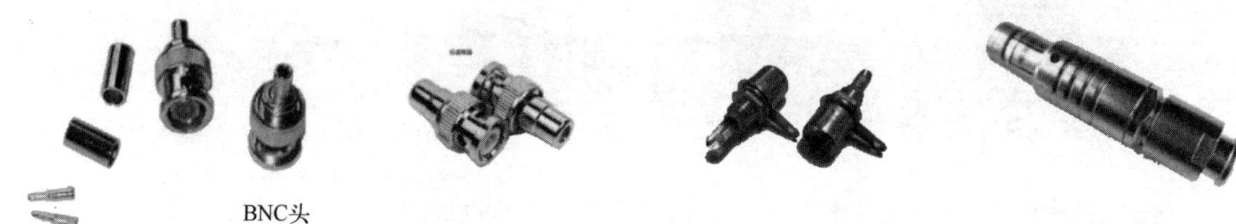

图 5-1-3 常见连接器

① 传输分配部分：一方面将摄像机输出的视频信号馈送到数据中心机房或其他监视点，另一方面将控制中心的控制信号传送到现场，如图 5-1-4 所示。

② 传输方式：无论是视频信号、音频信号还是控制信号，都必须借助介质才能进行传输。

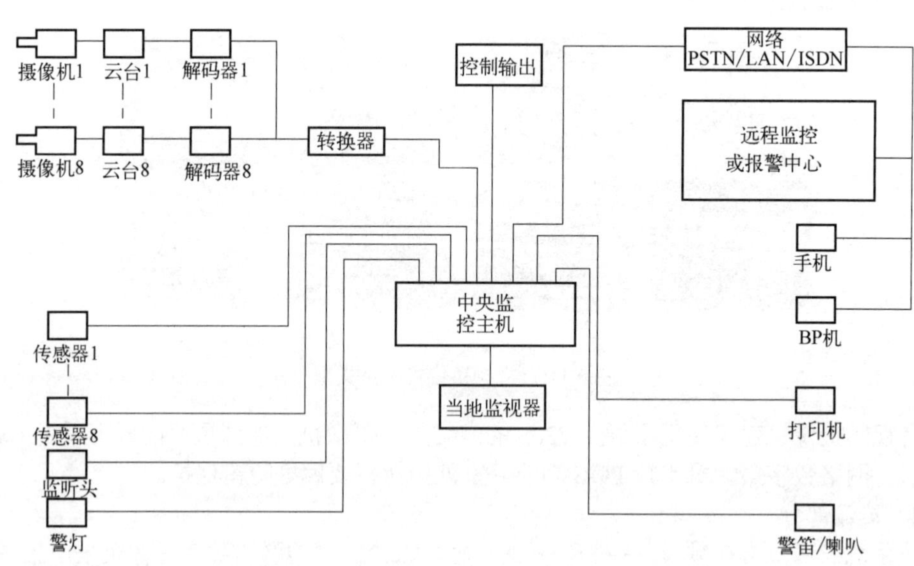

图 5-1-4 数字类视频监控系统传输分配图

承担传输的介质可归结为两类，即有线和无线。用于安防系统的视频监控系统一般采用有线传输方式，对应的传输介质有同轴电缆、光纤、双绞线，如图 5-1-5 所示，对应的传输设备有视频放大器、共享传输设备、双绞线视频传输设备、光端机等，如图 5-1-6 所示。

图 5-1-5　有线传输介质

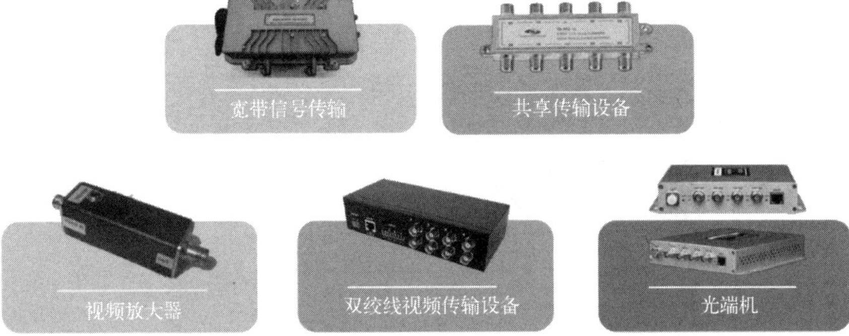

图 5-1-6　传输设备

③ 控制信号的传输方式：

a. 直接控制：将控制命令直接通过多路导线送至被控设备。

b. 编码控制：将全部控制命令编码后再传输，传输到控制设备后再解码，还原成直接控制命令，如图 5-1-7 所示。

（3）控制部分

控制部分是整个系统的“心脏”和“大脑”，是实现整个系统功能的指挥中心。

控制部分主要由总控制台实现控制功能。总控制台实现的主要功能有视频信号放大预分配、图像信号的校正与补偿、图像信号的切换、图像信号（或包括声音信号）的记录、摄像机及其辅助部件（如镜头、云台、防护罩等）的控制（遥控）等，如图 5-1-8、图 5-1-9 所示。

① 控制部分的组成：视频矩阵切换器、多画面处理器和镜头云台控制器等，如图 5-1-10 所示。

② 控制部分的分类：控制部分按其控制区域的不同可分为电源控制、云台控制、镜头控制、切换控制、摄像控制及防护罩控制，如图 5-1-11 所示。

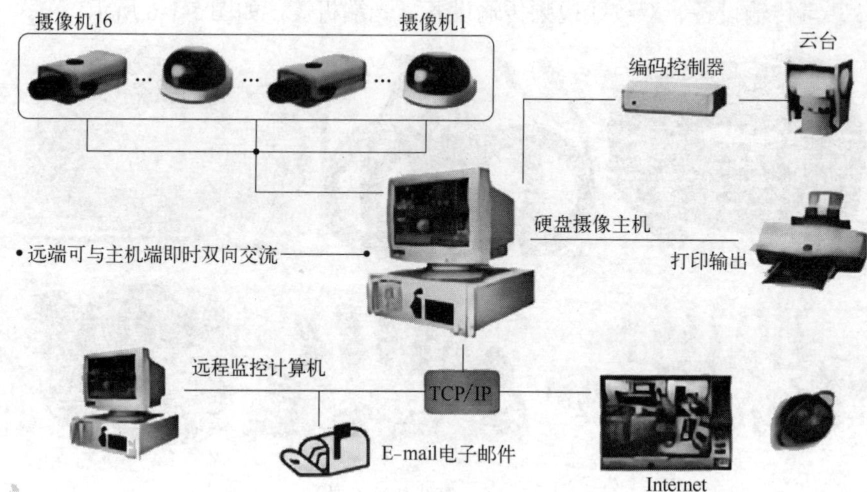

图 5-1-7　控制信号的传输方式

图 5-1-8　数据中心总控制台

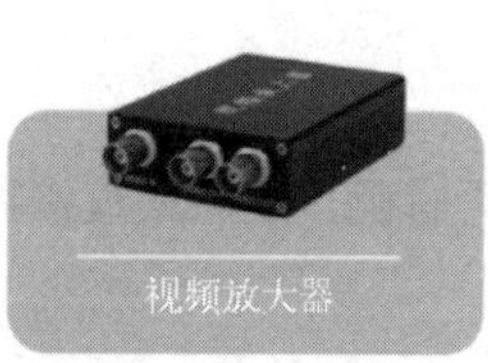

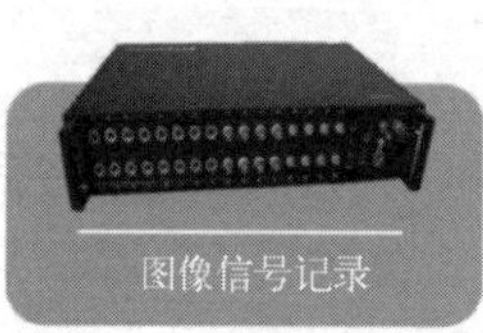

图 5-1-9　总控制台主要的功能模块

图 5-1-10　控制部分的组成

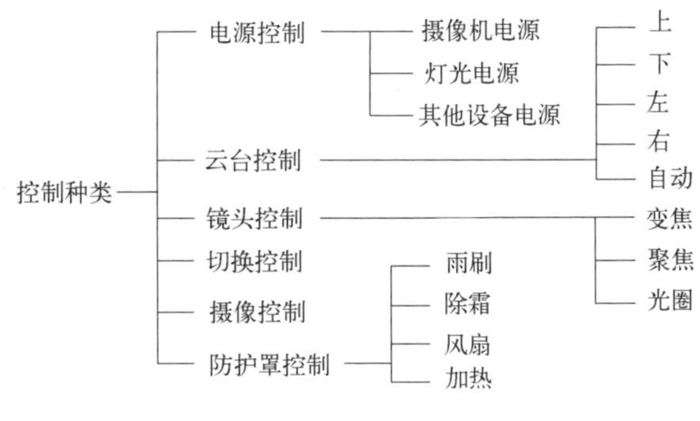

图 5-1-11　控制部分分类

（4）显示与记录部分

显示部分一般由几台或多台监视器（或带视频输入的电视机）组成。它的主要功能是将传送过来的图像显示出来。在视频监控系统中，尤其是由多台摄像机组成的视频监控系统中，一般是几台摄像机的图像信号用一台监视器轮流切换显示，而不是一台监视器对应一台摄像机进行显示，如图 5-1-12 所示。目前出现的 BSV 液晶拼接跨屏显示，可实现画中画显示功能。显示与记录部分的组成如图 5-1-13 所示。

图 5-1-12　显示与记录设备

图 5-1-13　显示与记录部分的组成

三、入侵报警系统

入侵报警系统是利用电子信息技术和传感器技术探测试图非法进入设防区域（包括主观判断面临被抢劫或遭抢劫或其他危急情况，以及故意触发紧急报警装置）的行为，处理报警信息并发出报警信息的电子系统或网络。入侵报警系统也称防盗报警系统。

1. 入侵报警系统组成及工作原理

入侵报警系统架构与组成如图 5-1-14、图 5-1-15 所示。入侵报警系统由探测器、防区模块、报警主机、网络设备、管理服务器、平台软件等组成。前端探测装置形式多样，有双鉴探测器、玻璃破碎探测器、振动探测器、红外探测器等。除此之外，入侵报警技术包括人工智能视频分析技术、行为分析技术等。

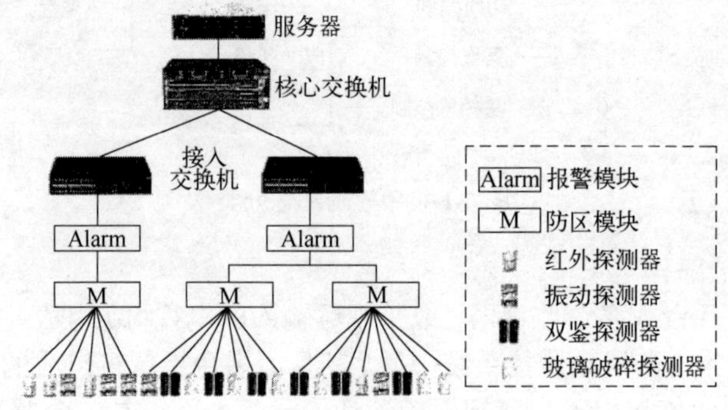

图 5-1-14　入侵报警系统架构

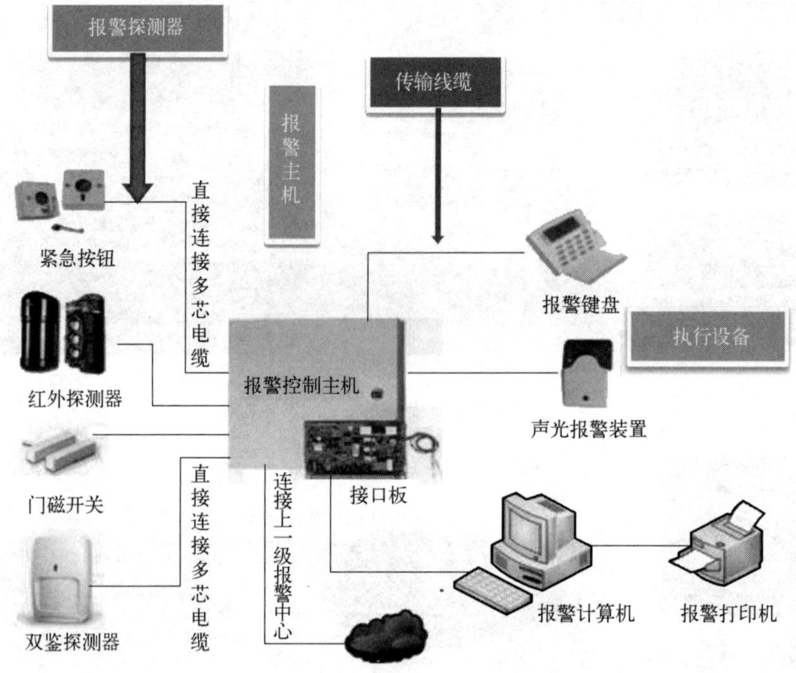

图 5-1-15　入侵报警系统组成

如有突发事件，报警探测器利用微波或红外等技术，自动检测监测区域内发生的入侵行为，并将相应信号传输至报警监控中心的报警主机，主机根据预先设定的报警策略驱动相应输出设备执行相关动作。如自动启动视频监控系统进行摄像，同时通过声光报警或电子地图提示值班人员出事地点，便于其迅速采取应急措施。

2. 入侵报警系统的主要设备

入侵报警系统的主要设备有报警探测器、信道、报警控制器、验证设备及其他配套部分，如图 5-1-16、图 5-1-17 所示。

（1）报警探测器

报警探测器俗称探头，一般安装在监测区域现场，主要用于探测入侵行为或其他不正常行为，由此产生报警信号源。它是由电子元件和机械部件所组成的装置。其核心零件是采用不同原理制成的传感器，可以构成不同种类、不同用途、达到不同探测目的的报警探测装置。

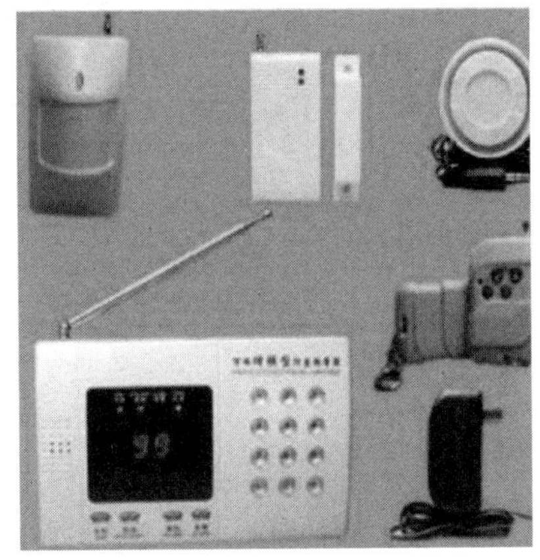

图 5-1-16　入侵报警系统主要设备

对报警探测器使用性能的要求如下所述。

① 报警探测器应有防拆保护、防破坏保护。当报警探测器受到破坏、拆开外壳，或信号传输线短路、断路，以及并接其他负载时，报警探测器应该发出报警信号。

② 报警探测器应有抗小动物干扰的能力。在探测范围内如有直径 30mm、长度为 150mm 的具有与小动物类似的红外辐射特性的圆筒形物体，报警探测器不应产生报警。

③ 报警探测器应有抗外界干扰的能力。报警探测器与对射束轴线成 15º，对更大一些的任何外界光源的辐射干扰信号应不产生误报。

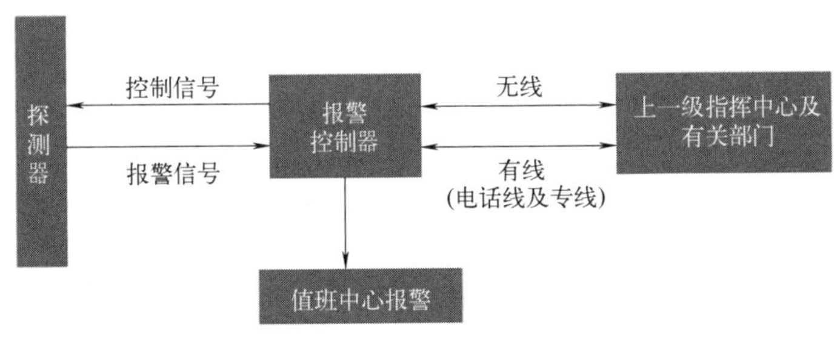

图 5-1-17　入侵报警系统示意图

④ 报警探测器应有承受常温气流和电磁波干扰的能力，不产生误报。

⑤ 报警探测器能承受电火花的干扰。

⑥ 报警探测器可在下列条件下工作:

室内-10～55℃，相对湿度≤95%；室外-20～75℃，相对湿度≤95%。

一般根据不同的防范场所选用不同的信号传感器，如气压、温度、振动、速度传感器等，来探测和预报各种危险情况。

（2）信道

信道（传输系统）是探测点信号传送的通道，负责在探测器和报警控制中心之间传递信息（探测电信号）。

信道的种类较多，通常分为有线信道（如双绞线、同轴电缆或光缆等）和无线信道（一般是调制后的微波）两类。

（3）报警控制器

报警控制器（图 5-1-18）是报警控制中心的主机系统，它由信号处理器和报警装置等设备组成，处理传输系统传来的各类现场信息。

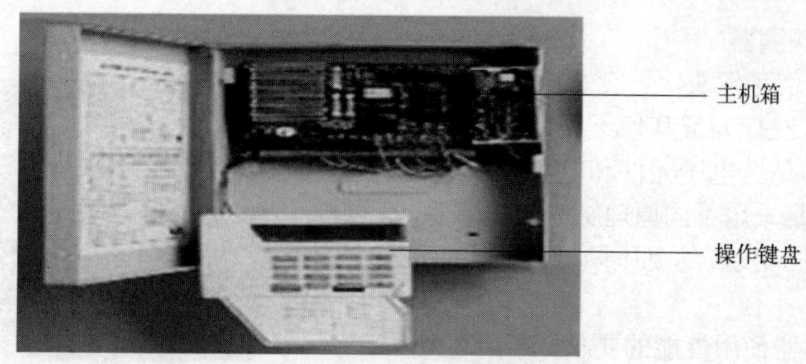

图 5-1-18 报警控制器

对报警控制器使用性能的要求如下所述。

① 报警控制器应能直接接收来自报警探测器发出的报警信号，发出声光报警，并能指示入侵发生的部位。声光报警应能保持到手动复位，如果再有报警信号输入，应能重新发出声光报警。

② 报警控制器向与该机连接的全部报警探测器提供直流工作电压。

③ 报警控制器应有防破坏功能。当连接报警探测器和报警控制器的传输线发生断路、短路或并接其他负载时，应能发出声光报警。

④ 报警控制器能对控制系统进行自检。

⑤ 报警控制器应有较宽的电压适应范围。当主电源电压变化±15%时，不需要调整仍能正常工作。

⑥ 报警控制器应具有备用电源。当主电源断电时，能自动切换到备用电源供用，而当主电源恢复后，又能自动恢复主电源供电。切换时控制器仍能正常工作，不产生误报。备用电源应能满足系统要求，并可连续工作 24h 以上。

⑦ 报警控制器应有较高的稳定性，平均无故障工作时间分为三个等级：A 级：5000h；B 级：20000h；C 级：60000h。

⑧ 报警控制器应在额定电压和额定负载电流下工作。警戒、报警、复位循环 6000 次，不允许出现电气的或机械的故障，也不应有器件的损坏和触点粘连。

⑨ 由于报警探测器有时会产生误报，通常报警控制器会对某些重要部位的监控采用声音和视频复核。

（4）验证设备

验证设备即声、像验证系统。由于报警器不能做到绝对的不误报，所以往往附加视频监控和声音监听等验证设备，以确切判断现场发生的真实情况，避免安保人员因误报而疲于奔波。

（5）其他配套部分

安保人员根据监控中心及报警控制器发出的报警信号，迅速前往出事地点，抓获入侵者，中断其入侵活动。没有安保力量，不能算作完整的入侵报警系统。

3. 入侵报警系统的组建模式

根据信号传输方式的不同，入侵报警系统组建宜采用分线制、总线制、无线制、公共网络模式。

四、出入口控制系统

1. 出入口控制系统的介绍

出入口控制系统是利用自定义符识别模式/识别技术对出入口目标进行识别并控制出入口

执行机构启闭的电子系统或网络。

出入口控制系统是采用现代电子技术、计算机技术和通信技术在建筑物内外的出入口对有关人员或车辆的进、出进行识别及对通道门进行自动控制，实施放行、拒绝、记录和报警等操作的电子自动化控制系统，也称为门禁管理系统。

2. 出入口控制系统的工作原理

出入口控制系统按照人的活动范围预先制作出各种层次的卡或预定密码，在相关的大门出入口、贵重物品库门、档案室门、电梯门等处安装识别设备，用户持有效卡或密码方能通过或进出。由识别设备接收信息，经解码后送控制器判断，如果符合要求，门禁被开启，否则报警，如图 5-1-19、图 5-1-20 所示。

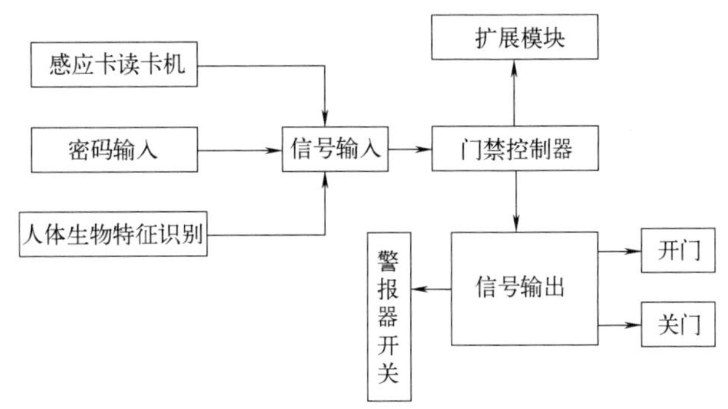

图 5-1-19　出入口控制系统的工作原理示意图

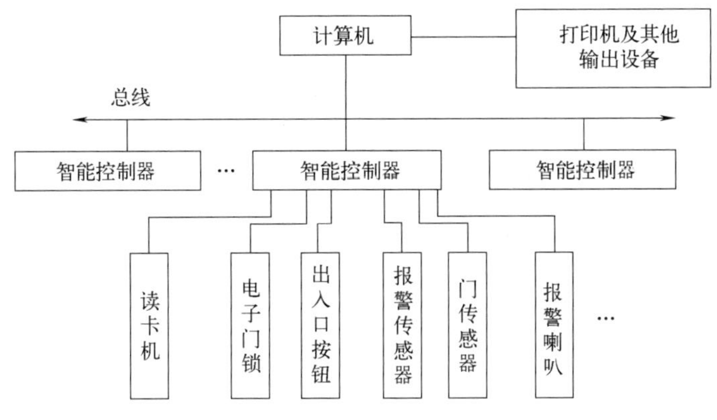

图 5-1-20　出入口控制系统的设备层次

3. 出入口控制系统的功能

（1）基本功能

① 对通道进行权限管理；

② 实时监控功能；

③ 出入口记录查询；

④ 异常报警功能。

（2）特殊功能

① 反潜回功能；

② 防尾随功能；

③ 消防报警监控联动功能；

④ 网络设置管理监控功能；

⑤ 逻辑开门功能。

4. 出入口控制系统的组成

（1）系统组成

出入口控制系统主要由识读部分、传输部分、管理/控制部分和执行部分及相应的系统软件组成。如图 5-1-21 所示。

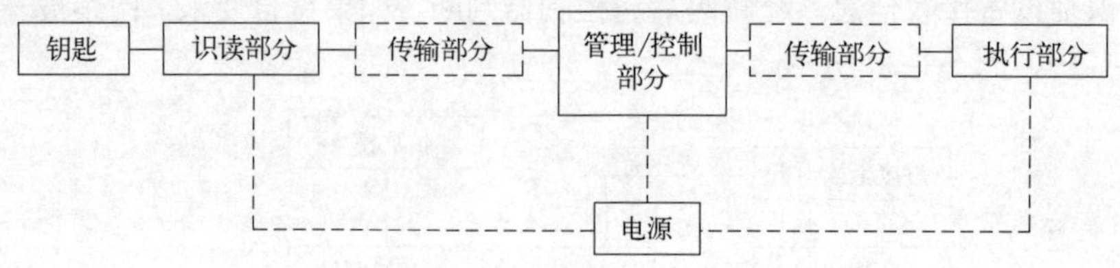

图 5-1-21　出入口控制系统的组成

① 识读部分。

识读部分通过提取出入目标的信息并将其转化为一定格式的数据传递给管理与控制部分，管理与控制部分再与所存储的资料对比，确认同一性，核实目标的情况，以便进行各种控制和管理（图 5-1-22）。

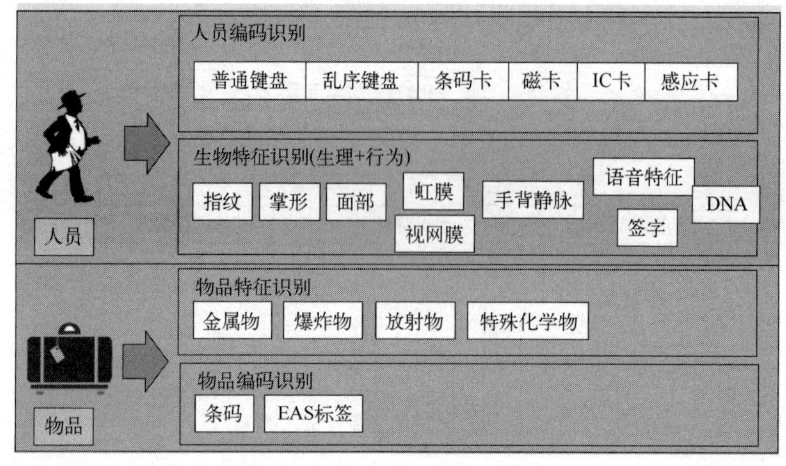

图 5-1-22　识读部分功能

② 传输部分。

传输部分实现上位机与控制器之间的信息交换（图 5-1-23）。在计算机控制系统中使用较多的是并行通信、串行通信、无线通信等。在门禁系统中主要使用的传输方式是 RS-232、RS-485、CAN 总线及 TCP/IP 等。

③ 管理/控制和执行部分。

管理/控制和执行部分主要由门禁控制器和电锁构成，以实现读卡信号的接收、处理和开/关锁信号的发送、执行。

a. 门禁控制器。门禁控制器是门禁管理系统的核心部分，它负责整个系统输入、输出信息的处理和存储、控制等。它验证门禁读卡器输入信息的可靠性，并根据出入规则判断其有效性，若有效，则对执行部件发出动作信号。

按控制门分类，门禁控制器可分为单门控制器、单门双向控制器、双门单向控制器、双门双向控制器、四门单向控制器、四门双向控制器、多功能控制器。

按通信方式分类，门禁控制器常见的有 RS-485 和以太网等类型。

b. 电锁。门禁控制器控制门开、闭的主要执行机构是各类电锁，包括电插锁、磁力锁、电锁口和电控锁等，是门禁系统中锁门的执行部件。

（2）出入口控制系统（门禁系统）分类

出入口控制系统根据联网与否分为独立型门禁系统和联网型门禁系统，如图 5-1-23、图 5-1-24 所示。

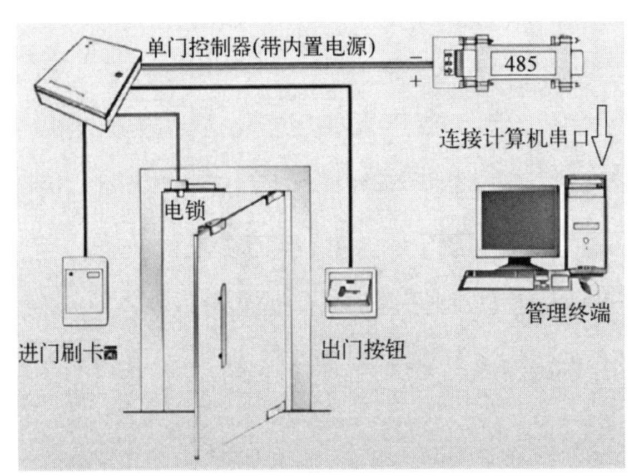

图 5-1-23 独立型门禁系统

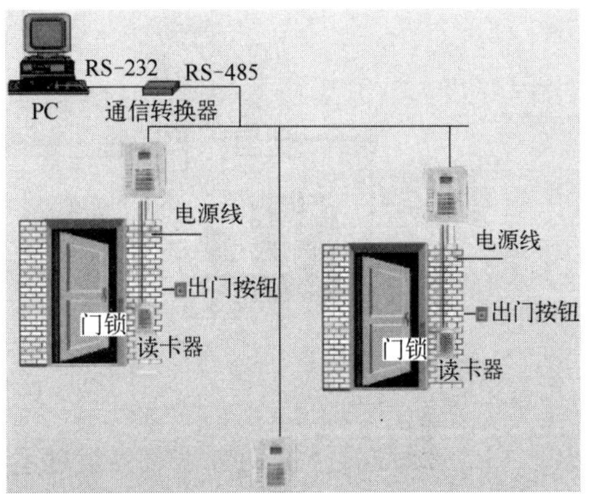

图 5-1-24 联网型门禁系统

五、电子巡更系统

1. 电子巡更系统设计原理

目前，电子巡更系统有两种实现方式，即无线巡更方式和在线巡更方式。在设计巡更系统时，可以根据数据中心管理模式的需要进行选择。

无线巡更方式由巡检器、管理计算机、专用通信座、巡更按钮等设备组成。在巡查路线上设置若干巡更点，安保人员按照规定路线巡更时，使用手持巡检器依次读取巡更点，通过专用通信座将数据上传到计算机后台管理中心，由智能巡更管理软件自动对该次巡更任务进行评估，评估安保人员是否按照规定路线、规定时间巡更，并可将评估结果用打印机打印输出。

在线巡更方式可以在出入口控制系统的基础上，配备相应的巡更软件模块，利用已有的门禁读卡器作为巡更设备，或针对重要位置设置专门的巡更读卡器来实现，将巡更卡片进行发卡授权，设置成巡更卡类别，但巡更卡不能刷卡开门。

2. 巡更系统主要功能

① 巡更路线管理：定义巡更路线，包括巡更点、巡更时间等，可以导出巡更路线信息，也可以利用导入工具将事先定义好的巡更路线批量导入到系统中。

② 巡更实时查询（在线巡更）：实时显示当前每条巡更路线的状况。

③ 巡更记录历史查询：将查询时间范围内的巡更记录以图形化的界面进行显示，采用不同颜色的图形区分巡更记录正常与否。

④ 巡更记录报表：采用表格形式显示，可以导出。

3. 在线巡更系统

在线（有线）巡更系统（图 5-1-25）将数据识读器安装在监控区域重要部位（需要巡检的地点），再用线路连接到控制中心的计算机主机上。

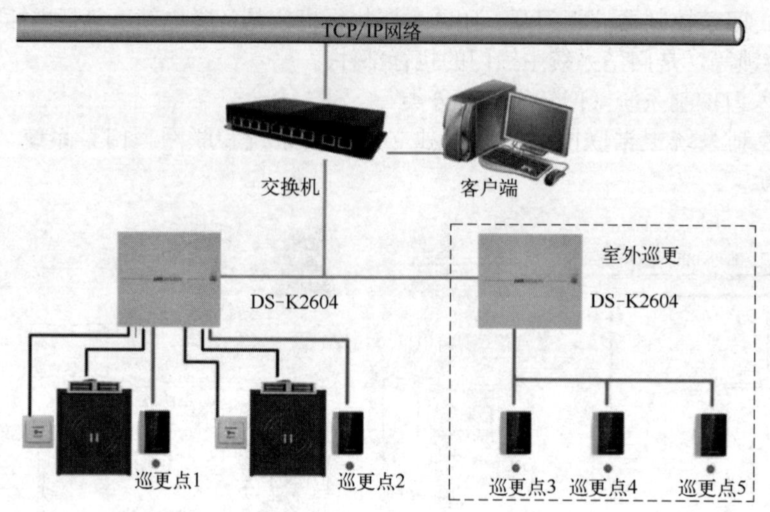

图 5-1-25　在线巡更系统

（1）在线巡更系统通常和门禁管理系统结合在一起

利用现有门禁系统的读卡器规定巡更路线，安保人员按规定的时间和路线在读卡器上对固定的智能卡进行识读，实现巡更信号的实时输入，门禁系统的读卡器实时将巡更信号传到门禁控制中心的计算机上，通过巡更系统软件就可以解读巡更数据，既能实现巡更功能，又能节省造价。此系统通常在有读卡器的单元门主机系统中应用。

（2）在线巡更系统与入侵报警系统结合在一起

利用现有入侵报警系统的报警接口进行实时的巡更管理。多防区报警控制主机采取总线控制形式，通过总线地址模块与巡更开关相连。通过报警控制主机的软件系统对巡更路线、时间进行设置，安保人员按照设定的路线、时间进行巡更，巡更信息及时回送到报警主机，安保人员未按规定时间、路线进行巡更时系统会报警，提醒值班人员关注安保人员的动向，判断是否会有异常情况出现。

（3）在线（有线）巡更系统的缺点

在线（有线）巡更系统需要布线，施工量很大，成本较高；在室外安装的传输线路容易遭到人为破坏，需要设置专人值守监控计算机；系统维护费用高；已经修好的建筑物再配置在线巡更系统就更困难了。

4. 离线巡更系统

离线（无线）巡更系统由信息钮、巡更棒、通信座或传输线及计算机和管理软件组成。离线（无线）巡更系统先将信息钮安装在区域重要部位（需要巡检的地点），然后安保人员根据要求的时间沿指定路线巡更，用巡更棒逐个阅读沿路的信息钮，并记录信息钮的数据。安保人员巡更结束后将巡更棒通过通信座与计算机连接，将巡更棒中的数据输送到计算机中，在计算机中进行统计、存储。原理如图 5-1-26 所示。

离线巡更系统可分为感应式和接触式两种，常见组成部件如图 5-1-27～图 5-1-30 所示。

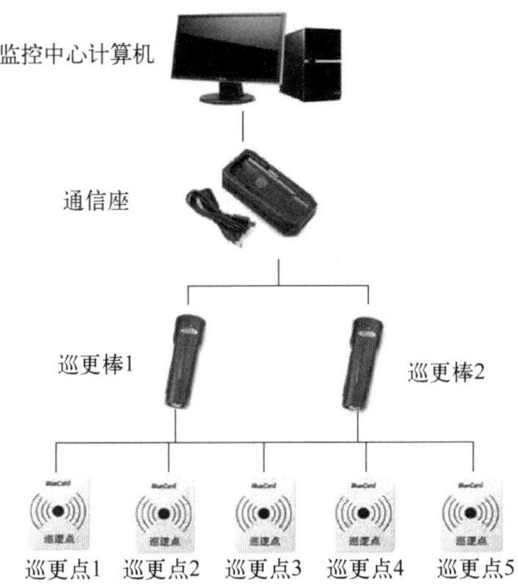

图 5-1-26 离线（无线）巡更系统

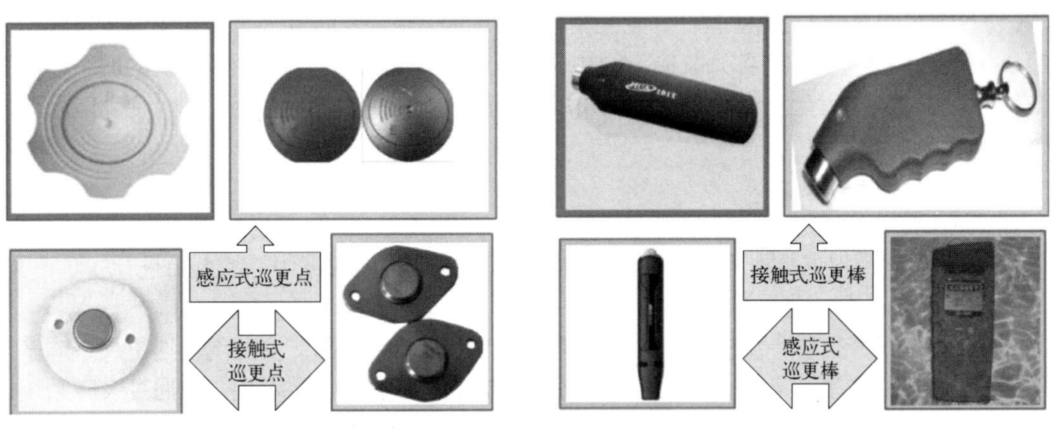

图 5-1-27 常见信息钮

图 5-1-28 常见巡更棒（巡更巡检器）

图 5-1-29 通信座

图 5-1-30 传输线

离线巡更系统优缺点：

缺点：安保人员的工作情况不能随时反馈到中央监控室，但如果能够为安保人员配备对讲机，就可以弥补它的不足。

优点：离线巡更系统无须布线，方便快捷，系统投资少，安全可靠，寿命长，目前全国各地95%以上是离线巡更系统。感应式巡更系统中，感应式巡更棒靠近巡更点即可读取信息，不受灰尘、雨、雪、冰等环境影响，使用方便。当前主要使用的是感应式巡更系统。

六、综合安防系统联动

为了便于集成管理和集中控制，通常在控制中心建立一个综合安防管理平台。各安防子系统既相对独立，履行各自的安全防范功能，又通过通信接口交换系统数据信息，实现基于综合安防管理平台的集中控制功能。

1. 综合安防系统功能

综合安防系统联动可以实现对入侵报警系统、数字视频监控系统、出入口控制系统、电子巡更系统等各安防系统的集成，并在统一的电子地图中显示出入口控制状态、数字视频监控系统图像、报警信息和巡更状态，对各系统状态事件进行记录及打印，并能对来自消防报警系统、各分区安防设备系统的信号作出处理。建立以上各系统之间事件的触发和联动的逻辑关系，并通过综合安防管理平台向功能区域集成管理平台的各系统发出响应和联动指令，同时完成与数据中心管理系统必要的数据交换。

综合安防管理平台与其对应的安防系统的集成，是通过标准接口或协议（如OPC协议、OCX协议或免费开放的SDK软件开发工具包）实现的。综合安防管理平台的关键接口的网关位于平台与各系统中间，把各系统的不同协议转换为统一的通信协议，形成统一的网络通信平台。同时，综合安防管理平台给智能分区集成管理平台提供标准的通信接口，以便功能区域内智能化系统的综合管理。

2. 综合安防系统运行

综合安防系统运行主要涉及授权管理、监控和报警处理、统计和分析等工作。

① 授权管理：根据数据中心设置的授权程序，对需要进入数据中心的人员进行安防授权，未经授权的人员，禁止进入数据中心。

② 监控和报警处理：监视各被监控部位、监控人机操作界面；安防现场巡更或系统值班人员巡查，如有异常情况，系统主动报警策略按设定的程序启动异常报警，并通过安防系统记录数据并存档。

③ 统计和分析：统计安防事件触发的次数，分析安防报警，分析安全分区设置，完善安防措施和策略。

3. 综合安防系统维护

综合安防系统维护主要是对监控设备、监控软件、设备连接的维护，包括监控系统前端设备的清理、设备除尘、误差测试、精度调整、位置调整、报警测试、设备维修及更换、故障排除等；安防系统设备线路检测（系统自动检测、人工巡视检查、现场抽查）、隐患排查、故障排除、监控软件检测、软件维护、软件升级、数据备份、故障排除等。

4. 综合安防系统应急

安防系统应急主要是针对重点设备。如视频摄像机使用不间断电源，在视频网络或服务不可用时，视频摄像机设置有SD卡以用于备份，待网络和服务器恢复后进行上传；门禁系统应急是门禁系统使用不间断电源供电，网络或服务器不可用时，由于授权服务存储在门禁设备本地，不影响门禁系统使用，只是新的授权和远程控制失效，待网络和服务器恢复后，可以将中断期间的事件上传到服务器。

单元二　综合布线系统的运维与应急

一、综合布线系统组成

1. 综合布线系统

所谓综合布线，是指按统一、标准和简单的结构方式编制和布置各种建筑物（或建筑群）内各种系统的通信线路，包括网络系统、电话系统、监控系统、电源系统和照明系统等。综合布线系统是一种通用标准的信息传输系统。

综合布线系统是数据中心智能化办公室建设数字化信息系统的基础设施，是将所有语音、数据等系统进行统一规划设计的结构化布线系统，为办公提供信息化、智能化的物质支持，支持语音、图文、视频等多媒体综合应用。

2. 综合布线的主要特点

综合布线同传统布线相比较有着许多优越性，其特点主要表现在具有兼容性、开放性、灵活性、可靠性、先进性和经济性，而且在设计、施工和维护方面同传统布线相比较也方便许多。

（1）兼容性

兼容性是综合布线的首要特点。所谓兼容性，是指综合布线本身是完全独立的，与应用系统相对无关，可以适用于多种应用系统。过去，一幢大楼或一个建筑群内的语音或数据线路的布线，往往选用不同厂家生产的电缆线、配线插座及接头等。例如，用户交换机通常采用双绞线，计算机系统通常采用粗同轴电缆或细同轴电缆。这些不同的设备使用不同的配线，而连接这些不同配线的接头、插座及端子板也各不相同，彼此很难兼容，一旦需要改变设备的位置，就必须敷设新的线缆，以及安装新的插座和接头。

在使用综合布线时，用户不用专门定义某个工作区的信息插座的具体应用，只要把某种终端设备（如个人计算机、电话、视频设备等）插入这个信息插座，然后在管理间和设备间的连接设备上做相应的接线操作，这台终端设备就被接入到相应的系统中了。

（2）开放性

对传统布线来说，只要用户选定了某种设备，也就选定了与之相适应的布线方式和传输介质。如果更换另一设备，那么原来的布线就要全部更换。对于已经完工的建筑物，这种更换是十分困难的，要增加很多工作量与额外的投资。

而综合布线由于采用开放式结构体系，符合多种国际上现行的标准，因此它几乎对著名厂商的所有产品都是开放的，如计算机设备、交换机设备等，并支持所有通信协议，如 ISDN、100Base-T、1000Base-T、10GBase-T 等。

（3）灵活性

传统布线是封闭的，其体系结构是固定的，若要迁移设备或增加设备是相当困难的，甚至是不可能的。

综合布线采用标准的传输线缆和连接硬件并采用模块化设计，因此所有通道都是通用的。每条通道可支持终端、以太网工作站及令牌环网工作站。所有设备的开通及更改均不需要改变布线，只需要增减相应的硬件设备以及在配线架上进行必要的跳线管理即可。另外，组网也灵活多样，甚至在同一房间可以多用户终端、以太网工作站、令牌环网工作站并存，为用户组织信息流提供了必要条件。

（4）可靠性

传统布线由于各个应用系统互不兼容，因而在一幢建筑物中往往要有多种布线方案。建筑物中整体系统的可靠性要由所选用的各应用系统布线的可靠性来保证，当各应用系统布线不当时，还会造成交叉干扰。

而综合布线可采用高品质的材料和组合压接方式构成一套标准的信息传输通道。所有线槽和相关连接件均要通过 ISO 认证，每条通道都要采用专用仪器测试链路阻抗及衰减率，以保证其电气性能。应用系统布线全部采用点到点端接的方式，任何一条链路故障均不影响其他链路的正常运行，相比传统布线，为链路的运行维护及故障检修提供了方便，从而保障了应用系统的可靠性。各应用系统通常采用相同的传输介质，因此可互为备用，提高了备用冗余。

（5）先进性

相比传统布线，综合布线采用双绞线与光纤混合布线方式，极为合理地构成一套完整的布线系统。语音干线部分用铜缆，数据干线部分用光缆，可为同时传输多路实时多媒体信息提供足够的带宽容量。所有布线均采用最新通信标准，链路均按八芯双绞线配置。超 5 类双绞线带宽可达 100MHz，6 类双绞线带宽可达 250MHz，超 6 类双绞线带宽可达 500MHz。对于有特殊需求的用户，可把光纤引到桌面（fiber to the desk）。

（6）经济性

综合布线相比传统布线，因综合布线的先进性、灵活性等，使其适应能力更强，应用时间更长，维护维修更为方便。传统布线无论是改造还是维护、维修，都很费时间，资金消耗大，其经济性远远不及综合布线。

综合布线比传统布线大为简化，可节约大量的物资、时间和空间，极大地降低了维护、维修的难度和成本。

3. 综合布线系统组成

在国家标准《综合布线系统工程设计规范》（GB 50311—2016）中规定，综合布线系统可由工作区子系统、配线（水平）子系统、干线（垂直）子系统、建筑群子系统、设备间子系统、进线间子系统和管理子系统七个部分组成（图 5-2-1）。

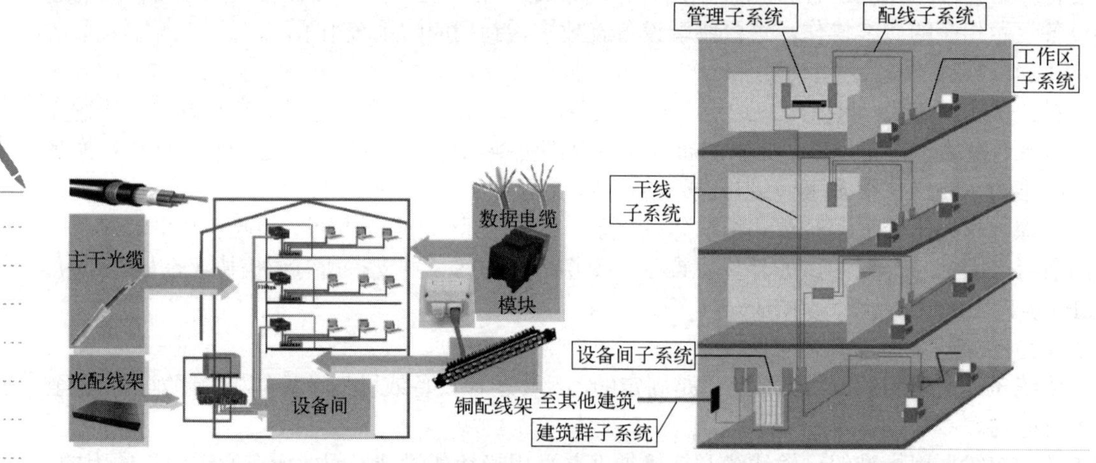

图 5-2-1　综合布线系统组成

（1）工作区子系统

工作区是一个独立的需要设置终端设备（TE）的区域。工作区应由配线子系统的信息插座模块（TO）延伸到终端设备处的连接缆线及适配器组成。

（2）配线子系统

配线子系统由工作区的信息插座模块、信息插座模块至电信间的配线设备（FD）的配线电缆和光缆、电信间的配线设备及设备缆线和跳线组成。

（3）干线子系统

干线子系统由设备间至电信间的干线电缆和光缆、安装在设备间的建筑物配线设备（BD）及设备缆线和跳线组成。

（4）建筑群子系统

建筑群子系统由连接多个建筑物的主干电缆和光缆、建筑群配线设备（CD）及设备缆线和跳线组成。

（5）设备间子系统

设备间是在每幢建筑物适当地点设置的进行网络管理和信息交换的场地。

（6）进线间子系统

进线间用于建筑物与外部通信，在信息管线的入口部位，并可作为入口设备和建筑群配线设备的安装场地。

（7）管理子系统

管理子系统应对工作区、电信间、设备间、进线间的配线设备、缆线、信息插座模块等按一定的模式进行标识和记录。

综合布线拓扑图如图 5-2-2 所示。

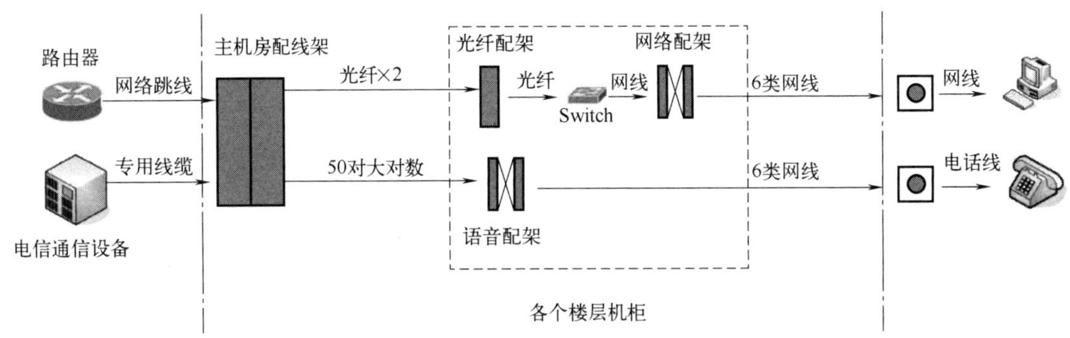

图 5-2-2　综合布线拓扑图

4. 综合布线注意事项

根据多年结构化布线和排除故障的经验，总结出综合布线时需要注意的事项。

① 硬件要兼容。在选择网络设备时，尽量使所有网络设备都是同一厂家的产品，这样可以最大限度地减少高端与低端甚至是同等级别不同设备间的不兼容问题。一定要选择有质量保证的网络基础材料，如跳线、面板、网线等。

② 正确处理布线后多余的线材、设备，严格遵循管理制度。

③ 防磁干扰。大功率用电器附近会产生磁场，该磁场就会对附近的网线产生一定的作用，生成新的电场，网线中正常传输的电信号会出现信号减弱或丢失的情况。

④ 高效散热。通常在高温环境中，设备故障率明显升高。例如，当 CPU 风扇散热不佳时，计算机系统经常会有死机或自动重启，网络设备也是如此，高速的 CPU 与核心组件的良好运行需要有一个合适的工作环境，温度太高会受到损坏。特别是对于核心设备及服务器来说，需要把它们放置在一个专门的机房中进行管理，并且必须配备空调等降温设备进行降温。

⑤ 正确连接线缆。网线有很多种，如交叉线、直通线等，不同的线缆在不同的情况下有不同的用途。如果混淆种类随意使用，就会出现网络不通的情况。因此，在结构化布线时，一定要特别注意分清线缆的种类，正确选择线缆，按规范正确连接线缆。

⑥ 留足网络接入点。多数情况下在结构化布线过程中没有考虑未来的升级性，网络接口

数量很有限，只够目前使用，如果将来布局出现变化，就会出现设备无法接入网络的问题。因此，在结构化布线时需要事先留出一倍的网络接入点。

二、综合布线系统的运行与维护

1. 综合布线系统运行

综合布线系统运行通过综合布线管理系统平台来管理，其是一套将综合布线模型化后导入数据库的系统。其对设备、链路、信息点、终端相关人员实施精确、高效的管理。该系统的发展经历了四个主要的阶段，分别是手写记录、电子表格、第一代布线管理软件、新一代布线管理系统。最新的布线管理系统与布线硬件结合，可为网络管理员提供从桌面或任何场外地点实时记录和管理整个物理层的准确的、自动化的方案，其已发展成具有一定智能的基础设备综合管理系统。常用基于 Windows 带有数据库的软件系统作为综合布线管理系统软件，其功能要求如下：

① 支持 SNMP 网络管理协议和网络管理平台。

② 支持 IP 设备自动发现和管理功能。

③ 支持多用户模式。

④ 支持 CAD 导入功能。

⑤ 实现实时追踪功能。

⑥ 内置多种管理模式。

⑦ 实现电子文档管理。

⑧ 与任何标准的铜缆或光缆跳线兼容。

⑨ 设计简单、灵活。

⑩ 易于提供配线架总线，不需使用特殊连接线。

⑪ 机架管理单元不会对布线系统有干扰。

综合布线系统主要实现对布线资源的综合管理与对综合布线的监控（需配置综合布线监控系统），包括园区光缆井、数据中心机房楼进线室、传输设备机房至各数据中心机房光缆、园区楼间光缆、层间管理及光纤配线架等。运行主要是确保现有综合布线状态正常，包括防止连接关系被异常改变、连接异常中断。

2. 综合布线系统维护

综合布线系统维护内容见表 5-2-1。

表 5-2-1　综合布线系统维护内容

序号	内容
1	定期对机房内综合布线系统的线缆、线槽进行清洁
2	对综合布线系统进行外观检查，对于综合布线桥架变形、紧固件松动与脱落等异常情况进行修复，防止综合布线辅助支撑系统损坏影响线缆受力，进而可能影响传输质量
3	检查光纤、铜缆、配线架、面板等标签，处理脱落、损坏、磨损不清晰等问题，保持标签的完整性、整洁性、易查看
4	对异常线路进行信号检测，排查故障
5	对于局部线路变更，进行线缆敷设、跳线处理等工作，并完善系统信息
6	定期检查线路变更记录并现场校验

3. 综合布线系统应急

综合布线系统应急主要包括线路或桥架等意外损坏的紧急修复与处理。对于监控功能完善的系统，可以通过监控功能定位故障线路，现场采用备用线路替换、更换临时线缆并进行修复等工作。对于监控功能不完善的系统，突发线路问题时，按照系统架构缩小故障排查范围，定位故障，然后进行故障修复，最后完善系统信息、标签、故障报告等内容。

单元三　IT 基础设备系统的运维与应急

一、交换机的原理及应用

1. 交换机

交换机是一种网络硬件，主要用于数据链路层。交换机（Switch）意为“开关”，是一种用于电（光）信号转发的网络设备。它可以为接入交换机的任意两个网络节点提供独享的信号通路。最常见的交换机是以太网交换机。其他常见的还有电话语音交换机、光纤交换机等。

2. 交换机的原理

交换机工作于 OSI 参考模型的第二层，即数据链路层。当每个端口成功连接时，交换机内部的 CPU 通过将 MAC 地址和端口对应，形成一张 MAC 表，在以后的通信中，发往 MAC 地址的数据包将仅送往其对应的端口，而不是所有的端口，即交换机能够记录 MAC 地址信息，实现双方的单播通信。因此，交换机可用于划分数据链路层广播，即冲突域；但它不能划分网络层广播，即广播域。

交换机拥有带宽很高的背部总线和内部交换矩阵。交换机的所有端口都挂接在这条背部总线上，当控制电路收到数据包以后，处理端口会查找内存中的地址对照表以确定目的 MAC 地址（网卡的硬件地址）的 NIC（网卡）挂接的端口，通过内部交换矩阵迅速将数据包传送到目的端口，如果目的 MAC 地址不存在，则会广播到所有的端口，接收端口回应后，交换机会“学习”新的 MAC 地址，并把它添加到内部 MAC 地址表中。使用交换机也可以以 IP 地址表把网络“分段”，通过对照 IP 地址表，交换机只允许对应的网络流量通过交换机。通过交换机的过滤和转发，可以有效地减少冲突域。

（1）交换机的端口功能

交换机可以同时进行多个端口对之间的数据传输。每一端口都可视为独立的物理网段（非 IP 网段），连接在其上的网络设备独自享有全部的带宽，无须同其他设备竞争使用。例如，当节点 A 向节点 C 发送数据时，节点 B 可同时向节点 D 发送数据，而且这两组传输有着自己的虚拟连接，享有网络的全部带宽。假使这里使用的是 10MB/s 的以太网交换机，那么该交换机这时的总流通量就等于 2×10MB/s=20MB/s，而使用 10MB/s 的共享式 HUB 时，HUB 的总流通量不会超出 10MB/s。总之，交换机是一种基于 MAC 地址识别、能完成封装转发数据帧功能的网络设备。交换机可以“学习”MAC 地址，并把其存放在内部地址表中，通过在数据帧的始发者和目标接收者之间建立临时的交换路径，使数据帧直接由源地址到达目的地址。

（2）交换机的传输模式

交换机的传输模式通常有全双工、半双工、全双工/半双工自适应。

① 全双工：交换机在全双工模式下可以在发送数据的同时接收数据，两者同步进行，这样可以减小延迟，提高传输速率。

② 半双工：在半双工模式下，交换机在某个时间段内只能发送或接收数据。例如，早期的对讲机和集线器等设备就是采用半双工模式。随着技术的不断进步，半双工模式会逐渐退出

历史舞台。

③ 全双工/半双工自适应：这种模式允许交换机根据需要自动调整工作在全双工或半双工模式，以适应不同的网络环境。

3. 常见交换机的种类

（1）按网络范围分类

按网络范围分类，交换机可分为广域网交换机和局域网交换机。广域网交换机主要应用于电信领域，提供通信用的基础平台。而局域网交换机则应用于局域网，用于连接终端设备，如PC及网络打印机等。

（2）按传输介质和传输速率分类

按传输介质和传输速率分类，交换机可分为以太网交换机、快速以太网交换机、千兆以太网交换机、FDDI交换机、ATM交换机和令牌环交换机等。

（3）按规模应用分类

企业级交换机：支持500个信息点以上的大型企业的应用。

部门级交换机：支持300个信息点以下的中型企业的应用。

工作组级交换机：支持100个信息点以下的应用。

（4）按网络构成分类

接入层交换机：支持1000Base-T的以太网交换机，以10/100M端口为主。

汇聚层交换机：可以提供多个1000Base-T端口，一般也可以提供1000Base-X等其他形式的端口。

核心层交换机：全部采用机箱式模块化设计，基本上都设计有与之相配的1000Base-T模块。

（5）按架构特点分类

机架式交换机：插槽式的交换机，扩展性较好。

带扩展槽固定配置式交换机：有固定端口并带少量扩展槽的交换机。

不带扩展槽固定配置式交换机：仅支持一种类型的网络，价格低。

（6）按OSI模型层分类

第二层交换机：基于MAC地址工作。

第三层交换机：基于IP地址和协议进行交换。

第四层交换机：根据数据帧的协议端口信息进行目标端口判断等。

（7）按其他特殊功能分类

① 可网管交换机和不可网管交换机。

② 多层交换机，具有处理IP层数据包的能力。

③ 光纤交换机，采用正在研发的下一代光交换技术，旨在提高数据传输速率和效率。

以上分类涵盖了交换机的多种类型和应用场景，反映了交换机技术在不同领域和需求下的多样性和发展。

4. 交换机的用途和功能

① 提供通信基础平台：连接数据中心内部的各种设备，如服务器、存储设备、虚拟机等，是通信系统中完成信息交换所必需的设备。

② 网络分段：通过虚拟局域网（VLAN）等技术，将数据中心内的网络划分为多个逻辑网络，提高网络的可管理性和隔离性。

③ 流量过滤和转发：根据MAC地址、IP地址、端口等对数据流量进行过滤和转发，确保数据按照目标设备正确传送。

④ 缓冲流量：通过在端口上设置缓冲区，处理网络接口速率不匹配、流量突发或多对一传输等情况，避免丢包或网络延迟。

⑤ 共享交换缓存：现代数据中心交换平台通过共享交换缓存的方式解决流量突发问题，通过缓冲池空间分配给特定端口以实现。

⑥ 高带宽支持：支持高带宽，满足数据中心内部的高速数据传输需求。

⑦ 多层交换：支持多层交换，包括两层交换和三层交换，实现不同网络层的连接和路由。

⑧ 负载均衡：具备负载均衡功能，通过智能流量分发，确保网络负载均匀分布在多个路径上，提高网络性能和使用性。

⑨ 支持虚拟技术：适应虚拟环境中大量虚拟机的动态网络需求，提供对虚拟网络的有效管理。

⑩ 安全性控制：通过访问控制列表（ACL）、端口安全、802.1X 认证等手段，提供对网络的安全控制，限制未经授权的访问。

⑪ 监控、故障隔离和管理：提供网络监控功能，用于实时监测流量和性能；支持故障隔离机制，使网络中的故障能够被隔离，确保一个故障不会影响整个数据中心网络。支持 SNMP 等管理协议，以便进行远程监控和管理。

这些用途和功能共同确保了数据中心交换机在高性能、高可用性、安全、可管理的数据中心网络中发挥着核心作用。

二、交换方式

1. 交换方式

交换机的交换方式通常有以下三种。

（1）直通式

采用直通式交换的以太网交换机可以理解为是在各端口间形成纵横交叉线路矩阵的交换机。当输入端口检测到一个数据包时，首先检查该包的包头，处理端口会查找内存中的地址对照表以确定目的 MAC 地址对应的输出端口，通过内部交换矩阵迅速将数据包传送到目的端口，实现交换功能。

优点：直通式以太网交换机不需要存储，转发速率快，延迟小，整体吞吐率大。

缺点：首先，直通式以太网交换机不能保存数据包内容，因此无法检查所传送的数据包是否有误，不能提供错误检测功能；其次，由于没有缓存，不能将具有不同速率的输入/输出端口直接接通，而且容易丢包，也可能给整个交换网络带来许多垃圾包。

（2）存储转发式

存储转发式交换是计算机领域中应用最为广泛的方式。它把输入端口的数据包先存储起来，然后进行 CRC 循环冗余校验，如果数据包完整无误，则查询地址映射表将其转发至相应的端口。优点是可以对进入交换机的数据包进行错误检测，有效地改善网络性能，尤其重要的是它支持端口不同速率的转换，保持高速端口与低速端口间的协同工作。缺点是存储转发式在数据处理时延迟大，交换速率比直通式慢。

（3）碎片隔离式

这是介于前两者之间的一种交换方式。它检查数据包的长度是否够 64 个字节，如果小于 64 个字节，说明是假包，则丢弃该包；如果大于 64 个字节，则发送该包。这种方式也不提供数据校验，它的数据处理速度比存储转发式快，但比直通式慢。

以上三种交换方式各有特点，适用于不同的网络环境和需求，选择合适的交换方式对于提高网络性能和稳定性至关重要。

2. 端口交换技术

端口交换技术最早出现在插槽式的集线器内，通常这类集线器的背板划分为多个以太网段（每个网段为一个广播域），不用网桥或路由连接，网络之间是互不相通的。以太模块插入后通常被分配到某个背板的网段上，端口交换用于将以太模块的端口在背板的多个网段之间进行分配、平衡。根据支持的程度，端口交换还可细分为：

① 模块交换：将整个模块进行网段迁移。

② 端口组交换：通常模块上的端口被划分为若干个组，允许每组端口网段迁移。

③ 端口级交换：支持每个端口在不同网段之间迁移。这种交换技术是在 OSI 第一层上完成的，具有灵活性和负载平衡功能等。如果配置得当，那么还可以在一定程度上容错，但没能改变共享传输介质，因此不能称之为真正的交换。

3. 帧交换技术

帧交换是局域网应用最广的交换技术，它通过对传统传输介质进行微分段，采用并行传送的机制，以减小冲突域，获得高的带宽。对网络帧的处理方式一般有以下几种：

① 直通交换：提供线速处理功能，交换机只读出网络帧的前 14 个字节便可将网络帧传送到相应的端口。

② 存储转发交换：通过对网络帧的读取进行校验和控制，而后再转发传送。

前一种方法的交换速率非常快，但缺少对网络帧进行安全性和智能化控制，同时也无法支持具有不同速率的端口的交换。因此，后一种技术成为目前市场研发的重点。

③ 信元交换：ATM 通常采用固定长度为 53 个字节的信元交换。由于长度固定，因而便于用硬件实现。ATM 采用专用的非差别连接，并行运行，可以通过一台交换机同时建立多个节点，但并不会影响每个节点之间的通信能力。ATM 的可以达到 25MB、155MB、622MB 甚至数吉字节的传输能力。但随着万兆以太网的出现，曾经代表网络和通信技术发展的未来方向的 ATM 技术开始逐渐失去存在的意义。

三、IT 基础设备系统的运行与维护

IT 基础设备系统是支撑业务应用系统运行的硬件设备及管理软件，通常采用核心层、汇聚层和接入层三层网络架构连接各硬件设备。

1. IT 基础设备系统的组成

IT 基础设备系统包括服务器、存储设备、网络设备、安全设备等。

服务器通常有通用服务器和专用服务器两类，按用途也可分为小型、中型、大型服务器；存储设备有磁带库、光盘库、数据库存储、网络附属存储（NAS）在线磁盘阵列等；网络设备有交换机、路由器、网桥、集线器、网关、VPN 服务器、网络接口卡（NIC）、无线接入点（WAP）、调制解调器、5G 基站、光端机、光纤收发器、光缆、传输设备等；安全设备有防火墙、入侵检测系统、堡垒机等。

2. IT 基础设备系统的运行

IT 基础设备系统运行主要是对 IT 基础设备系统的运行状态进行监控、巡检和维护，确保其能稳定持续提供服务。如有故障发生，应根据流程快速进行故障处理，并定期进行运行分析，确保达成服务等级协议（service level agreement，SLA）。在对 IT 基础设备系统监控中通常采用开源监控平台，实现对 CPU、内存、磁盘、网卡流量、服务的可用性探测。

（1）IT 硬件设备巡检主要内容见表 5-3-1。

□ 表 5-3-1 IT 硬件设备巡检内容

检测项目	检查内容	检查要求	检查结果
硬件状态	设备运行环境检查	设备工作温度-5~50℃	
	风扇运行状态	所有风扇正常稳定转动	
	存储介质状态	设备Flash运行处于正常状态并且空间利用率低于80%	
	CPU 使用率	CPU 使用率低于 50%	
	内存使用率	内存使用率低于 80%	
	设备模块运行检查	所有模块运行正常	
软件状态	软件版本	运行版本为设备厂家发布的正式版本	
	配置文件一致性检查	当前的运行配置和下次启动配置一致	
网络配置	系统时钟	系统时钟的偏差不超过 5min	
	用户口令安全性	登录设备的用户口令以密文显示并符合密码复杂性	
	接口状态	未使用端口手动关闭	
	路由状态	路由表包含正确的路由信息	
	VLAN 状态检查	VLAN 信息符合实际情况；加入 VLAN 的情况	
	链路聚合组状态	链路聚合组运行状态和聚合组的端口状态	
运行状态	系统日志	设备正常运行无异常报警信息	

IT 维护用机的登录方式有：

① 需清楚不同环境中登录的地址、账号、密码。

② 可使用 Telnet 远程连接工具登录，需清楚登录地址、账号、密码。

③ 直接用软件终端通过 console 线连接到设备的 console 端口进行配置。

（2）现场巡检服务报告示例见表 5-3-2。

□ 表 5-3-2 现场巡检服务报告示例

项目信息					
用户名称			服务单号		
项目名称			项目号		
设备运行整体情况					
设备型号	主机名	设备序列号	IP 地址	设备状况	设备详情
				□正常□异常	
服务器配置信息					
应用业务类型	咨询客户		操作系统版本	msinfo32 或 dxdiag	
IP 地址和掩码	ipconfig/all		CPU 型号/数量/主频	msinfo3 或 dxdiag	
内存容量	msinfo32 或 dxdiag		磁盘型号/数量/大小	现场查看	
根盘镜像（Y/N）	根据不同厂商的不同卷管理软件可以查看；如果没装，可以根据磁盘管理里看到的大小和实际硬盘的容量来判断				

服务器硬件状况			
检查内容	参考方法	检查结果	结果说明
系统板	现场查看或通过管理软件查看	□正常□异常	
CPU	现场查看或通过管理软件查看	□正常□异常	
内存	现场查看或通过管理软件查看	□正常□异常	
I/O 板	现场查看或通过管理软件查看	□正常□异常	
RAID 卡	现场查看或通过管理软件查看	□正常□异常	
SCSI 卡	现场查看或通过管理软件查看	□正常□异常	
网卡	现场查看或通过管理软件查看	□正常□异常	
磁盘及阵列 RAID 盘状态	现场查看或通过管理软件查看	□正常□异常	
系统其他扩展卡	现场查看或通过管理软件查看	□正常□异常	
设备故障灯	现场查看	□正常□异常	
系统日志检查			
检查内容	参考命令	检查结果	结果说明
系统日志	管理—事件查看器—系统	□正常□异常	
管理软件日志	查看各管理软件的日志	□正常□异常	
系统运行状况			
检查内容	参考命令	检查结果	结果说明
CPU 使用率	任务管理器	□正常□异常	
内存使用率	任务管理器	□正常□异常	
磁盘剩余空间	磁盘管理	□正常□异常	
性能是否存在瓶颈	根据以上三项综合判定	□正常□异常	
可选项			
检查内容	参考方法	检查结果	结果说明
系统策略是否得当	管理工具—本地安全策略	□正常□异常	
系统补丁情况	自动更新是否打开	□正常□异常	
备份情况	咨询客户	□正常□异常	

（3）网络设备常用命令见表 5-3-3。

表 5-3-3 网络设备常用命令

设备厂家	序号	指令代码	指令命令
华为 H3C 交换机	1	dis version	查看版本
	2	dis environment	查看设备运行环境
	3	dis device	查看设备模块运行状态
	4	dis cpu	查看设备 CPU 使用率
	5	dis cpu history	查看设备 CPU 历史使用情况
	6	dis memory	查看设备内存使用率

续表

设备厂家	序号	指令代码	指令命令
华为H3C交换机	7	dis cu	查看设备当前运行配置
	8	dis vlan	查看 vlan 信息
	9	dis interface /dis interface brief	查看端口信息
	10	dis link-aggregation	查看链路聚合状态
	11	dis ip route	查看路由信息
	12	dis log	查看系统日志
	13	dis clock	查看时钟
	14	dis user	查看在线用户
思科设备	1	show version	查看版本
	2	show process cpu	查看设备 CPU 使用率
	3	dir flash	查看设备 flash 使用情况
	4	show memory	查看设备内存使用率
	5	show running-config	查看设备当前运行配置
	6	show vlan	查看 vlan 信息
	7	show interface / show interface brief	查看端口信息
	8	show ip route	查看路由信息
	9	show log	查看系统日志
	10	show clock	查看时钟
	11	show event	查看事件
	12	show CDP neighbor	查看邻居（私有协议）

（4）现场巡检服务报告（网络设备）示例见表 5-3-4。

表 5-3-4　现场巡检服务报告（网络设备）示例

项目信息			
用户名称		服务单号	
项目名称		项目号	
设备基本信息			
设备名称		设备位置	
设备型号		设备序列号	
软件版本		内存容量	
Flash 容量	内置	外置	
供电方式	□AC　□DC	冗余电源	□有　□无
登录方式	□Console　□Telent　□SSH　IP 地址_____		
检查内容			**检查结果**
网络设备	系统文件检查	软件版本检查	
		日志文件检查	□正常　□异常
	硬件检查	设备硬件型号、模块检查	□正常　□异常

续表

检查内容			检查结果
网络设备	硬件检查	设备管理引擎状态检查	□正常　□异常
		网络接口模块检查	□正常　□异常
		网络设备运行温度检查	□正常　□异常
		主机控制面板状态指示灯检查	□正常　□异常
		接口及模块运行指示灯检查	□正常　□异常
		外存设备检查	□正常　□异常
		备份链路及相关设备状态检查	□正常　□异常
	设备介质分析	接口稳定性检查	□正常　□异常
		接口丢包、误码检查	□正常　□异常
	性能管理	接口性能检查	□正常　□异常
		主引擎 CPU/内存使用率	____%____%
	设备容量及表项	路由表容量检查	□正常　□异常
		Buffer 利用检查	□正常　□异常
		转发表项检查	□正常　□异常
结果说明			

3. IT 基础设备系统的维护

对 IT 基础设备系统的维护主要是对其硬件设备的巡检服务和现场级维护。

（1）维护对象

维护对象主要有服务器（小型机、PC 服务器、GPU 服务器等）、存储设备（磁盘阵列、磁带库、光纤交换机等）、网络设备（硬件、软件、虚拟路由冗余协议等）、安全设备等。

服务器硬件巡检服务检查内容见表 5-3-5。

表 5-3-5　服务器硬件巡检服务检查内容

序号	检查内容
1	设备的物理状态检查，包括电源、风扇状态检查
2	设备连接状况检查
3	系统硬件运行情况检查
4	主机系统上 LED 显示面板中的运行状态码检查
5	POST 蜂鸣声代码、错误信息和错误日志
6	从 configuration/setup utility 程序查看错误日志
7	从诊断程序查看 BMC 日志
8	通过光通路检查各部件状态
9	对磁带机、光驱等做读写测试检查
10	系统运行状态、性能检查，包括 CPU、内存和交换器使用情况检查，硬盘和网络的 I/O 情况检查
11	记录系统存储空间的逻辑结构检查
12	硬盘运行状态和空间划分合理性检查
13	各个部件运行状态的检查
14	检查中如发现有隐患的部件将及时上报有关部门

（2）磁盘阵列环境检查内容示例

见表 5-3-6。

表 5-3-6　磁盘阵列环境检查内容示例

序号	检查内容
1	检查存储系统自检是否正常
2	检查电源、光纤的连接方式和状态
3	检查存储系统与主机系统或光纤交换机的物理连接是否牢固
4	检查存储系统相关 LED 指示灯是否正常显示：电源（Power）、风扇（Fan）、控制器（Controller）、缓存电池（Cache Battery）等
5	检查系统运行环境，并给予改进建议

（3）磁盘阵列系统日志和信息检查内容示例

见表 5-3-7。

表 5-3-7　磁盘阵列系统日志和信息检查内容示例

序号	检查内容
1	查看存储系统事件日志
2	查看存储系统配置信息数据文件
3	查看存储系统驱动器通道工作状况
4	查看从主机读写的工作状况，确认是否存在数据丢失及数据错误等
5	收集硬盘上的 log 数据
6	查看磁盘阵列的 I/O 性能
7	根据系统检查及分析结果，提出解决方案和措施，并对系统的参数进行调整
8	对存储系统的报错情况进行相应诊断处理，必要时更换存储系统相关零部件，甚至更换整个存储系统

（4）磁带库巡检服务检查内容示例

见表 5-3-8。

表 5-3-8　磁带库巡检服务检查内容示例

序号	检查内容
1	检查磁带库系统自检是否正常
2	检查电源光纤的连接方式或状态
3	检查磁带库系统与主机系统或光纤交换机的物理连接是否牢固
4	检查磁带库控制面板是否正常显示
5	检查主机系统是否可以访问到磁带库上的所有磁带驱动器
6	在主机上采用相关系统备份命令或者通过相关备份软件检查磁带库是否可以正常读写
7	检查并分析磁带库系统日志
8	根据磁带库系统的报错情况，进行相应诊断处理
9	更换相关零部件甚至更换整个磁带库系统
10	对磁带库中有问题的磁带进行处理

（5）光纤交换机巡检服务检查内容示例

见表 5-3-9。

表 5-3-9　光纤交换机巡检服务检查内容示例

序号	检查内容
1	查看各部件，包括电源、风扇、小型可插拔收发光模块（small fomi-factor plug gables，SFP）接口状态是否正常
2	检查交换机端口指示灯是否正常
3	检查设备线路连接
4	检查 error. log 错误日志信息
5	检查 Zone（存储分区）的划分情况
6	检查保留记录 Zoning（划分分区）的配置信息
7	开机自检测试（需经客户同意，在应用停止的情况下）

（6）网络设备硬件部分维护内容示例

见表 5-3-10。

表 5-3-10　网络设备硬件部分维护内容示例

序号	维护内容
1	系统运行环境检查，包括机房温度、湿度和零地电压、零火电压等
2	设备连接状况检查
3	设备服务化模块指示灯状态检查分析
4	电源稳定性和线路检查
5	系统运行状态、性能检查和优化，包括 CPU、内存使用情况检查，网络 I/O 情况检查
6	设备扩容等服务支持
7	设备的物理检查（包括机体、风扇、风道及过滤器等）与清洁
8	检查时发现有隐患的部件应及时更换
9	系统硬件运行情况综合分析

（7）网络设备软件部分维护内容示例

见表 5-3-11。

表 5-3-11　网络设备软件部分维护内容示例

序号	维护内容
1	网络架构标准化、可扩展性、可用性、可靠性、高性能、安全性及可管理性等检查
2	设备微码的使用管理支持及相关升级服务
3	系统日志分析
4	网络系统通信状态检查
5	路由协议学习管理、质量服务（quality of service，QoS）
6	网络流量、通信流量控制、网络访问安全、通信数据的转发、VLAN 划分等检查
7	CPU、内存等运行瓶颈分析
8	当前系统配置采集及系统更改信息归档

续表

序号	维护内容
9	将发现的有隐患的系统问题及时排除
10	重要事件现场支持服务（如设备搬迁、现网测试、组网方案等）
11	结合系统软硬件的运行状况，进行网络整体拓扑结构分析

（8）网络虚拟路由冗余协议

在巡检、维护服务中，对支持虚拟路由协议的架构系统进行详细检查，并进行模拟故障测试，以确保在发生故障的情况下备份机能够正常接管生产机的工作。主要维护内容示例见表 5-3-12。

表 5-3-12　网络虚拟路由冗余协议部分维护内容示例

序号	维护内容
1	配置和归档档案中的一致性检查，确认其生产机/备份机在配置优先级上保持和网络拓扑中一致
2	网络负载均衡分析
3	异常或失效的检查与恢复
4	系统配置是否发生过更改
5	配置检查及有效性测试
6	检查相关日志，看是否发生过网络系统主备切换
7	如客户允许，双方共同测试网络双机系统切换

4. 维护操作

硬件维护操作包括准备工具、设备上下电、更换部件等。

① 准备工具，如表 5-3-13 所示。

表 5-3-13　准备工具

操作内容	部件更换时，需要准备如下工具：手指套、劳保手套、一字螺钉旋具、M3 十字螺钉旋具、防静电手套或防静电腕带、包装材料（如防静电包装袋）、7mm 六角套筒旋具等
注意事项	确认防静电腕带的锁扣已经扣好，且腕带金属部分与皮肤充分接触；接地端已插入机架的静电释放（electro-static discharge，ESD）插孔中或者金属夹已经夹紧在机架的方孔中，且没有出现松动

② 设备上电和下电，如表 5-3-14 所示。

表 5-3-14　设备上电和下电检查操作内容

操作内容	设备上电进行如下检查： 上电前，确保电源开关处于关闭状态，且所有连接线缆连接正确、供电电压与设备的要求一致；上电时，请勿拔插硬盘模块、网线、console 口等 设备下电进行如下检查： 下电前，确保服务器的数据都已提前保存，并停止硬盘操作；严禁在硬盘有读写操作时强制下电，如果这样操作，容易导致硬盘产生坏道，破坏数据源；下电后，至少等待 1 min 再重新接通电源

③ 更换 DIMM 内存条，如表 5-3-15 所示。

现在内存条大部分是双列直插式存储模块（dual-inline-memory-modules，DIMM）。

表 5-3-15 更换 DIMM 内存条操作内容

操作内容	（1）拆卸所有外部线缆，如电源线缆、网线；（2）拆卸机箱盖；（3）拆卸导风罩；（4）明确插槽位置，同时掰开 DIMM 插槽的固定夹
注意事项	明确设备所在的机架号、机箱号，并在其面板上粘贴更换标签，以免发生误操作 确认更换 DIMM 的位置，以免发生误操作 安装时，确保插槽两侧的固定夹自动闭合 拔插设备部件时用力要均匀，避免用力过大或强行拔插等操作，以免损坏部件的物理外观或导致接插件故障

④ 更换 SSD 卡，如表 5-3-16 所示。

表 5-3-16 更换 SSD 卡操作内容

操作内容	（1）拆卸所有外部线缆，如电源线缆、网线；（2）拆卸机箱盖；（3）拆卸导风罩；（4）用十字螺钉旋具拧开固定 M.2 SATA SSD 卡的螺钉；（5）将 M.2 SATA SSD 卡向上倾斜抬起 20º～30º，并沿箭头方向拔出进行更换
注意事项	明确设备的机架号、机箱号，并在其面板上粘贴更换标签，以免发生误操作；拔插设备部件时用力要均匀，避免用力过大或强行拔插等操作，以免损坏部件的物理外观或导致接插件故障

⑤ 更换硬盘，如表 5-3-17 所示。

表 5-3-17 更换硬盘操作内容

操作内容	（1）推扣住硬盘扳手的弹片，使扳手自动弹开 （2）拉住硬盘托架扳手，将硬盘向外拔出约 3cm，使硬盘脱机 （3）等待至少 30s， 待硬盘完全停止转动后，将硬盘拔出设备 （4）安装硬盘时，完全打开扳手，将硬盘沿着硬盘滑道推入机箱直至无法移动 （5）等待 3min，根据硬盘指示灯状态检查硬盘是否正常	
注意事项	（1）明确设备的机架号、机箱号，并在其面板上粘贴更换标签，以免发生误操作 （2）拔插系统硬盘模块时用力要均匀，避免用力过大或强行拔插等操作，以免损坏系统硬件模块的物理外观或导致接插件故障 （3）拆卸系统硬盘模块时，请先将系统硬盘模块从插槽中拔出一部分，等待 30s，待系统硬盘停止转动后，再将系统硬盘模块完全拔出 （4）当对系统硬盘模块进行拔插时，拔插系统硬盘模块的时间至少间隔1min，即在拔出系统硬盘模块 1min 后再插入系统硬盘模块，或在插入系统硬盘模块 1min 后再拔出系统硬盘模块，避免损坏系统硬盘模块 （5）为防止数据丢失，只更换系统硬盘报警/定位指示灯亮红色的系统硬盘模块 （6）同一时间只能拆卸一个系统硬盘模块。建议尽可能缩短系统硬盘模块更换时间	
硬盘状态指示灯	硬盘 Active 指示灯	熄灭：表示硬盘不在位或硬盘故障
		绿色（闪烁）：表示硬盘处于读写状态或同步状态
		绿色（常亮）：表示硬盘处于非活动状态
	硬盘 Fault 指示灯	熄灭：表示硬盘运行正常
		黄色（闪烁）：表示硬盘定位或独立冗余磁盘阵列（redundant arrays of independent disks，RAID）重构
		黄色（常亮）：表示硬盘故障或 RAID 组中的成员盘状态异常

⑥ 更换 UDS 智能硬盘，如表 5-3-18 所示。

表 5-3-18　更换 UDS 智能硬盘操作内容

操作内容	（1）定位待更换的智能硬盘模块的位置 （2）拉住硬盘托架扳手，将硬盘向外拔出约 3cm，使得硬盘脱机 （3）等待至少 30s，待硬盘完全停止转动后，将硬盘拔出设备 （4）安装硬盘时，完全打开扳手，将硬盘沿着硬盘滑道推入机箱直至无法移动 （5）闭合硬盘扳手 （6）等待 2min 后，根据智能硬盘模块状态指示灯的状态，判断安装是否成功 （7）指示灯呈绿色安装成功 （8）指示灯呈红色或指示灯熄灭:刚安装的智能硬盘模块故障、智能硬盘模块槽位故障或智能硬盘模块安装不到位
注意事项	明确设备的机架号、机箱号，并在其面板上粘贴更换标签，以免发生误操作；确定待拆卸硬盘在设备中的具体位置，以免发生误操作；为防止智能硬盘模块损坏，拉出或推入框体时，动作应缓慢；拔插智能硬盘模块时用力要均匀，避免用力过大或强行拔插等操作，以免损坏智能硬盘模块的物理外观或导致接插件故障；为防止数据丢失，只更换状态指示灯亮红色的智能硬盘模块

⑦ 更换电源模块，如表 5-3-19 所示。

表 5-3-19　更换电源模块操作内容

操作内容	（1）打开电源模块的束线带，拔出电源线缆 （2）按住电源模块弹片，同时用力拉住扳手，向外拔出电源模块 （3）将拆卸下来的电源模块放入防静电包装袋 （4）安装时，将新的电源模块沿电源滑道推入，直至听到“咔”的一声，电源弹片自动扣入卡扣，电源模块无法移动为止 （5）使用魔术扎带将电源线缆固定在电源模块拉手条正中间
注意事项	明确设备的机架号、机箱号，并在其面板上粘贴更换标签，以免发生误操作；请不要接触电源模块和电源线的接头部分；拔插电源模块时用力要均匀，避免用力过大或强行拔插等操作，以免损坏电源模块的物理外观或导致接插件故障；同一时间只能拆卸一个电源模块；建议尽可能缩短电源模块更换时间 说明：当服务器满配电源模块时，无须下电，可以直接拆卸电源模块，但是务必确认在更换前，另一个电源模块正常供电且额定功率大于或等于设备的整机额定功率

⑧ 更换光模块，如表 5-3-20 所示。

表 5-3-20　更换光模块操作内容

操作内容	（1）明确待更换的光模块的位置（槽位号和端口号） （2）明确待更换的光模块的型号（单多模、中心波长、传输速率、传输距离等） （3）根据具体位置将要更换的光模块拔下，重新换上类型匹配的光模块
注意事项	明确设备的机架号、机箱号，并在其面板上粘贴更换标签，以免发生误操作；远程确定待更换的光模块的位置，避免发生误操作现网设备；光模块的型号要匹配

⑨ 更换 CPU，如表 5-3-21 所示。

表 5-3-21 更换 CPU 操作内容

操作内容	（1）拆卸所有外部线缆，如电源线缆、网线 （2）拆卸机箱盖 （3）拆卸散热器 （4）拆卸 CPU （5）按照拆卸顺序更换安装
注意事项	明确设备的机架号、机箱号，并在其面板上粘贴更换标签，以免发生误操作；请勿戴防静电手套，以免防静电手套刮到 CPU 底座插针，损坏 CPU 底座；拆卸 CPU 时，请勿使用任何工具和锋利物体撬起 CPU 插座上的锁定杆，以免损坏计算节点；安装 CPU 时，确保 CPU 底座无弯针及污染，且 CPU 锁定杆处于打开状态；CPU 上三角形的一角对准底座上有三角形的一角，保证 CPU 无翘起；CPU 未放正时，禁止水平移动以防 CPU 倒针，要将 CPU 垂直向上提起，脱离 CPU 插座，然后重新放入插座

⑩ 更换主板，如表 5-3-22 所示。

表 5-3-22 更换主板操作内容

操作内容	（1）拆卸所有外部线缆，如电源线缆、网线 （2）拆卸 I/O 模组 （3）拆卸 PCIe 卡 （4）拆卸风扇 （5）拔出连接到主板上的所有线缆 （6）拆卸内存条 （7）拆卸 CPU （8）拆卸 RAID 控制卡扣 （9）拆卸网卡卡扣 （10）拆卸电源模块 （11）拆卸理线架 （12）拔出主板上连接的所有线缆，如硬盘背板线、左右挂耳线 （13）安装主板时，通过主板提手将主板放入机箱并沿箭头方向推到推不动为止 （14）安装理线架 （15）安装电源背板 （16）安装网卡卡扣 （17）安装 RAID 控制卡扣 （18）安装 CPU （19）安装 DIMM （20）连接所有内部线缆 （21）安装风扇 （22）安装 PCIe 卡 （23）安装 I/O 模组 （24）安装所有外部线缆，如电源线缆、网线

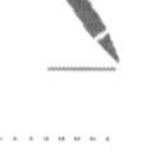

续表

注意事项	（1）明确设备的机架号、机箱号，并在其面板上粘贴更换标签，以免发生误操作 （2）严禁通过主板上的任何突起器件向上提起主板，以免损坏主板的元器件 （3）拔插设备部件时用力要均匀，避免用力过大或强行拔插等操作，以免损坏部件的物理外观或导致接插件故障 （4）刷新电子序列号（electronic serial number，ESIN），远程可以通过基板管理控制器（baseboard management controller，BMC）操作

5. IT 基础设备应急

IT 基础设备应急主要是按照应急处理流程进行基础设备的应急操作，本书内容体现了现场操作层面的应急处理。应急情况下，运维人员根据系统发出的硬件层面的应急处理指令，进行物理层应急处理即可，主要内容包括服务器电源模块更换、故障设备紧急重启等。

参考文献

[1] 袁晓东. 数据中心基础设施运维与管理［M］. 北京：机械工业出版社，2022.

[2] 龚伟华，王刚，等. 银行数据中心基础设施建设与运维管理［M］. 北京：机械工业出版社，2015.

[3] 冷飚. 数据中心基础设施运维基础教程［M］. 北京：北京邮电大学出版社，2020.

[4] 基础设施运维初级资料.北京：中航信柏润科技有限公司，2017.

[5] 全国信息技术标准化技术委员会. 数据中心　资源利用　第 2 部分：关键性能指标设置要求：GB/T 32910.2—2017［S］.北京：中国标准出版社，2017.

[6] 中华人民共和国住房和城乡建设部. 综合布线系统工程设计规范：GB 50311—2016［S］. 北京：中国计划出版社，2017.

[7] 中国通信企业协会通信网络运营专业委员会. 数据中心基础设施维护规程［M］. 北京：电子工业出版社，2016.

[8] 中华人民共和国住房和城乡建设部. 民用建筑供暖通风与空气调节设计规范：GB 50736—2012［S］. 北京：中国建筑工业出版社，2012.

[9] 余斌. 绿色数据中心基础设施建设及应用指南［M］.北京：人民邮电出版社，2020.

[10] 全国安全防范报警系统标准化技术委员会. 视频安防监控系统工程设计规范：GB 50395—2007［S］.北京：中国计划出版社，2007.

[11] 全国安全防范报警系统标准化技术委员会. 入侵报警系统工程设计规范：GB 50394—2007［S］. 北京：中国计划出版社，2007.

[12] 智慧云数据中心编委会. 智慧云数据中心［M］. 北京：电子工业出版社，2013.

[13] 刘天华，孙阳，黄淑伟. 网络系统集成与综合布线［M］. 北京：人民邮电出版社，2008.

[14] 钟景华，朱利伟，曹播，等. 新一代绿色数据中心的规划与设计［M］. 北京：电子工业出版社，2010.

[15] 公安部消防局，陈伟明，杨建民. 消防安全技术综合能力［M］.北京：机械工业出版社，2016.

[16] 公安部消防局，陈伟明，杨建民. 消防安全技术实务［M］. 北京：机械工业出版社，2016.

[17] 公安部消防局，陈伟明，杨建民. 消防安全案例分析［M］. 北京：机械工业出版社，2016.

[18] 张泉，李震. 数据中心节能技术与应用［M］. 2 版. 北京：机械工业出版社，2023.

[19] 王川. 电源技术［M］. 重庆：重庆大学出版社，2012.

[20] 漆逢吉. 通信电源［M］. 5 版. 北京：北京邮电大学出版社，2020.

[21] 郭小婧，朱锦. 通信电源系统［M］. 成都：西南交通大学出版社，2020.

[22] 高振楠，李安庆，黄振陵. 通信电源设备维护［M］. 北京：北京邮电大学出版社，2016.

[23] 温守东. 传热设备操作与控制［M］. 北京：高等教育出版社，2015.

[24] 向寓华. 化工容器与设备［M］. 北京：高等教育出版社，2009.

[25] 孟根其其格. 化工机器［M］. 北京：北京理工大学出版社，2013.

数据中心基础设备运行与维护

任务工单

闫秀芳　马文龙　王文婷　主编

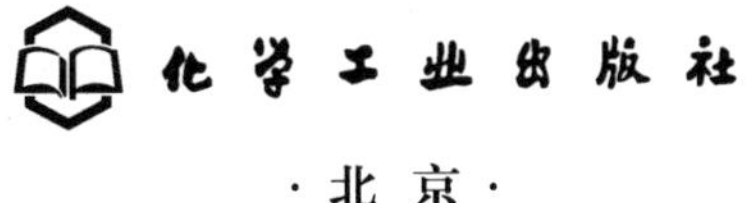

·北　京·

目录

学习任务一

数据中心基础设备简介

学习目标

1. 掌握数据中心运维过程中常用的工具、仪器及仪表等基础知识。
2. 能分辨和选择常用的工具、仪器及仪表，并学会常用工具、仪器及仪表等的操作。
3. 了解运维人员工作岗位的工作内容及要求。
4. 帮助运维人员设定个人职业工作规划。
5. 使从业人员对数据中心的运维管理工作建立初步的认识。

思政要点

通过认真、反复学习，让学生明白工作中工具、仪器或仪表的正确使用对人身及设备安全的影响，增强学生自我保护意识，以及对设备检修的认真、负责的态度。通过了解运维岗位的实际工作，完成个人职业规划，在培养运维人员专业技术的同时，也要让运维人员形成良好的“管理思维”，从而更好地匹配和发掘其专业技术的潜能。

▫ 任务单1　工具、仪器、仪表分析单

班级：　　　　　　　　　　　　　　　　　　　　　　姓名：

工具名称	所属种类	作用	使用注意事项
冲击电钻及钻头			
尖嘴钳			
移动式拖线盘			
三相多功能电力智能仪表			
高压验电器			
接地电阻测试仪			
温、湿度计			
光功率计			
携带型接地线			
pH试纸			
高压清洗机			
电压表			
相序表			

注：“所属种类”是指钳工工具、电工工具、管工工具、其他常用工具、安全用具、计量仪表、检修仪表等。

□ 任务单 2　看图分析补全工具、仪器、仪表相关内容

班级：　　　　　　　　　　　　　　　　　　　　　　　　　　　　　　姓名：

图示	工具名称	所属种类	使用注意事项

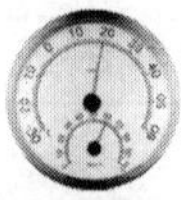			

▫ 任务单 3 根据维修场景判断使用何种工具、仪器或仪表

班级： 姓名：

场景	必备的工具、仪器或仪表名称	采用工具、仪器或仪表的目的及操作要求
运维人员维修时需要同时测电流、电压、电阻		
运维人员需要测量蓄电池两端电压和内阻		
运维人员需要检测柴油中的水分		
运维人员需要了解光纤的缺陷、断裂情况		

注：表格若不够填写，可自行附纸。

▫ 任务单 4　了解运维人员工作岗位的工作内容及要求

班级：　　　　　　　　　　　　　　　　　　　　　姓名：

场景一：刚大学毕业的小张到某数据中心工作。两周后，小张还是一脸茫然，对岗位工作的内容还是模糊，他带着问题“到底运维人员的工作内容是什么”找到了带班李师傅，李师傅该如何回答小张的问题呢？

场景二：对于李师傅的回答，小张很高兴，终于解决了自己的疑惑。但仅是周而复始地工作又令小张不感兴趣，他萌生出了离职的想法。这时李师傅又对他说了运维人员该有的职业规划。那么李师傅应该怎么引导他做好个人职业规划呢？

注：表格若不够填写，可自行附纸。

学习任务二

数据中心暖通设备运维

学习目标

1. 掌握常见暖通设备系统结构。

2. 掌握板式换热器的运行管理及维护。

3. 掌握循环水系统的设计与水质分析。

4. 根据阀门故障现象进行故障分析，能够填写阀门维修任务表。

5. 掌握通风及空调设备的类型、优缺点和适用场合，并能制订通风及空调设备的日常维护内容。

思政要点

通过暖通设备系统结构、板式换热器的运行管理及维护、循环水系统的设计与水质分析、管道阀门和通风及空调设备的基础知识等的学习，使学生能够进行板式换热器的运行管理及维护、循环水系统的设计与水质分析，能够对阀门故障进行分析与排除，能够对通风及空调设备进行日常维护，培养学生解决工程实际问题的能力、创新意识与吃苦耐劳的精神。

◻ 任务单1　写出冷机的分类及各自优缺点

班级：　　　　　　　　　　　　　　　　姓名：

数据中心的冷机按照制冷方式不同，可分为（　　　　　　）、（　　　　　　）、（　　　　　　）、（　　　　　　），目前应用广泛的是（　　　　　　）

类别名称	优缺点

注：表格若不够填写，可自行附纸。

▫ 任务单 2　写出离心式冷水机的操作流程

班级：　　　　　　　　　　　　　　　　　　　　　　　　　　　　姓名：

场景：岗位考核合格的小张，已经能够胜任运维人员的实际工作，现让其操作离心式冷水机组，并写出操作流程。请替他补全

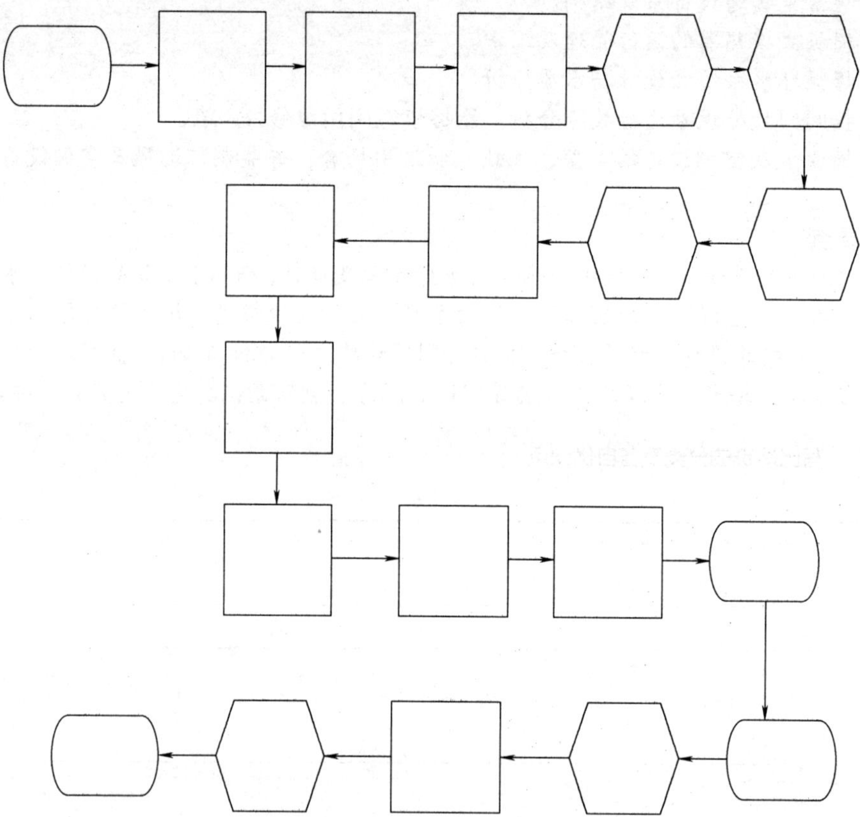

▫ 任务单3　分析冷机常见故障的原因及措施

班级：　　　　　　　　　　　　　　　　　　　　姓名：

作业	故障现象	故障分析	解决措施
离心式冷水机运行	蒸发压力过低		检查冷冻水回路，使冷冻水量达到正常运行水量
		热负荷偏小	
		节流孔板（膨胀阀）故障	
		蒸发器的传热管因水垢等污染而使传热恶化	
			补充冷媒至所需量
	油压过低	油过滤器堵塞	
		油压调节阀开度过大	
			对输油泵进行检查，根据情况进行维修或更换
		轴承磨损	
		油压表或油压传感器失灵	
	冷凝压力过高	冷却水水量不足	
			检查冷却塔，对冷却塔填料进行清洗或更换，恢复散热能力
		冷却水温度太高，使冷凝器负荷加大	
		制冷系统有空气存在	
		冷凝器管子因水垢等污染导致传热恶化	

▫ 任务单4　分析水泵常见故障的原因及措施

班级：　　　　　　　　　　　　　　　　　　　　　　姓名：

作业	故障现象	故障分析	解决措施
水泵运行	泵抽不上液体	正吸入压头过低	
			打开阀门，检查是否所有阀门均打开
		吸入管路存在气体或蒸汽	
		吸液系统管子或仪表漏气	
			清洗排液管或减少管件数
		输入容器压力过高	
	填料函漏液过多	填料磨损	
			拧紧填料压盖或补加填料，重新安装填料
			修理平衡盘
		泵轴弯曲或磨损	
	泵工作不稳定	吸入压头过低	
		泵和电动机组装中的外部问题	
			检查轴承间隙、更换轴承
		泵不能充分灌注和排出	
		气蚀，压力波动	

▣ 任务单 5　分析冷却塔常见故障的原因及措施

班级：　　　　　　　　　　　　　　　　　　　　　　姓名：

作业	故障现象	故障分析	解决措施
冷却塔运行	集水盘（槽）水位偏低	浮球阀开度偏小，造成补水量小	
			查明原因，提高压力或加大管径
			查明漏水处，堵漏
		冷却过程失水过多	
		补水管径偏小	
	有异常噪声或振动	风机转速过高，通风量过大	
		轴承缺油或损坏	
		风机叶片与其他部件碰撞	
		风机叶片螺钉松动	
		皮带与防护罩摩擦	
		齿轮箱缺油或齿轮组磨损	
	布（配）水不均匀		清除堵塞物
		循环水量过小	

◘ 任务单 6　离心式冷水机组的应急事件处理

班级：　　　　　　　　　　　　　　　　　　　　　　　　姓名：

突发事件 1 处理记录表

事件主题	冷机喘振故障				
发生部门		事发时间		事发地点	

□突发事件　　□质量事故　　□重大质量事故

事件记录：

记录人：　　　　年　月　日

处理结果：

经办人：　　　　年　月　日

结果验证：

签名：　　　　年　月　日

事故原因分析：

签名：　　　　年　月　日

事故采取措施：

签名：　　　　年　月　日

事故总结预防：

签名：　　　　年　月　日

▫ 任务单 7　水泵的应急事件处理

班级：　　　　　　　　　　　　　　　　　　　　姓名：

突发事件 2 处理记录表

事件主题	水泵轴承过热				
发生部门		事发时间		事发地点	

□突发事件　　□质量事故　　□重大质量事故

事件记录：

记录人：　　　　年　月　日

处理结果：

经办人：　　　　年　月　日

结果验证：

签名：　　　　年　月　日

事故原因分析：

签名：　　　　年　月　日

事故采取措施：

签名：　　　　年　月　日

事故总结预防：

签名：　　　　年　月　日

□ 任务单 8　冷却塔的应急事件处理

班级：　　　　　　　　　　　　　　　　　　　　　　　姓名：

突发事件 3 处理记录表

<table>
<tr><td>事件主题</td><td colspan="5">冷却塔变频器过电流保护</td></tr>
<tr><td>发生部门</td><td></td><td>事发时间</td><td></td><td>事发地点</td><td></td></tr>
<tr><td colspan="6">□突发事件　　□质量事故　　□重大质量事故</td></tr>
<tr><td colspan="6">事件记录：

记录人：　　　　年　月　日</td></tr>
<tr><td colspan="6">处理结果：

经办人：　　　　年　月　日</td></tr>
<tr><td colspan="6">结果验证：

签名：　　　　年　月　日</td></tr>
<tr><td colspan="6">事故原因分析：

签名：　　　　年　月　日</td></tr>
<tr><td colspan="6">事故采取措施：

签名：　　　　年　月　日</td></tr>
<tr><td colspan="6">事故总结预防：

签名：　　　　年　月　日</td></tr>
</table>

▣ 任务单 9　蓄冷罐的应急事件处理

班级：　　　　　　　　　　　　　　　　　　　　姓名：

突发事件 4 处理记录表

<table>
<tr><td>事件主题</td><td colspan="5">蓄冷罐放冷的时间不足</td></tr>
<tr><td>发生部门</td><td></td><td>事发时间</td><td></td><td>事发地点</td><td></td></tr>
<tr><td colspan="6">□突发事件　　□质量事故　　□重大质量事故</td></tr>
<tr><td colspan="6">事件记录：

记录人：　　　　年　月　日</td></tr>
<tr><td colspan="6">处理结果：

经办人：　　　　年　月　日</td></tr>
<tr><td colspan="6">结果验证：

签名：　　　　年　月　日</td></tr>
<tr><td colspan="6">事故原因分析：

签名：　　　　年　月　日</td></tr>
<tr><td colspan="6">事故采取措施：

签名：　　　　年　月　日</td></tr>
<tr><td colspan="6">事故总结预防：

签名：　　　　年　月　日</td></tr>
</table>

□ 任务单 10　了解板式换热器的结构及工作原理

班级：　　　　　　　　　　　　　　　　　　　　　　　　　　　姓名：

场景一：为了考核小张对板式换热器的掌握情况，李师傅让其完成图中各部分结构名称的填写，并要求全部填对才算考核通过

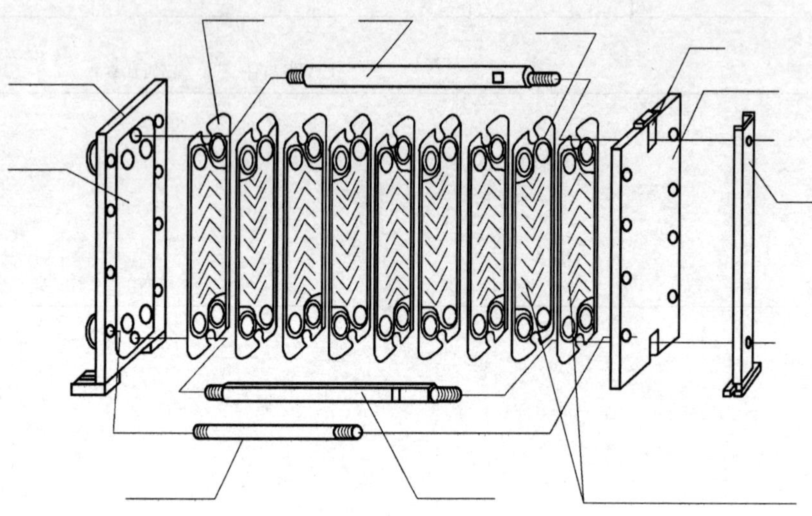

场景二：李师傅为了保证小张对板式换热器工作过程的理解，让其根据图写出板式换热器的工作原理，他提出只有熟知才能真正理解板式换热器的工作过程

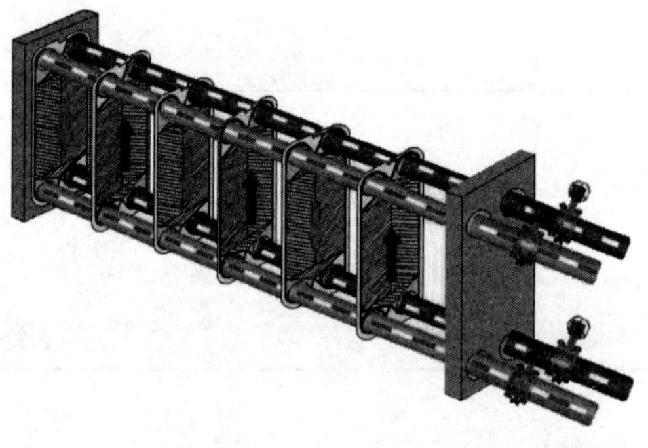

注：表格若不够填写，可自行附纸。

▫ 任务单 11　分析板式换热器常见故障的原因及措施

班级：　　　　　　　　　　　　　　　　　　　　姓名：

作业	故障现象	故障分析	解决措施
板式换热器运行	换热效率下降	板式换热器表面结垢	
		板式换热器堵塞	
	渗漏		适当拧紧、调整夹紧螺钉
		密封胶垫损坏	
		安装时板片序号排错	
	现场缺乏检修设备	板式换热器在使用过程发生板片变形、裂纹等故障时需要及时更换，但使用现场没有足够的备件，也无备用换热设备，且又不能停机，此时需要进行现场简便处理	

▫ 任务单 12　板式换热器的维护

班级：　　　　　　　　　　　　　　　　　　　　　　　　　　　　姓名：

维护	维护内容	维护周期
板式换热器维护		

注：表格若不够填写，可自行附纸。

⊡ 任务单 13　板式换热器的应急事件处理

班级：　　　　　　　　　　　　　　　　　　　　　　　　　　　　　姓名：

突发事件处理记录表

事件主题	板式换热器换热效率下降				
发生部门		事发时间		事发地点	
□突发事件　　□质量事故　　□重大质量事故					
事件记录： 记录人：　　　　年　月　日					
处理结果： 经办人：　　　　年　月　日					
结果验证： 签名：　　　　年　月　日					
事故原因分析： 签名：　　　　年　月　日					
事故采取措施： 签名：　　　　年　月　日					
事故总结预防： 签名：　　　　年　月　日					

▣ 任务单 14　循环水处理系统自动加药装置运行及操作

班级：　　　　　　　　　　　　　　　　　　　　　　　　　　　　　　　姓名：

场景一：小张来到了水系统车间工作，李师傅首先让他看了循环水处理系统自动加药装置，并对其进行了讲解，后让其默写自动加药装置的设备特征

场景二：李师傅看了小张的答案后，欣然点头，随后对循环水处理系统自动加药装置的操作注意事项进行了讲解，让其认真记录并要熟练掌握

场景三：循环水处理系统转入正常运行后，在加热、蒸发和冷却过程中，冷却水逐渐浓缩，水质指标发生变化，所以李师傅告诉小张在运行的日常管理中，要根据水质的变化及时进行运行调整，循环水每班也要定期进行分析，次日立即上报数据。那么小张要对哪些参数进行监测呢？

⊡ 任务单 15　知晓软化水装置工作过程及维护内容

班级：　　　　　　　　　　　　　　　　　　　　　　姓名：

场景：李师傅带小张来到软化水车间，讲解了软化水装置的工作过程并将过程分成了六个状态，这六个状态可形成一个工作循环。但是小张觉得要消化的内容太多了，需要认真地记录下来，所以他写下了软化水装置工作过程的记录内容

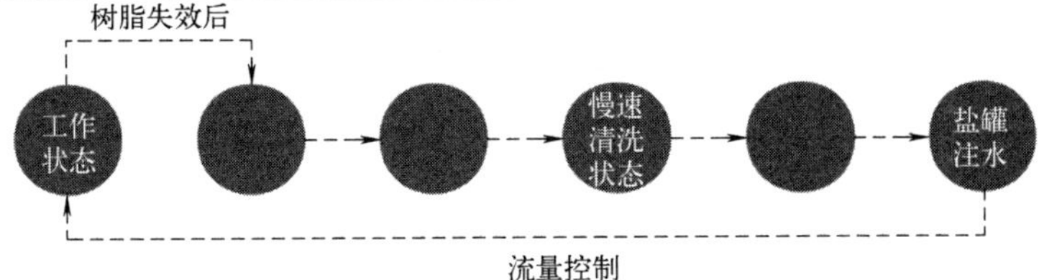

对每个状态的重点内容进行记录：

◻ 任务单 16　分析软化水装置常见故障的原因及措施

班级：　　　　　　　　　　　　　　　　　　　　　　姓名：

作业	故障现象	解决措施
软化水装置运行	软水器不再生	
	软水器输送硬水	
	不吸盐	

▫ 任务单 17　填写阀门检修单

班级：　　　　　　　　　　　　　　　　　　　　　　姓名：

序号	故障	原因	处理措施
1	填料处泄漏		应及时更换损坏/老化的填料，逐圈安放，接头成 30°～40° 角
			按正常力量操作，不许加套管或使用其他方法加长力臂
		填料压紧螺栓没有拧紧	
2	密封面泄漏	阀门安装方向与介质流向相符	
			重新调整执行机构上的调整螺栓，关严
		久闭的阀门在密封面上积垢	
			调整垫片进行补偿
		密封面损伤严重	
4	手柄/手轮的损坏处泄漏		禁止使用管钳、长杠杆、撞击工具
		紧固件松脱	
			随时修复
		不清洁镶嵌脏物，影响润滑	
5	阀杆传动咬卡		若操作时发现咬卡，阻力过大时不能继续操作，就应该立即停止，彻底检查

□ 任务单 18　填写空调水网系统检修维护单

班级：　　　　　　　　　　　　　　　　　　　　　　姓名：

<table>
<tr><th>维护</th><th>维护内容</th><th>维护周期</th></tr>
<tr><td rowspan="5">水网系统水箱维护</td><td>检查冷却水水质，根据需要进行水质处理和水质更换，根据需要加药</td><td rowspan="5">月</td></tr>
<tr><td></td></tr>
<tr><td></td></tr>
<tr><td>检查膨胀水箱补水装置是否正常</td></tr>
<tr><td></td></tr>
<tr><td rowspan="8">水网系统管路维护</td><td>清洗水管管路上的过滤器，检查管道是否正常、有无渗漏现象</td><td rowspan="4">季度</td></tr>
<tr><td></td></tr>
<tr><td>对涡轮机构进行润滑</td></tr>
<tr><td></td></tr>
<tr><td></td><td rowspan="4">年</td></tr>
<tr><td></td></tr>
<tr><td>对水管管路和阀门去锈刷漆</td></tr>
<tr><td></td></tr>
</table>

⊡ 任务单 19　制订水系统管网故障处理单

班级：　　　　　　　　　　　　　　　　　　　　　　　　姓名：

作业	故障现象	故障解决措施及步骤
主管道爆裂故障处理	主管道爆裂，并严重漏水	
末端管道漏水故障处理	末端管道漏水	
空调机房管道破裂故障处理	空调机房内管道（或软接头）破裂或者出现漏水	

▫ 任务单 20　填写气流组织分析单

班级：　　　　　　　　　　　　　　　　　　　　　姓名：

送回风方式	气流组织特点分析
上送风风道送风	送风距离远，送风均匀
	适合对空调要求较高或无条件采用风帽送风的大、中型机房
上送风风帽送风	
	送风距离较近，CM+机组一般不超过 25m
	适合单机送风距离<25m 的中小型机房
地板下送风	地板下空间相当于静压箱，送风均匀
	机房温度场最均匀、稳定
	机房内要有静电地板，且高度一般不低于 300mm

▫ 任务单 21　精密空调的日常维护作业单

班级：　　　　　　　　　　　　　　　　　　　　姓名：

维护项目	维护作业内容
控制系统的维护	检查空调系统的显示屏上空调系统的各项功能及参数是否正常
	如有报警的情况，要检查报警记录，并分析报警原因
压缩机的巡回检查及维护	
	通过触摸感觉压缩机的发热程度，判断是否在超过规定压力、规定温度的情况下运行压缩机
	通过从视夜镜观察制冷剂的液面判断是否缺少制冷剂
蒸发器、膨胀阀的巡回检查及维护	检查蒸发器盘管是否清洁,是否有结霜的现象，以及蒸发器排水托盘排水是否畅通
	检查膨胀阀的开启量是否合适
空气循环系统的巡回检查及维护	检查空调过滤器是否干净，若不干净，就应及时更换或清洗
	检查风机各部件的紧固情况及平衡，检查轴承、皮带、共振等情况

□ 任务单 22　新风系统的维护作业单

班级：　　　　　　　　　　　　　　　　　　　　　　　　　　姓名：

序号	新风系统维护作业内容
1	定期清洁新风系统的过滤器和换热器，保持其正常运行
2	检查新风系统的风管及风口是否有堵塞或泄漏，及时进行维修或更换
3	
4	
5	
6	检查新风系统参数设置是否符合要求，室内外温度传感器显示有无异常，如有异常，及时调整或更换
7	
8	检查风阀转动是否灵活，有无异常
9	
10	检查新风系统和空调的联动功能是否正常，发现问题及时处理
11	

学习任务三

数据中心电气设备运维

学习目标

1. 掌握电气设备系统组成、基本要求和系统架构。
2. 掌握不间断电源系统组成、原理等基础知识，并能进行故障的分析，制订维修措施。
3. 熟知数据中心对供配电系统的基本要求和对电能质量的要求。
4. 了解数据中心电压选择的原理和中性点接地的方法。
5. 掌握高压开关柜、高压双电源柜的原理、组成及运行维护。
6. 掌握高压变配电系统接线方法。
7. 掌握低压熔断器、低压隔离器、低压断路器的工作原理、类型及主要技术参数。
8. 掌握低压供配电系统运行维护及常见故障处理。
9. 掌握 UPS 输出列头柜配电系统组成、原理等基础知识，并学会对 UPS 输出列头柜配电系统进行故障分析，能制订处理措施。
10. 掌握柴油发电机系统组成、原理等基础知识，能够根据柴油发电机系统故障现象进行故障分析，并能制订处理措施。

思政要点

通过学习电气设备系统架构、高压供配电系统接线典型方案等基础知识，使学生明白电气系统的各项国家标准，在运维过程中认真监测各项参数值是否满足国标规定；同时强调电气系统中的安全和环保意识，对不间断电源系统常见故障及柴油发电机系统常见故障进行分析与处理，培养学生精益求精、一丝不苟、认真负责的工作态度，解决工程实际问题的能力与创新意识。

◻ 任务单1　A 级数据中心供配电系统要求作业单

序号	供配电要求	具体内容
1	双路电源供电	
2	低压供配电系统	
3	不间断电源系统	
4	机房设备用空调系统配电	
5	容错配置的供配电系统、不间断电源系统等	

▫ 任务单 2　填写不间断电源系统检修单

班级：　　　　　　　　　　　　　　　　　　　　　　　　姓名：

对象	故障现象	故障分析	解决措施
不间断电源系统主机	主机工作失常	空气潮湿时会引起主机控制紊乱	
		大量灰尘会造成器件散热不好	
		各连接件和插接件松动和接触不牢	
不间断电源系统储能电池组	储能电池的工作状态全部是在浮充状态	可能未进行均衡充电	
		可能电源监测和管理系统损坏	
		可能蓄电池组中电压反极、压降大、压差大和酸雾泄漏	

▫ 任务单 3　填写不间断电源系统检查维护单

班级：　　　　　　　　　　　　　　　　　　　　　　　　姓名：

维护	维护内容	维护周期
蓄电池组维护	定期检查和保养	月
	定期检查清洁并检测电池两端电压、温度	
	定期检查连接处有无松动、腐蚀现象，检测连接条压降	
	检查电池外观是否完好，有无壳变形和渗漏	季度
	保证直流母线合格的电压和蓄电池的放电容量	
		年
	检查极柱、安全阀周围是否有酸雾逸出	

⊡ 任务单 4　熟知数据中心对供配电系统的基本要求和对电能质量的要求

班级：　　　　　　　　　　　　　　　　　　　　　　　　姓名：

场景：小张对某数据中心电气设备系统工作，在认识各种电气设备后，李师傅又和他强调了不仅要看设备架构，还要熟知数据中心对供配电系统的基本要求和对电能质量的要求，在运维过程中能够完成供配电系统运行记录表

供配电系统运行记录表

时间：______年___月___日　　　　　　　_____号变压器　　　　　　　　No.

<table>
<tr><th rowspan="2">时间</th><th colspan="3">电压（350~415V）</th><th colspan="3">电流/A</th><th rowspan="2">有功功率</th><th rowspan="2">无功功率</th><th rowspan="2">功率因数（0.9以上）</th><th colspan="3">变压器温度</th><th rowspan="2">机房温度（5~40℃）</th><th rowspan="2">湿度（<85%）</th></tr>
<tr><th>CA</th><th>AB</th><th>BC</th><th>A</th><th>B</th><th>C</th><th>A</th><th>B</th><th>C</th></tr>
<tr><td></td><td></td><td></td><td></td><td></td><td></td><td></td><td></td><td></td><td></td><td></td><td></td><td></td><td></td><td></td></tr>
<tr><td></td><td></td><td></td><td></td><td></td><td></td><td></td><td></td><td></td><td></td><td></td><td></td><td></td><td></td><td></td></tr>
<tr><td></td><td></td><td></td><td></td><td></td><td></td><td></td><td></td><td></td><td></td><td></td><td></td><td></td><td></td><td></td></tr>
<tr><td></td><td></td><td></td><td></td><td></td><td></td><td></td><td></td><td></td><td></td><td></td><td></td><td></td><td></td><td></td></tr>
</table>

值班记录： 值班员：	交接班记录： 接班员：

<table>
<tr><th rowspan="2">时间</th><th colspan="3">电压（350~415V）</th><th colspan="3">电流/A</th><th rowspan="2">有功功率</th><th rowspan="2">无功功率</th><th rowspan="2">功率因数（0.9以上）</th><th colspan="3">变压器温度</th><th rowspan="2">机房温度（5~40℃）</th><th rowspan="2">湿度（<85%）</th></tr>
<tr><th>CA</th><th>AB</th><th>BC</th><th>A</th><th>B</th><th>C</th><th>A</th><th>B</th><th>C</th></tr>
<tr><td></td><td></td><td></td><td></td><td></td><td></td><td></td><td></td><td></td><td></td><td></td><td></td><td></td><td></td><td></td></tr>
<tr><td></td><td></td><td></td><td></td><td></td><td></td><td></td><td></td><td></td><td></td><td></td><td></td><td></td><td></td><td></td></tr>
<tr><td></td><td></td><td></td><td></td><td></td><td></td><td></td><td></td><td></td><td></td><td></td><td></td><td></td><td></td><td></td></tr>
<tr><td></td><td></td><td></td><td></td><td></td><td></td><td></td><td></td><td></td><td></td><td></td><td></td><td></td><td></td><td></td></tr>
</table>

值班记录： 值班员：	交接班记录： 接班员：

▫ **任务单 5　电压选择的原理和中性点接地的方法**

班级：　　　　　　　　　　　　　　　　　　　　　　　　姓名：

作业内容	电压选择的原理	中性点接地方法
电压选择和中性点接地		

▫ 任务单 6　高压开关柜原理、组成及运行维护

班级：　　　　　　　　　　　　　　　　　　　　　　　姓名：

作业内容	原理	组成	运行维护
高压开关柜			

▫ 任务单 7 高压开关柜故障与对策

班级： 姓名：

故障现象	原因分析	对策
转移小车无法从实验位置摇到工作位置		
		（1）将断路器分闸 （2）检查原因或更换 Y0
电缆室门无法关闭或打开		
	（1）控制电源没有投入 （2）分闸脱扣器未动作	

◻ 任务单8　高压双电源柜原理、组成、运行操作及日常维护

班级：　　　　　　　　　　　　　　　　　　　　　　　　　姓名：

作业内容	原理	组成	运行操作	日常维护
高压双电源柜				

▫ 任务单 9　高压配电系统预防性维护内容

班级：　　　　　　　　　　　　　　　　　　　　姓名：

作业内容	维护作业内容	工作要求	周期
	高压开关柜运行检查		
		检查断路器、接地开关的位置状态指示灯正常，“远方”“就地”设置正确，无报警信息	
			日常
	10kV反措智能操作系统平台工作状态		
高压配电系统维护			
		操作电源正常，断路器状态正常，红外热成像仪测试温升<550K	
			月度
			季度
	模拟停电测试		
			两年

▫ 任务单 10　高压变配电系统接线形式

班级：　　　　　　　　　　　　　　　　　　　　　　　　姓名：

作业内容	接线形式	特点	应用
高压变配电系统接线	单母线分段		
	放射式单回路		
	放射式双回路		

▫ 任务单 11　低压熔断器类型及用途

班级：　　　　　　　　　　　　　　　　　　　　　　姓名：

<table>
<tr><th>分类方法</th><th colspan="2">类型</th><th>含义、用途或常用型号</th></tr>
<tr><td rowspan="2">分段范围</td><td colspan="2">g 类</td><td></td></tr>
<tr><td colspan="2"></td><td>在规定条件下，只能分断 N 倍额定电流至最小熔断电流之间的任意电流，与 g 类相比，在最小熔断电流至 N 倍额定电流之间不分断。a 类主要是短路保护，如需过载保护，应加装过载保护继电器</td></tr>
<tr><td rowspan="2">使用类别</td><td colspan="2">G 类</td><td></td></tr>
<tr><td colspan="2"></td><td>保护电动机，如“gM”为保护电动机电路全范围分断能力的熔断器，“aM”为保护电动机电路部分范围分断能力的熔断器</td></tr>
<tr><td rowspan="6">结构及原理</td><td colspan="2">插入式</td><td></td></tr>
<tr><td colspan="2"></td><td></td></tr>
<tr><td colspan="2"></td><td>RM10</td></tr>
<tr><td rowspan="3">有填料密闭管式</td><td>刀型触头</td><td></td></tr>
<tr><td></td><td>RT12、RT15</td></tr>
<tr><td></td><td></td></tr>
</table>

⊡ 任务单 12 低压隔离器功能、类型及主要技术参数

班级：　　　　　　　　　　　　　　　　　　　　　　　　姓名：

作业内容	类型	功能	主要技术参数
低压隔离器	隔离器（开关）	一般属于无载通断电器，只能接通或分断“可忽略的电源”，但有一定的载流能力	
			额定电流：额定电流是指在规定条件下，开关在合闸位置允许长期通过的最大电流值

◻ 任务单 13　低压断路器功能、类型及主要技术参数

班级：　　　　　　　　　　　　　　　　　　　　　　姓名：

作业内容	类型	功能	主要技术参数
低压断路器			

◻ 任务单 14　低压供配电系统运行维护及常见故障处理

班级：　　　　　　　　　　　　　　　　姓名：

作业内容	运行操作流程	维护	常见故障处理
低压供配电系统			

◻ 任务单 15　填写 UPS 输出列头柜配电系统检修单

班级：　　　　　　　　　　　　　　　　　　　　　　　　　　姓名：

作业	故障现象	故障分析	解决措施
UPS 输出列头柜配电系统	列头柜配电系统显示故障的红灯点亮	可能输出接口松动	
		可能过载保护电路启动	
		可能分支断路器损坏	
机架配电系统	远程监控和报警装置启动	可能电源冗余故障	
		可能电源监测和管理系统损坏	
		可能智能电源控制系统损坏	

▫ 任务单 16　填写柴油发电机系统检修维护单

班级：　　　　　　　　　　　　　　　　　姓名：

<table>
<tr><th>维护</th><th>维护内容</th><th>维护周期</th></tr>
<tr><td rowspan="10">柴油发电机系统维护</td><td></td><td rowspan="4">月</td></tr>
<tr><td>定期检查燃油的质量，避免使用劣质燃油，定期清洗燃油箱和过滤器，确保燃油供应的可靠性</td></tr>
<tr><td></td></tr>
<tr><td>定期检查发电机组和连接设备的漏电情况，确保电气安全</td></tr>
<tr><td>清洗水管管路中的过滤器；检查管道是否正常，有无渗漏现象</td><td rowspan="3">季度</td></tr>
<tr><td>保持冷却系统清洁，定期检查冷媒的液位和质量，确保发电机组在运行时保持合适的温度</td></tr>
<tr><td></td></tr>
<tr><td></td><td rowspan="3">年</td></tr>
<tr><td>检查消音器和隔音设备，确保发电机组的噪声在可接受范围内</td></tr>
<tr><td></td></tr>
</table>

学习任务四

数据中心消防设备运维

学习目标

1. 了解消防系统设计原则。
2. 掌握数据中心消防管理内容。
3. 了解数据中心消防设备的组成，并掌握数据中心消防系统维护作业。
4. 了解火灾报警控制器的分类。
5. 掌握不同类型火灾探测器的特点、适用场合。
6. 掌握不同类型火灾报警装置的特点、适用场合，并掌握火灾报警装置的操作。
7. 掌握不同类型自动喷水灭火系统的特点、适用场合及维护作业。
8. 掌握防排烟系统的组成、特点、适用场合及维护作业。
9. 掌握常见灭火器的使用。

思政要点

通过学习消防系统设计原则、数据中心消防管理、数据中心消防设备的基础知识，使学生能够具有对数据中心消防系统管理的能力，并能够按照数据中心消防系统维护内容，对数据中心消防系统进行定期维护；通过学习火灾报警控制器、火灾探测器、火灾报警装置的基础知识，使学生初步具有使用数据中心火灾报警控制器、火灾探测器、火灾报警装置的能力；通过学习气体灭火系统、自动喷水灭火系统、防排烟系统、灭火器的基础知识，使学生初步具有使用数据中心气体灭火系统、自动喷水灭火系统、防排烟系统、灭火器的能力，培养学生应对数据中心火灾的能力，提升学生消防安全意识。

▫ 任务单1　数据中心消防系统维护作业单

班级：　　　　　　　　　　　　　　　　　　姓名：

序号	维护作业内容
1	
2	试验火灾报警装置声光显示、水流指示器、压力开关报警功能与信号
3	
4	检查消防控制设备的控制与显示功能，包括防烟排烟、电动防火阀、电动防火门、防火卷帘、室内消火栓、自动喷水灭火控制设备、二氧化碳灭火、火灾事故广播、火灾事故照明、疏散指示灯
5	
6	检查接线端子是否松动、破损、脱落
7	
8	

▫ 任务单 2　火灾报警控制器使用单

班级：　　　　　　　　　　　　　　　　　　　　　　姓名：

指示灯名称	指示灯状态	代表意义
预警灯（红色）	亮起	预警允许状态，控制器检测到外接探测器处于报警状态
	熄灭	
监管灯（红色）	亮起	控制器检测到外部设备的监管信号，系统处于监管状态
	熄灭	
火警传输动作/反馈灯（红色）	闪亮	
	常亮	接收到火警传输设备的反馈信号
	再次闪亮	
报警器消音灯（黄色）	亮起	控制器发出报警音响，按“报警器消音/启动”键该灯点亮，报警器终止报警
	熄灭	
启动灯（红色）	常亮	控制器发出启动命令
	闪亮	控制器发出启动命令，在 10s 内未收到要求的反馈信号
	熄灭	控制器复位
自动允许灯（绿色）	常亮	
	闪亮	
	熄灭	系统处于自动禁止状态

□ 任务单 3　火灾手动报警器操作单

班级：　　　　　　　　　　　　　　　　姓名：

动作名称	火灾手动报警器类型	具体操作
使用	普通型	
		按下玻璃片，可由按钮提供无源输出触点信号，可直接控制其他外部设备
复位方式	吸盘复位型	此类型手动火灾报警按钮是采用专用钥匙进行复位的，在手报报警按钮上有一个钥匙孔，用来进行复位
	更换玻璃型	

⊡ 任务单 4　数据中心气体灭火系统使用单

班级：　　　　　　　　　　　　　　　　　　　　　姓名：

气体灭火系统启动类型	使用步骤
手动控制	（1）将气体灭火控制器上控制方式选择键拨到“手动”位置时，灭火系统处于手动控制状态
	（2）
自动控制	（1）
	（2）当保护区发生火情，火灾探测器发出火灾信号，火灾报警灭火控制器即发出声、光报警信号，同时发出联动指令，关闭联锁设备
	（3）
机械应急手动操作	（1）当保护区发生火灾，控制器不能发出灭火指令时，应通知有关人员撤离现场
	（2）
	（3）打开选择阀、容器阀（瓶头阀），释放灭火剂，实施灭火
	（4）如此时遇上启动阀维修或启动钢瓶中启动气体压力不够不能工作时，该做出如下操作：
紧急启动/停止	（1）
	（2）

◻ 任务单 5　细水雾灭火系统周期性检查维护作业单

班级：　　　　　　　　　　　　　　　　　　　　　　姓名：

序号	检查和维护周期	检查和维护作业内容
1	月	
		检查分区控制阀动作是否正常
		检查储水箱和储水容器的水位及储气容器内的气体压力是否符合设计要求
2	季	通过试验阀对泵组式系统进行一次放水试验，检查泵组启动、主 / 备泵切换及报警联动功能是否正常
3	年	
		储水箱每半年换水一次，储水容器内的水按产品制造商的要求定期更换
		进行系统模拟联动功能试验，试验内容与要求与系统年度检测部分相同

◻ 任务单 6　防排烟系统周期性检查维护作业单

班级：　　　　　　　　　　　　　　　　　　　　　姓名：

序号	检查和维护周期	检查部件	检查和维护作业内容及要求
1	月	防烟、排烟风机	
		挡烟垂壁	
			手动或自动启动、复位试验，检查有无开关障碍，每月检查供电线路有无老化、双回路自动切换电源功能等
2	半年	防火阀	
		排烟防火阀	手动或自动启动、复位试验，检查有无变形、锈蚀，并检查弹簧性能，确认性能可靠
		送风阀（口）	
		排烟阀（口）	
3	年		每年对全部防排烟系统进行一次联动试验和性能检测，其联动功能和性能参数应符合原设计要求

▫ 任务单 7　泡沫灭火器、干粉灭火器的使用作业单

班级：　　　　　　　　　　　　　　　　　　　　　　　　　　姓名：

灭火器类型	使用步骤	注意事项
泡沫灭火器	（1）右手握着压把，左手托着灭火器底部，轻轻地取下灭火器	储存时严禁倒置
	（2）	
	（3）	
	（4）	
	（5）右手抓筒耳，左手抓筒底边缘，把喷嘴朝向燃烧区，站在离火源 8m 的地方喷射，并不断前进，围着火焰喷射，直至把火扑灭	
	（6）	
干粉灭火器	（1）	干粉容易飘散，不宜逆风喷射，喷射时要站在上风口
	（2）	
	（3）	
	（4）	
	（5）	
	（6）在距离火焰 2m 的地方，右手用力压下压把，左手拿着喷管，左右摆动，喷射干粉覆盖整个燃烧区。	

▫ 任务单 8　二氧化碳灭火器、水基型灭火器的使用作业单

班级：　　　　　　　　　　　　　　　　　　　　姓名：

灭火器类型	使用步骤	注意事项
二氧化碳灭火器	（1）	对没有喷射软管的二氧化碳灭火器，应把喇叭筒往上扳 70°～90°。也不能直接用手抓住喇叭筒外壁或金属连接管，防止手被冻伤
	（2）	
	（3）	
	（4）	
	（5）站在距火源 2m 的地方，左手拿着喇叭筒，右手用力压下压把	
	（6）	
水基型灭火器	（1）	普通水基型灭火器不可扑灭一般的电气火灾，须使用水雾型水基型灭火器，因此数据中心使用得较少
	（2）	
	（3）	
	（4）	
	（5）	
	（6）	

学习任务五

数据中心安防设备运维

学习目标

1. 了解安防设备系统的组成和功能等基础知识。

2. 掌握视频监控系统、入侵报警系统、出入口控制系统、电子巡更系统的结构组成、功能原理及使用要求。

3. 掌握综合布线系统的组成、特点及施工操作要求等基础知识。

4. 明确综合布线系统运行的具体要求。

5. 掌握综合布线系统的维护和应急。

6. 了解 IT 基础设备系统基本组成。

7. 掌握 IT 基础设备系统运行的具体要求。

8. 掌握 IT 基础设备系统的维护程序和内容。

思政要点

通过对安防设备系统的学习，使学生增强对国家、企业、集体和个人的安全意识；使学生学会如何利用现代科技手段来提升安全防护能力，从而启发其热爱科技、探索科技的热情和信心。通过对综合布线系统运维与应急的学习，可以培养学生综合布局的能力和高屋建瓴看问题的思维，同时教给学生做事要尽心尽责、一丝不苟、精益求精，从而避免在工作中出现错误。

▣ 任务单 1　安防设备系统的功能和组成清单

班级：　　　　　　　　　　　　　　　　　　姓名：

作业内容	功能	组成
安防设备系统		

⊡ 任务单 2　视频监控系统的认识

班级：　　　　　　　　　　　　　　　　　　　姓名：

作业内容	组成	功能原理	使用要求
视频监控系统	前端部分	视频摄像机实现自动或手动对全景区域内的多个目标进行区域入侵、越界、进入区域、离开区域行为的检测，并可输出报警信号并联动云台跟踪	使用不低于 720p 的网络视频摄像机，部分重要区域可采用 1080p 网络视频摄像机；室外摄像机要做好防雷保护

◻ 任务单 3　入侵报警系统的认识

班级：　　　　　　　　　　　　　　　　　　　　姓名：

作业内容	组成	功能原理	使用要求
入侵报警系统			

▣ 任务单 4　出入口控制系统的认识

班级：　　　　　　　　　　　　　　　　　　　　姓名：

作业内容	组成	功能原理	使用要求
出入口控制系统			

□ 任务单 5　电子巡更系统的认识

班级：　　　　　　　　　　　　　　　　　　　　姓名：

作业内容	常见类型	功能原理	使用要求
电子巡更系统			

▣ 任务单 6　综合布线系统的认识

班级：　　　　　　　　　　　　　　　　姓名：

作业内容	组成	特点	综合布线注意事项	施工要求
综合布线系统				

☐ 任务单 7　综合布线系统运行、维护与应急

班级：　　　　　　　　　　　　　　　　　　　　　　　　姓名：

作业内容	运行	维护	应急
综合布线系统			

▫ 任务单 8　IT 基础设备系统运行

班级：　　　　　　　　　　　　　　　　　　　姓名：

作业内容	IT 硬件设备巡检主要内容	IT 硬件设备巡检要求	现场巡检主要内容	现场巡检要求
IT 基础设备系统运行				

▫ 任务单 9 IT 基础设备系统维护

班级： 姓名：

作业内容	维护对象	维护内容	维护操作
IT 基础设备系统的维护			（1）准备工具 （2）设备上电和下电 （3）更换 DIMM 内存条 （4）更换 SSD 卡 （5）更换硬盘 （6）更换 UDS 智能硬盘 （7）更换电源模块 （8）更换光模块 （9）更换 CPU （10）更换主板